高等院校通识教育课程系列教材

大数据与人工智能

主编　郏东耀

扫描二维码
免费获取资源

清 华 大 学 出 版 社

北京交通大学出版社

·北京·

内 容 简 介

本书系统介绍了大数据和人工智能的相关概念和技术，主要涉及大数据工程、人工智能原理、人工智能算法在大数据平台上的实现及相关原理的前沿应用。

全书共分为 3 篇，第 1 篇是大数据技术原理与应用，第 2 篇是人工智能基础与应用，第 3 篇是大数据与人工智能的综合应用。第 1 篇讲述了大数据的来源与发展，大数据技术的重要概念和大数据处理框架，重点介绍了分布式存储系统、MapReduce 的概念和应用，以及分布式数据库的概念及其与传统数据库的区别和优势，并以示例的方式讲述了大数据技术在生活中的应用。第 2 篇讲述了人工智能的来源、发展、相关算法和应用，主要讲述了特征提取和自然语言的处理方法，并以案例的形式讲述了人工智能在人脸识别和视频检测中的应用，介绍了人工神经网络的结构、神经网络在图像识别中的应用。第 3 篇主要结合案例讲解大数据与人工智能的关系，并列出了一系列的实例，生动详细地讲解了大数据与人工智能如何改变生活。

本书讲解的内容浅显易懂，讲解方式生动，讲解过程结合案例，具有普适性。本书适合各个层面的读者，甚至从未接触过人工智能和大数据的读者也可通过阅读本书扩大眼界。本书适合高等院校各专业学生，包括那些对大数据和人工智能感兴趣却没有相关基础的同学选作教材。

图书在版编目（CIP）数据

大数据与人工智能 / 郯东耀主编. —北京：北京交通大学出版社 ：清华大学出版社，2022.3

ISBN 978-7-5121-4554-2

Ⅰ. ① 大… Ⅱ. ① 郯… Ⅲ. ① 数据处理–高等学校–教材 ② 人工智能–高等学校–教材 Ⅳ. ① TP274 ② TP18

中国版本图书馆 CIP 数据核字（2021）第 171052 号

大数据与人工智能
DASHUJU YU RENGONG ZHINENG

责任编辑：严慧明 特约编辑：师红云
出版发行：清 华 大 学 出 版 社 邮编：100084 电话：010-62776969 http://www.tup.com.cn
    北京交通大学出版社 邮编：100044 电话：010-51686414 http://www.bjtup.com.cn
印 刷 者：北京时代华都印刷有限公司
经 销：全国新华书店
开 本：185 mm×260 mm 印张：18.25 字数：456 千字
版 印 次：2022 年 3 月第 1 版 2022 年 3 月第 1 次印刷
定 价：69.80 元

本书如有质量问题，请向北京交通大学出版社质监组反映。对您的意见和批评，我们表示欢迎和感谢。

投诉电话：010-51686043，51686008；传真：010-62225406；E-mail：press@bjtu.edu.cn。

前　　言

目前，大数据和人工智能已经成为信息技术研究的新热点，并显示出日益增长的生命力和吸引力。大数据与人工智能技术发展方兴未艾，成为人们关注的热点，相应的书籍也如雨后春笋般涌现。但目前市场上大部分书籍侧重于对理论知识的讲解，缺少本领域通俗易懂且适用于各专业的书籍。由于该领域的理论知识过于复杂且涉及大量的公式及算法推导，对于零基础或初学者来说学习难度较大。为改变这种现状，本书将大数据与人工智能中的理论知识转变成简单通俗的内容，且并不过多地侧重于公式推导及算法的详细讲解，适用于各专业本科生学习研究。

本书不仅涉及大数据与人工智能的关键技术和最新动向，而且还重视应用实例，既具有前沿性与先进性，又具有很好的实用性。全书共分为 3 篇，内容包括大数据技术原理与应用、人工智能基础与应用、大数据与人工智能的综合应用。本书的独到之处有以下三点。

一是适用性强。本书没有设置过多的公式推导及复杂的算法模型，而是对知识点的原理和应用前景做生动形象的讲解，从而更加适合各专业本科生作为选修课教材。

二是前沿性强。本书列举了相关知识点在当下的最新应用，包括对大数据及人工智能相应科技热点的介绍，顺应科技潮流，生动有趣。

三是实用性强。本书对重要知识点设置了相应的实践思考，使得学生能够零距离地接触大数据与人工智能，而不仅仅是停留在理论学习。

作　者
2021 年 1 月

前　言

目　　录

第 1 篇　大数据技术原理与应用

第 2 篇　人工智能基础与应用

第 1 篇　大数据技术原理与应用

通常来说，数据本身是没有什么直接意义的，但是借助于统计、分类、萃取、特征抽取等一系列技术手段，便能够从数据中产生信息与知识。鉴于数据目前已被视为重要的战略资源，蕴藏着巨大的经济价值，由此也引起了科学界和企业界的高度重视。在有效地组织和使用数据之后，将对经济发展产生巨大的推动作用。在大数据的背景下，会诞生许多前所未有的机遇，通过对大数据的交换、整合和分析，可以发现新的知识，创造新的价值。

越来越多的企业和机构意识到数据正在成为最重要的资产，数据分析能力正在成为核心竞争力。之前历经了由 PC 转向软件和服务的成功期，现在则更多地专注于因数据分析而带来的全新业务增长点，而将远离服务与咨询。在未来，数据会变为各行各业决定胜负的根本因素，最终数据将成为人类极其重要的自然资源。如今已经到了数据化运营的黄金时期，如何利用好并整合这些数据成为未来发展的关键性任务。

大数据既代表着信息技术发展的高度抽象和概括，同时也体现了信息技术服务于数据蕴藏的巨大价值。大数据的出现给数据的采集、存储、共享、维护带来了具有研究意义的现象和挑战。对于人类来说，处理、分析、使用大量数据，通过对这些数据的处理、整合和分析，可以发现新知识，创造新价值，带来大知识、大科学和大发展，从而逐渐走向创新社会化的新信息时代。

大数据全生命周期可以划分为"数据产生—数据采集—数据传输—数据存储—数据处理—数据分析—数据发布、展示和应用—产生新数据"等阶段。目前已经形成了大数据的"生产与集聚层—组织与管理层—分析与发现层—应用与服务层"的产业链，而 IT 基础设施则为各环节提供基础支撑。

第 1 章　大数据的来源、采集与基本概念

　　谈起当下最流行的技术，你第一时间能想到的一定是人工智能技术和大数据，基本上每位关注科技和发展最新动态的年轻人都会对此有所涉猎。但一旦谈起大数据的历史发展，你是否真的完全了解呢？本章主要叙述的就是大数据的来源与发展，同时还会介绍一些大数据的基本概念，方便之后深入学习。

1.1　大数据的来源与发展

　　通常认为，Google 的"三驾马车"是大数据概念的起源，包括"The Google file system""MapReduce: simplified data processing on large clusters""Bigtable: a distributed storage system for structured data"。在 2007 年，Amazon 也同时发表了一篇关于 Dynamo 系统的论文。这几篇论文奠定了大数据的基础[1]。

　　为何在 Google 发表了三篇论文之后，"大数据"的概念就应运而生了呢？在互联网经济泡沫破灭后，Google 作为全世界第一个上市的大型 IT 公司，上市之后借助于其优秀的发展策略，市值飞速增长。究其原因，在于 Google 在广告方面投入很多，大数据技术则在其中扮演着至关重要的角色。当时，大部分相关的互联网企业都认为大数据是改变自己命运的机会，借此纷纷加入大数据圈子，同期加入的有 Facebook、LinkedIn、Twitter、Microsoft、阿里巴巴、Yahoo 等公司。

　　那么大数据是怎样让互联网产业再一次蓬勃发展的呢？这主要归功于上面提到的"三驾马车"。众所周知，搜索引擎是 Google 发家的主力军，而搜索引擎主要完成两个工作，一个是索引构建，另一个是网页抓取。在这个流程中，会存在大量需要存储和计算的数据。这"三驾马车"就是用来解决这个问题的：一个数据库系统、一个文件系统、一个计算框架。现在分布式、大数据之类的词对大众来说并不陌生，但要追溯到 2004 年左右，当时整个互联网还处于懵懂时代，Google 发布的论文则让整个业界为之一振，如梦初醒，突然领悟到还可以这么利用大数据。

　　当时，大多数公司的关注点聚焦在单机上，他们都在探索如何提升单机的性能，以及寻找更贵更好的服务器。而 Google 的思路则是部署一个大规模的服务器集群，通过分布式的方式将海量数据存储在这个集群上，然后利用集群上的所有机器进行数据计算。这样，Google 不需要买很多很贵的服务器，而只要把这些普通的机器组织到一起就非常厉害了。

1.1.1　抱团取暖的 Hadoop 圈

　　当时有一位天才程序员，即 Lucene 开源项目的创始人 Doug Cutting，正在开发开源搜索

引擎 Nutch。他阅读了 Google 发表的论文后，根据论文原理初步实现了类似 GFS 和 MapReduce 的功能。

2006 年，Doug Cutting 将与大数据相关的功能从 Nutch 中分离出来，启动了一个独立的项目专门开发维护大数据技术，这就是后来著名的 Hadoop。它主要包括 Hadoop 分布式文件系统 HDFS 和大数据计算引擎 MapReduce。Hadoop 的主要贡献者是 Yahoo，Facebook、LinkedIn、Twitter 等公司也都贡献了一些影响深远的项目。

在 Hadoop 被发布后不久，Yahoo 很快就用了起来。2007 年后，百度和阿里巴巴也逐渐开始运用 Hadoop 来进行大数据的存储与计算。Hadoop 在 2008 年正式成为 Apache 软件基金会的顶级项目，后来 Apache 软件基金会的主席也由 Doug Cutting 本人担任。同年，作为专门运营 Hadoop 的一家企业，商业公司 Cloudera 成立。借助于公司强大的宣传和雄厚的资产，Hadoop 得到了更快的发展。

考虑到用 MapReduce 进行大数据编程太麻烦，Yahoo 随即发布了 Pig。Pig 是一种脚本语言，使用类 SQL 的语法。利用 Pig 脚本，开发者可以描述要对大数据集进行的操作，Pig 经过编译后会生成 MapReduce 程序，然后在 Hadoop 上运行。

当时，直接使用 MapReduce 编程要比编写 Pig 脚本稍难一些。但若想深入 Pig 脚本的应用，仍然还要学习新的脚本语法，为此 Facebook 公司发布了 Hive。Hive 中支持使用 SQL 语法来进行大数据计算，比如可以写个 Select 语句进行数据查询，然后 Hive 会把 SQL 语句转化成 MapReduce 的计算程序。

通过以上方法，对数据库应用十分熟悉的工程师和数据分析师可以很快地利用大数据来解决数据分析和处理方面的问题。Hive 的出现，很快得到企业和开发者们的拥簇，因为其在很大程度上降低了 Hadoop 的使用难度。据研究，在 2011 年左右，利用 Hive 使 Facebook 大数据平台上 90%的作业得以运行。

自此，大量 Hadoop 周边产品开始涌现，逐渐形成了以大数据为中心的生态体系，其中包括：专门将关系数据库中的数据导入导出到 Hadoop 平台的 Sqoop、针对大规模日志进行分布式收集、聚合和传输的 Flume、MapReduce 工作流调度引擎 Oozie 等。

回望众多软件开发的前世今生，你会惊讶地发现，有些软件在被开发出来之后无人问津或者只被极个别人在使用，而这样的现象不在少数。有些软件的出现则会缔造一个辉煌的行业，它被数以亿计的人在使用着，同时也给行业带来富可敌国的利润和价值，如 Windows、Linux、Java。而如今，这个名单上多了一个叫 Hadoop 的软件。

当下来评价 Yahoo，可能认为在中国，雅虎时代已彻底落幕。但若把时钟拨到 2008 年，Yahoo 可以说是风靡一时的公司，曾经被称为"互联网第一股"。在那个门户网站飞速发展的时代，Yahoo 主导着其他互联网公司一起"造一个轮子"，它成为一些互联网初创公司的中心，并试图打造一套可以和 Google 的"三驾马车"相提并论的系统。

在大数据领域，除了 Hadoop 以外的系统主要有两个：一个是 Microsoft 研发的 Cosmos，中文名叫作"宇宙"；另一个是阿里巴巴的 ODPS（open data processing service），现在已经更名为 MaxCompute。

1.1.2 一场大论战

2008 年，大数据行业内爆发了一件引人注目的争论事件。对立的一方是数据领域的元老级人物迈克尔·斯通布雷克和大卫·德威特，另一方是 Google Brain（谷歌大脑）团队的负责人杰夫·迪恩。两大战队争论的焦点是 MapReduce 究竟是创新还是倒退，双方各执一词。

传统数据库方发布了一篇以 "MapReduce：a step backward" 为标题的文章，由此挑起了纷争，文中主张 MapReduce 是数据库领域早就被淘汰的、令人不屑一顾的技术。而 Google 一方的专家则认为 MapReduce 是个伟大的发明。双方都有自己的立场和观点，却有失客观性。经过辩证地看待两方的观点后，加州大学伯克利分校的 AMP 实验室开发了新的系统——Spark。在那时，AMP 实验室的马铁博士意识到利用 MapReduce 进行机器学习计算的时候性能十分不理想，因为机器学习算法通常需要进行很多次的迭代计算，而 MapReduce 每执行一次 Map 和 Reduce 计算都需要重新启动一次作业，带来大量的无谓消耗。还有一点就是 MapReduce 主要使用磁盘作为存储介质，而 2012 年的时候，内存已经突破容量和成本限制，成为数据运行过程中主要的存储介质。由此 Spark 市场化以后，立即受到业界的强烈关注，并在接下来的时间里逐渐取代了 MapReduce 在企业应用中的地位。

通常，像 MapReduce、Spark 这类计算框架处理的业务场景都被称作批处理计算。它们通常针对以 "天" 为单位产生的数据进行一次计算，然后得到需要的结果，这中间计算需要花费的时间大概是几十分钟甚至更长的时间。因为计算的数据是非在线得到的实时数据，即历史数据，这类计算也被称为大数据离线计算。

在典型的大数据的业务场景下，数据业务最通用的做法是采用批处理计算处理历史全量数据，采用流式计算处理实时新增数据。而像 Flink 这样的计算引擎可以同时支持流式计算和批处理计算。

除了大数据批处理和流处理，NoSQL 系统处理的主要也是大规模海量数据的存储与访问，所以也被归为大数据技术。NoSQL 曾经在 2011 年左右非常火爆，涌现出 HBase、Cassandra 等许多优秀的产品，其中 HBase 是从 Hadoop 中分离出来的、基于 HDFS 的 NoSQL 系统。

1.2 何为大数据

"大数据"（big data）这个词是 2008 年在维克托·迈尔-舍恩伯格及肯尼斯·库克耶编写的《大数据时代》这本书中被首次提出的。

麦肯锡（美国首屈一指的咨询公司）是研究大数据的先驱，其在报告 "Big data：the next frontier for innovation，competition，and productivity" 中给出的大数据定义是：大数据指的是大小超出常规的数据库工具获取、存储、管理和分析能力的数据集。但它同时强调，并不是说一定要超过特定 TB（太字节）值的数据集才能算是大数据。

Amazon（全球最大的电子商务公司）的大数据科学家 John Rauser 给出了一个简单的定义：大数据是任何超过了一台计算机处理能力的庞大数据量。

1.2.1　不断增生的数据巨浪

维克托·迈尔–舍恩伯格在自己出版的《大数据时代》中提到，数据是世界的本质。直到今天，现实也能很好地印证这些话。当下，点击一个小程序，微信上点个赞或发个评论，或者是拨打一通电话，都会伴随着海量数据资料的产生。人们生活中的每一笔移动支付，上网时发送和接收到的消息，全都是数据资料。每天每时每秒，由人类产生的数据信息越来越密集。假设数据位肉眼可见，那么身处其中的我们都像是一个个采蜂人，全身上下裹着一层又一层、厚厚的"位"数据。

视线转到另一侧，某同学在学校的自习室里喝着刚买的咖啡。瑞幸的视频监控显示，他半小时前购买了一杯拿铁；微信的消费记录表明，他一小时前从宿舍旁的小卖部购买了一支铅笔；之前他还往校园卡里充值了一笔钱。从消费记录、转账记录、定位这些数据中，可以很明显地看到该同学的每日动向及资金去向。短短一个多小时，又有好几亿的数据产生。

如今人们所生活的世界，不仅仅包含能制造大量数据的个人，更是一个不断被大数据淹没的新世界。每一秒，一家大型医院会产生 12 万笔生理健康数据；每一分钟，YouTube 网站上传影片总时长达 72 小时；每一天，一家银行要处理 500 万笔信用卡交易，一个 Twitter 网站上上传 2.3 亿条推文。如果再加上全世界同一时间约 5 亿部智能手机、10 亿台计算机和数万亿个传感器同时运作所产生的各种文字、声音和图片数据，每一天的数据量高达 25 亿 GB（吉字节），需要用 4 000 万台 64 GB 的 iPad 才能装载。而且，单单过去 20 年间，人们制造的数据就占了当今全球数据总量的 90%左右。

依照这种每年约 50%的增长速度计算，国际数据公司 2008 年估测，到 2021 年，全球数据总量将增长 44 倍，达到 35.2 ZB（泽字节，相当于 1 万亿 GB）。如果把这些数据全都装在 64 GB 的 iPad 里，这些 iPad 叠起来的高度超过 13 万座玉山总高度之和。

ZB 到底有多大？有人形容 1 ZB 的数据量相当于全世界海滩上的沙子数量之和。更惊人的是，全球数据量还在不断增长！如果以每一分钟在网络世界流动的信息量来看，当你打上关键词，按下"Google 搜索"的这一刻，你只是 200 万人中的 1 人；当你写好电子邮件，按下"发送"的那一刹那，这封电子邮件也只是 2 亿封中的 1 封。

其他更惊人的一分钟网络数据资料包括：Facebook 上产生超过 68 万条内容；超过 27 万美元的网络购物交易；苹果商店里的 App 被下载 47 000 次；Flickr 用户分享了 3 125 张照片；有 217 名移动网络新用户诞生。

而上述的数据只是现状，未来呢？思科视觉网络指数（Cisco VNI）报告显示，以前人们只用计算机上网，但现在通过计算机、手机、平板电脑等多种设备随时上网的生活状态已逐渐成为文明世界的常态。2011 年，全球网络联机设备为 103 亿台，以地球上 70 亿人口计算，每人分配到 1.5 台；预计到 2023 年，全球网络联机设备将达 489 亿台。

在中国，对不少人来说，拥有一台台式计算机或一台笔记本电脑、一部智能手机是再普通不过的了，现在可能还要加上一台平板电脑。而人们"随时在线"也让全球网络流量正以每年 1 ZB 的速度在增加，2016 年前已达到 1.3 ZB，平均流量已达到 245 TB/s，相当于有 200 万人在同时观看高清影片。

　　"大数据"已经渗透到人们生活中的方方面面。比如打开手机淘宝，呈现在每位用户面前的界面是不一样的，而它推送的商品往往却能够抓住用户的需求和心理，这其实就是大数据分析出的结论。

　　淘宝平台对每一个浏览及购买过商品的用户都进行了全数据分析。它可以轻松获取用户的很多信息，如性别、年龄、家庭成员、喜好、是否结婚、是否有孩子、孩子的性别，甚至细致到用户对服饰的喜好类型等。平台经过分析和处理，能进一步推测出用户可能会订购的商品并进行推送，让用户花更少的时间进行检索却花更多的钱进行消费。假如用户购买了一些孕妇用品，可能在不久之后，平台就会推送一些相关联的婴儿用品。而用户消费后的评价与反馈，又使得平台不断改进自己。例如调整不同卖家的钻石星级，或者清退一些不合格的卖家等这些行为，就是淘宝对自身的改进。这种互利互惠的双回路的运转模式，可以看作是卖家与买家间的一种良性的互动方式。这种互动方式在传统的卖场里面是不可想象的，也是难以实现的。

　　当今世界产生的庞大数据量只是大数据的基石，如果不加以应用，它将毫无价值。大数据研究的目的是让这些海量的数据"活"起来。

1.2.2　让数据发声

　　"大数据"的存在是为了让人们理解信息内容和发现信息与信息之间的内在关系。曾有人提出，要让数据"说话"。但直到现在，尽管人们使用数据已经过了相当长的一段时间了，人们依旧对此难以把握。无论是平时进行的海量的非正式历程，还是过去几百年在专业层面上用各种算法及高级测试程序进行的量化研究，均与数据相关。

　　在纷繁复杂的数字化时代，各种工具和算法的设计能够使数据处理更加快速和简易化，短时间内处理成千上万的数据已成为可能。然而，探究能"说话"的数据则远远不止以上内容。

　　实际上，大数据与三个重大的思维转变有关，这三个转变是相互联系和相互作用的。首先，要分析与某事物相关的所有数据，而不是分析少量的数据样本；其次，要乐于接收数据的纷繁复杂，而不再一味追求精确性；最后，要转变思想，不再探求难以捉摸的因果关系，转而关注事物的相互关系。

1. 首先是更多

　　在信息处理较为困难的时代，生活发展需要数据分析，却苦于没有收集数据的相关工具。由此，出现了随机采样方法，它可以作为当时的代表性产物之一。现在，计算和制表变得越来越容易，传感器、GPS、网络点击量及 Facebook 等可以收集大量数据，而计算机能够十分轻松地对这些数据进行处理。

　　众所周知，采样是为了从最少的数据中获得最多的信息量。而当可以获取大量数据时，采样就没有什么意义了。如今，日新月异的数据处理技术被不断应用，但人们的方法和思维却没有跟上这种改变。

　　采样存在一个不容忽视的缺点：缺少对细节方面的观测。尽管有时候只能采用采样分析来进行观测，然而在其他很多应用领域方面，从采集部分数据到采集越来越多的数据的变化已经在产生了。如有可能，人们会采取手段收集所有数据，即"样本等于总体"。在这个程度上，大数据概念中的"大"显然不是绝对意义上的大。

2. 其次是更杂

在绝大多数情况下，可获取的数据被我们使用的频率越来越高，但由于数据量剧增，同时人为或者计算失误导致的错误数据也会掺入数据库中，导致结果会变得越来越不准确。但人们能够努力规避这些问题，或许大家从不认为这些问题是无法解决的，而且也似乎开始正视它们。这是由"小数据"到"大数据"非常关键的一步。

就"小数据"来说，它最应该做到，或者说它最基础的功能要求就是减少错误，确保质量。由于采集到的信息量相对较少，必须保证精确的数据信息内容。科学家们都善于使用精确率较高的仪器或工具来观测遥远的天体物质或者是微小的单细胞生物，而放到采样中，对精确度的要求便更高且更严格了。由于收集的信息有限，这意味着细微的错误会被放大，甚至有可能影响整个结果的准确性。

但是，在多数情况下，容许精确度不是那么高已经变为了一个较为前沿的亮点，而不是缺点。缘由是我们降低了容错的标准，因而掌握的数据也越来越多样化，同时还能够利用这些数据做更多更有效的事情。由此，不是大量数据比少量数据优化这么简单，而是大量数据已经展现了更优质的结果。

与此同时，我们需要与各种混乱作斗争。随着数据量的增加，错误率也相应增加。在整合来自不同来源的各种信息时，混淆的程度会增加，因为它们通常不完全一致。例如，与服务器处理投诉时的数据相比，使用语音识别系统识别呼叫中心收到的投诉虽更易产生不准确的结果，但有助于我们掌握整个事情的总体情况。

混淆也可以指格式上的不一致，实现一致性需要在数据处理之前仔细清理数据，这在大数据环境下很难做到。大数据专家 D. J. Patil 指出，沃森实验室和国际商用机器公司都可以用来指代 IBM，或许还有数千种表示方式。当我们做数据转换的时候，我们把它变成了别的东西。所以在提取或处理数据时会出现混淆。比如我们做 Twitter 消息的情感分析来预测好莱坞票房的时候，就有一定的困惑。

"大数据"通常用概率而不是确定性来说话。整个社会需要很长时间才能习惯这种思维，虽会出现一些问题，但就目前而言，当我们试图扩大数据规模时，我们学会了接受混乱。

3. 最后是更好

在大数据时代，知道"是什么"就够了，不一定要知道"为什么"。我们不必知道现象背后的原因，而是让数据自己说话。

谈到这里，就不得不提起一个叫作 Amazon 的公司。

早在 1997 年，热爱计算机和人工智能的 Greg Linden 在网上卖书。他的网店仅仅营业了两年就赚得盆满钵满，那时候他年仅 24 岁。他曾在回忆录里写道："那时候的我喜欢卖书和一些自己认为用得到的知识，以此帮助人们找到下一个他们可能会感兴趣的认知点。"而这家网店，就是以后名满世界的 Amazon。

Amazon 的技术先进性不仅依赖于软件技术，在内容生产的方式上也有其独到之处。当时，Amazon 雇用了一个由 20 多名审稿人和编辑组成的团队对图书进行评论，推荐新书，并挑选非常独特的图书放在 Amazon 网站上售卖。这个团队创造了《亚马逊之声》，它成了

Amazon 王冠上的一颗明珠。《华尔街日报》的一篇文章热情地写道，他们是美国最有影响力的书评家，因为他们推动了图书销量的增长。

Amazon 创始人兼首席执行官 Jeff Bezos 决定尝试一个创意：根据客户此前的购物偏好，向他们推荐特定的书籍。从一开始，Amazon 就从每个客户那里获取了大量数据。例如，他们买了什么书？他们关注哪些书？他们关注但不买东西有多久了？

由于拥有海量的客户信息数据，Amazon 必须先用传统的方式处理，通过样本分析找到客户之间的相似性。但这些分析结果给人的感觉就像在波兰买一本书，却被东欧其他地方的价格搞得不知所措；或者像在买一种婴儿用品时，却被一大堆类似的婴儿用品搞得不知所措，显得毫无道理。1996 年至 2001 年担任 Amazon 书评人的詹姆斯·马库斯在他的回忆录 Amazonia 中回忆道："平台往往会推荐给你一些与你之前购买的产品略有不同的产品，而且这些产品会来来回回地被推荐给你。"

Greg Linden 很快找到了解决办法。他意识到，在推荐系统中没有必要将客户与其他客户进行比较，这在技术上很烦琐，而需要做的是找到产品之间的相关性。1998 年，他和他的同事申请了著名的"逐项"协同过滤技术的专利。方法的改变带来了技术上翻天覆地的变化。

由于可以提前进行估计，推荐系统具有闪电般的速度，并可以应用于各种各样的产品。因此，当 Amazon 跨境销售书籍以外的商品时，它也可以推荐电影或烤面包机等产品。因为系统使用了所有数据，所以推荐是最理想的。Greg Linden 回忆道："小组中有个笑话说，如果系统运行良好，Amazon 应该只向你推荐一本书，而那就是你下一本要买的书。"

现在，据说 Amazon 三分之一的销售额来自其个性化推荐系统。Amazon 不仅关闭了许多大型书店和音乐商店，而且数百家本地书商也会根据推荐系统及时调整售卖书籍。在一定程度上，Greg Linden 的工作已经彻底改变了电子商务，现在几乎每个人都在使用电子商务。

也许了解人们为什么对这些信息感兴趣是有用的，但现在这个问题并不那么重要。知道"是什么"可以创造点击量，这种洞察力足以重塑许多行业，而不仅仅是电子商务。所有行业的销售人员长期以来都被告知，他们需要了解是什么让客户做出选择，并掌握客户做出决定背后的真正原因，因此专业知识和多年的经验是非常重要的。然而，大数据提出了另一种方法，在某些方面更有用。Amazon 的推荐系统梳理出了有趣的相关性，但原因尚不清楚。知道它是什么就足够了，没必要知道原因。

1.2.3　如何让数据"发声"？

在这个数据时代，谁拥有数据资源，谁就拥有"金库"。随着计算机处理能力的不断增强，所获得的数据量越大，可挖掘的价值也就越大。然而，要想访问"金库"中的财富，你需要一把钥匙来打开"金库"。大数据技术就是打开数据"金库"的一项新技术。

法国著名雕刻家罗丹曾经说过："世界不是缺少美，而是缺少发现美的眼睛"。同样，世界上并不缺乏数据，而是缺乏开发数据的工具。大数据的价值在近几年才得到认可，至此分析数据的能力才有了革命性的突破。

无论是在工业、金融研究、办公、媒体还是日常生活中，产生的数据都可以成为大数据的一部分。但吸引我们的不仅仅是这些数据的庞大规模，而是我们可以利用它们做些什么。由于数据本身并不产生价值，如何分析和利用大数据来帮助企业才是关键。

从具体应用的角度来看，大数据的真正价值并不是特别明显，即没有"产品化"。企业目前热衷于做的不是从大数据中提取价值，而是把他们能收集到的数据先储存起来，必要的时候再从中提取价值。诚然，目前大数据的处理和分析还不成熟，特别是在采用 IT 方法将之转化为商业效益的过程中。可以说，大数据暂未真正找到"数据实现"的方法。

从"大数据的生成"到"价值的生成"，需要一个非常复杂的过程：首先，需要大数据的收集；其次，对采集到的数据进行预处理和存储；最后，对存储的数据进行分析和挖掘，并将其呈现给用户，使之成为真正有用的资产。

目前 IT 领域最流行的两个词是"大数据"和"云计算"。几乎所有的 IT 公司都在进行改革，努力挤进"大数据"和"云计算"这两条轨道。事实上，大数据和云计算是相辅相成的。随着云计算服务器的出现，大数据有了运行的轨迹，其真正价值得以实现。如果把"大数据"比作汽车，支撑这些汽车的高速公路则是"云计算"。最著名的例子是 Google 搜索引擎，面对海量的 Web 数据，Google 在 2006 年首次提出了"云计算"的概念。Google 自己的云计算服务器支持公司的各种"大数据"应用。

近年来，大数据分析技术无处不在。IT 公司正在争先恐后地为不同的场景和需求提供各种解决方案和技术。本书将探讨大数据的处理技术，分析各种大数据处理技术的特点和适用场景，并针对不同的场景提供可行的处理方案，即如何让大数据"活起来"。

1.3　大数据的特点

以上介绍了什么是大数据，大数据时代人们的思维发生了怎样的变化。本节将讨论大数据的特点。

国际数据公司定义了大数据的四个特征，即大（volume）、快（velocity）、杂（variety）、疑（veracity）。此即大数据的"4V"。

1.3.1　大数据的"4V"之大（volume）

如前所述，人类产生的数据量呈爆炸式增长。根据国际数据公司的统计，仅 2011 年一年就产生了 1.8 ZB 的数据量：这相当于每个美国人每分钟发 3 条 Twitter 并持续 266 976 年产生的数据量；或者是一个人在 4 700 万年里每天观看 4 小时高清电影所消耗的数据量。

Twitter 每天生成 7 TB 的数据，Facebook 则高达 100 TB，一些公司正在以每小时数 TB 的速度累积 PB 级的数据，还有很多例子表明内部存储系统存储了 PB 级的数据。根据麦肯锡 2011 年的调查，2010 年，在美国 15 个行业中的任何一家公司存储的数据都比国会图书馆还要多。想象一下，当你阅读这本书时，实际的数据量则又远远超过了 2010 年的数据量。

1.3.2　大数据的"4V"之快（velocity）

数据的数量和种类都发生了变化，数据产生的速度也与以前大不相同。具体来说，实时移动的动态数据已经成为大数据时代面临的另一个挑战。以爱尔兰的戈尔韦湾为例，像世界上许多其他水域一样，它正面临着水污染、鱼群减少和气候变化的威胁。由于地理环境、石油泄漏或其他污染事件，戈尔韦湾的污染扩散速度远快于公海，因此爱尔兰海洋研究所与IBM 合作，在戈尔韦湾安装了数百个浮标。浮标上的传感器通过无线电和网络链接，可以实时测量海洋和气候环境的变化。

通过多次取样和跟踪，任何细微的波高、盐度、水温变化及氧含量变化等信息将被实时记录，科学家们会不断更新数据以掌握海洋生态的变化，使用波高传感器在不同时间找到波浪的不同位置，进而较早地采取应对措施。

连续生成移动数据的另一个应用示例是医疗保健行业，这是一秒钟也不能延迟的。例如，早产儿出生时免疫系统不发达，经常需要插管、注射或测试。在疾病或感染的情况下，病情的变化可能来得很快，这是特别危险的。因此，加拿大安大略理工大学建立了早产儿健康监测系统。传感器安装在早产儿身上及其周围，该系统收集由传感器和其他监测设备产生的心跳、呼吸和其他数据，每秒可生成 512 个监测值。通过不断更新移动数据，系统可帮助医护人员提前 24 小时预防早产儿败血症。

过去，企业数据库通常每周或每月进行批量数据集成，然后对结构化的静态数据进行分析。用于处理静态数据的数据库管理模式已经不能处理频繁、庞大、需要实时响应的流数据。IBM 提出的"流计算"已经成为解决移动数据问题的一种新方法。流计算系统利用多节点 PC服务器的内存进行大量处理，无须等待数据存储或从企业数据库中提取数据，即可自动收集动态数据，并直接处理流动的多结构数据，其分析和响应速度可控制在微秒之内。

数据存储具有流动性，计算机会对首次进入系统的数据进行分析，比如银行想要导入一个欺诈风险控制机制，只要设计好逻辑后，系统将根据这个逻辑来决定是否含有欺诈行为，经过比较之后，交易数据才会被写入数据库。

智能电表生成的数据、网络应用程序等都可以先经过分析然后再存储在数据库中。在实际的企业竞争中，先对数据进行分析有可能在混乱多变的商业环境中比竞争对手早一点发现新趋势、新问题和新机遇。

1.3.3 大数据的"4V"之杂（variety）

除了庞大的数据量，数据处理中心还面临着另一个新的挑战，即数据的多样性和杂乱性。

传感器、智能设备已渗透到人们的日常生活和工作环境中，企业必须处理的数据变得越来越复杂，从 Web 内容、网络日志文件（点击流）、搜索索引到电子邮件、文档、系统传感数据等，它们都会成为企业处理的对象。而且，大多数数据无法以传统的数据库技术进行管理。既有的系统根本难以储存和分析这些数据，更别想从中解读出什么意义了。尽管有些企业已经很积极地想要驾驭大数据分析，但是绝大多数企业现在才真正开始了解大数据分析所蕴含的商机，或体会到不懂大数据分析将付出多高的代价。

然而，目前，一个组织的成功与否取决于其从各种各样的数据（不仅仅是结构化数据）中过滤出有价值的策略以助其业务发展的能力。例如，当收集 Twitter 消息时，你会看到一个JSON（JavaScript 对象表示法）格式的结构化程序，但是消息本身的文本是包含各种表单的非结构化数据。以 Facebook 为例，平均每个月用户发布的内容多达 300 亿条，包括文本、图片、视频和音频等各种数据。仅发布的照片每天就超过 30 亿张，点击次数最多的"赞"就达 27 亿次，更不用说无数的小通知、生日祝福、请柬等了。这些音频、文本和图像很难以编程的方式存储在传统的关系数据库中。

过去，数据库管理人员常常花费大量时间处理世界上仅占 15% 的数据，这些数据是经过整齐格式化以适应现有格式的结构化数据。但事实上，世界上超过 85% 的数据存在于社交媒体、电子商务等非结构化数据中，或者最多是半结构化数据。旧的数据库已经不能满足如此多种类的数据格式，现在迫切需要新的解决方案。

1.3.4　大数据的"4V"之疑（veracity）

在处理、分析和应用数据之前，有一个非常关键的问题：这些数据可靠吗？随着数据真实性和可靠性问题的日益突出，第四个"V"即数据的疑（veracity）也开始受到重视。这里的"疑"表示不确定性。

过去，不同的组织包括企业通常会对数据来源进行仔细的检查，所以数据的可靠性比较高。但在当今社会，随着社交网站和传感器技术蓬勃发展，不完整、不可靠的数据越来越多。2015 年，在美国某研究中心随机收集到的信息中每 100 个就有 8 个以上的数据难以确定其可靠性。

数据的可靠性不够高，必然会影响信息分析的价值。例如，实时集成和分析数以百万计的病人的医疗记录，可以帮助研究人员在传染病暴发的初期尽早作出回应，但如果同样的疾病或治疗的医疗记录被标示成几个不同的名字，则会导致分析软件无法解析，进而导致估计和预测结果不够准确。

造成大数据不确定性的因素有很多，主要包括以下几个方面。

1. 制造过程不可靠

即使许多事情的处理被设计得更加精确，其结果也总是难以预测或掌握。例如，先进的半导体晶片工艺不能保证 100% 的产品合格率；配送路线无论计划得多好，都不可能在高峰时段准确预测从 A 到 B 的行程；传感器感知到的数据可能会因为环境变化或使用寿命的原因而出现错误，甚至在数据传输过程可能被恶意破坏，从而导致数据制造过程中的数值不准确。

2. 数据内容不可靠

特别是"人"产生的数据，尤其不可靠，主要原因有以下 3 个方面。

（1）故意欺骗。互联网上的信息有多少是真实的？一些人在 Facebook 上发布假新闻，一些人在微博上注册多个假 ID，还有一些公司在网络论坛上利用"刷新"来淹没负面评论……这样的例子有很多。任何个人或组织只要有足够的资金和时间，都可以制造虚假的舆论和声势。

（2）无心错误。无心的错误也可能导致数据来源不可靠的情况。例如，互联网上有一份含有硅胶的洗发水品牌名单，而这正是厂家故意攻击对手而伪造的。但在 A 收到错误数据后，A 好心地传给 B，B 传给 C，C 再传给更多的人。就像曾参杀人的故事一样，到最后真假难辨，连曾参的母亲也不再相信儿子的清白了。

（3）时序错乱。一位父亲焦急地在网上发了一份邮件，要求大家献出他们的爱心，帮助寻找失踪的 8 岁女儿，最后留下了联系电话。大多网友在收到了这封邮件之后好心转发，但事实上，他的女儿在迷路后不到 2 小时就独自回家了。然而，这封于 2005 年发出的追查信件在互联网上流传了 6 年之久。2011 年，这个 14 岁的女孩通过电视镜头感谢了网友，并要求大家不要再找她。女孩的父亲说，在过去的 6 年里，她的家人平均每天接到 20 多个电话，最远的来自越南和乌克兰。这是因为时序错乱导致了不准确的数据。

3. 分析结果不可靠

这就是为什么天气预报系统尽管变得越来越复杂，但仍然不是 100%准确的原因。

因此，当试图收集大量的数据以期发现一些规律和趋势时，必须考虑这些复杂数据中存在哪些不确定因素，否则这些不可靠的数据将形成不确定的分析结果，从而影响后续决策的价值。

1.4 大数据的分类和采集方法

大数据获取是指从传感器和智能设备、企业在线系统、企业离线系统、社交网络、互联网平台等获取数据的过程。数据包括射频识别（radio frequency identification，RFID）数据、传感器数据、用户行为数据、社交网络交互数据、移动互联网数据及其他类型的结构化、半结构化和非结构化的海量数据。

由于数据源种类繁多，数据类型复杂，数据量大，数据生产速度快，传统的数据采集方法完全不能满足要求。因此，大数据采集技术面临着许多技术挑战。一方面要保证数据采集的可靠性和效率，另一方面要避免数据的重复。

1.4.1 大数据的分类

传统数据分为业务数据和行业数据，新数据包括内容数据、线上行为数据和线下行为数据三大类。因此，在大数据体系中，数据共分为以下 5 种。

（1）业务数据：账户数据、客户关系数据、买卖双方数据、库存数据等。

（2）行业数据：车流量数据、能耗数据、PM2.5 数据等。

（3）内容数据：应用日志、电子文档、机器数据、语音数据、社交媒体数据等。

（4）线上行为数据：页面数据、交互数据、表单数据、会话数据、反馈数据等。

（5）线下行为数据：车辆位置和轨迹、用户位置和轨迹、动物位置和轨迹等。

大数据的主要来源有以下几种。

（1）企业系统：客户关系管理系统、企业资源计划系统、库存系统、销售系统等。

（2）机器系统：智能仪表、工业设备传感器、智能设备、视频监控系统等。

（3）互联网系统：电商系统、服务行业业务系统、政府监管系统等。

（4）社交系统：微信、QQ、微博、博客、新闻网站等。

在大数据体系中，数据源与数据类型的关系如图 1.1 所示。

大数据系统从传统企业系统中获取相关的业务数据。

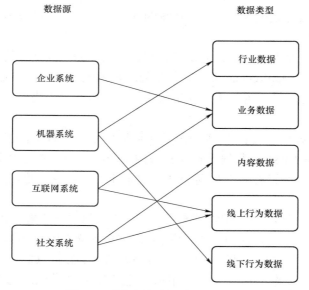

图 1.1　数据源与数据类型的关系

机器系统产生的数据分为两大类。一类是通过智能电表和传感器获取行业数据，如高速公路卡口设备获取车流数据、智能电表获取用电量等。另一类是通过各种监控设备获取线下行为数据，如人、动物、物体的位置和跟踪信息。

互联网系统将生成相关的业务数据和线上行为数据，如用户反馈和评价信息、用户购买的产品和品牌信息等。

社交系统产生大量的内容数据及线上行为数据，比如微博、照片。

因此，大数据的收集与传统数据的收集有很大的不同。

从数据来源的角度来看，传统的单一数据源来自传统企业的客户关系管理系统、企业资源规划系统和相关业务系统，而大数据还需要从社交系统、互联网系统、各种类型的机器和设备获得。在数据量方面，互联网系统和机器系统生成的数据量要远远大于企业系统生成的数据量。从数据结构的角度来看，传统的数据采集系统采集的是结构化数据，而大数据采集系统还需要采集大量的视频、音频、照片等非结构化数据，以及网页、博客、日志等半结构化数据。

1.4.2　数据采集的步骤与方法

数据采集是指收集符合数据挖掘研究要求的原始数据。原始数据是研究人员获得所需数据的主要或次要来源。数据采集不仅可以从现有的、可用的海量数据中收集和提取想要的二手数据，还可以通过问卷调查、访谈、沟通等手段获取一手数据。用任何一种方法获取数据的过程都可以称为数据采集。数据采集就是如何获取原始数据。如果把采集数据比喻成准备一顿饭，可以亲自下厨做饭（用一手数据），也可以叫外卖（用二手数据）。

数据采集是数据挖掘的基础，是数据准备的第一步。传统的数据采集来源是单一的，存储、管理和分析的数据量相对较小。其中大部分可以通过关系数据库和并行数据库进行处理。

在依靠并行计算提高数据处理速度方面，传统的并行数据库技术追求高一致性和容错性，难以保证其可用性和可伸缩性。

根据不同类型的数据源，大数据的采集方式也不同。为了满足大数据采集的需要，采用大数据的处理模式，即 MapReduce 分布式并行处理模式或基于内存的流处理模式。

针对 4 种不同类型的数据源，大数据的采集方法有以下几大类。

1. 数据库采集

传统企业使用 MySQL、Oracle 等传统关系数据库来存储数据，在大数据时代，Redis、MongoDB、HBase 等 NoSQL 数据库也经常被用于数据采集。通过在采集端部署大量数据库，并在这些数据库之间进行负载均衡和分片，企业可以完成大数据采集工作。

2. 系统日志采集

系统日志采集主要是收集公司业务平台每天产生的大量日志数据，供离线和在线大数据分析系统使用。高可用性、高可靠性和可扩展性是日志采集系统的基本特征。许多互联网企业都有自己的海量数据收集工具用于系统日志采集，如 Hadoop 的 Chukwa、Cloudera 的 Flume、Facebook 的 Scribe 等。这些工具都采用分布式架构，能够满足日志数据采集和每秒几百兆的传输需求。

3. 网络数据采集

网络数据采集是指通过网络爬虫或网站公共 API 从网站获取数据信息的过程。网络爬虫将开始从一个或多个初始 Web 页面的 URL 获取每个网页的内容，在爬行网页的过程中，它会不断地从当前页面中提取新的 URL，并将它们放入队列中，直到满足停止条件。这样就可以从 Web 页面中提取非结构化数据和半结构化数据，并存储在本地系统中。除了网络中包含的内容外，还可以使用带宽管理技术来处理网络流量的收集，如 DPI（deep packet inspection）或 DFI（deep /dynamic flow inspection）。

4. 感知设备数据采集

感知设备数据采集是指通过传感器、摄像头等智能终端对信号、图片或视频进行数据的自动采集。大数据智能感知系统需要对结构化、半结构化和非结构化的海量数据进行智能识别、定位、跟踪、访问、传输、信号转换、监控、前期处理和管理，其关键技术包括大数据源的智能识别、感知、适应、传输和访问。

1.5 大数据的基本概念

1.5.1 大数据技术的主要内容

大数据技术是指与大数据的收集、传输、处理和应用相关的技术，即利用非传统工具对大量结构化、半结构化和非结构化数据进行处理，获得分析和预测结构的一系列数据处理技术。

近年来，互联网、云计算、移动计算和物联网发展迅速，无处不在的移动设备、射频识别、无线传感器及互联网服务生成大量数据，对数据处理的实时性和有效性提出了更高的要求，传统的常规技术已让位于新的技术，包括分布式缓存、基于 MPP 的分布式数据库、分布式文件系统、各种 NoSQL 分布式存储方案等。数据库、数据仓库、数据集市等信息管理技术，在很大程度上也是为了解决伴随大规模数据而出现的问题。被称为数据仓库之父的 Bill Inmon 早在 20 世纪 90 年代就提出了大数据技术。大数据技术的内容框架如图 1.2 所示。

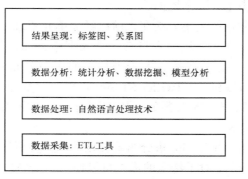

结果呈现：标签图、关系图

数据分析：统计分析、数据挖掘、模型分析

数据处理：自然语言处理技术

数据采集：ETL 工具

图 1.2　大数据技术的内容框架

（1）数据采集。ETL 是提取—转换—加载的意思，用于描述从源数据提取、转换和加载数据到目标数据的过程。

ETL 工具负责从分布式异构数据源提取数据，如关系型数据和平坦的数据文件，经过临时中间层的清洗、转换和集成，最后加载到数据仓库或数据集市，成为联机分析处理和数据挖掘的基础。

（2）数据存取。利用关系数据库和 NoSQL 存取数据。

（3）基础架构。应用云存储、分布式文件存储等架构。

（4）数据处理。自然语言处理（NLP）是一门研究人机交互语言问题的学科。自然语言处理的关键是使计算机理解自然语言。因此，自然语言处理也被称为自然语言理解或计算语言学。它是语言信息处理的一个分支，也是人工智能的核心课题之一。

（5）统计分析。主要包括假设检验、显著性检验、差异分析、相关分析、t 检验、方差分析、卡方分析、偏相关分析、距离分析、回归分析、简单回归分析、多元回归分析、逐步回归、回归预测与残差分析、曲线估计、因子分析、聚类分析、主成分分析、快速聚类法与聚类法、判别分析、对应分析、多元对应分析（最优尺度分析）等。

（6）数据挖掘。主要包括分类、估计、预测、相关性分析或关联规则、聚类、描述和可视化、复杂数据类型挖掘等。

（7）模型分析。包括预测模型、机器学习、建模仿真。

（8）结果呈现。大数据处理结果利用云计算、标签云和关系图等方式呈现。大数据处理问题实际上是由信息设施的处理能力与数据处理问题之间的矛盾引起的。大数据的体量、时间、地点客观上加剧了矛盾的演变，加上计算机内存容量有限，造成了传统模式输入/输出（I/O）的压力增加，缓存命中率很低，很难获得最好的平衡性能、最低的功耗与成本，从而使得计算机系统难以处理超过 PB 级的大数据。

1.5.2　大数据的处理过程

一般来说，大数据处理的流程分为 4 步，分别是大数据采集、大数据导入与预处理、大数据统计与分析，最后一步是大数据挖掘。

（1）大数据采集。大数据的采集方法在之前已经简单介绍过了，在此不再赘述。

（2）大数据导入与预处理。采集端本身有一个大型数据库，数据首先会经过一些简单的数据清洗和预处理工作，之后会被导入一个集中的大型分布式数据库或分布式存储集群。部分用户在导入数据时还使用 Twitter 的 Storm 平台对数据进行流计算，以满足部分业务实时计算的要求。大数据导入与预处理的主要特点是导入的数据量大，常常达到 100 MBps，甚至是千兆的数量级。

（3）大数据统计与分析。统计和分析分布式数据库的主要用途是对储存在分布式计算集群中的大数据进行总结和分类。对于特定的需求可以使用不同的处理工具，如使用工具 EMC GreenPlum 以满足共同分析的需求，使用 Oracle Exadata 满足一些实时的应用需求，使用基于 MySQL 储存 InfoBright 列类型数据，使用基于 Hadoop 存储半结构化数据。统计与分析部分的主要特点是分析中涉及的数据量巨大，对系统资源，特别是 I/O 资源占用极大。

（4）大数据挖掘。与上述统计分析过程不同的是，数据挖掘一般没有任何预设的主题，主要是对现有数据进行基于各种算法的计算，以达到预测效果，从而实现一些高层数据分析的需求。典型算法有 K-means 聚类算法、SVM 统计学习算法和 NaiveBayes 分类算法，主要使用的工具有 Hadoop Mahout 等。这个过程的主要特点是用于数据挖掘的算法非常复杂，计算所涉及的数据量和计算量非常大，常用的数据挖掘算法主要是单线程的。

大数据处理过程至少要满足以上 4 个基本步骤，才能成为一个相对完整的处理过程。

1.5.3　大数据的关键问题与关键技术

1. 大数据的关键问题

在大数据环境中，数据源非常丰富，数据类型多样，存储和分析挖掘的数据量巨大，对数据表示的要求很高，强调数据处理的效率和可用性。

1）非结构化和半结构化数据处理

如何利用信息技术处理非结构化和半结构化数据是一个重要的研究课题。如果将通过数据挖掘提取粗糙知识的过程称为首次挖掘，那么可将粗糙知识与量化的主观知识（包括具体经验、常识、直觉、情景知识和用户偏好）相结合生成智能知识的过程称为二次挖掘。从一次挖掘到二次挖掘，是数量上质的飞跃。

鉴于大数据的半结构化和非结构化特征，基于大数据的数据挖掘产生的结构化粗糙知识（潜在模式）也伴随着一些新的特征。这些结构化的粗糙知识可以被主观知识加工转化为半结构化和非结构化的智能知识。对智能知识的搜索体现了大数据研究的核心价值。

2）大数据复杂性与系统建模

大数据复杂性和不确定性的表征方法和大数据系统建模的突破是实现大数据知识发现的前提。从长远来看，大数据的个体复杂性和随机性所带来的问题将促进大数据数学结构的形成，从而完善大数据统一理论。短期内，学术界鼓励制定结构化数据与半结构化、非结构化数据转换的一般原则，支持大数据的交叉应用。

大数据的复杂形式引发了大量关于测量和评估粗糙知识的研究。管理科学中的已知优化、数据包络分析、期望理论和效用理论可以用于研究如何将主观知识融入数据挖掘生成粗糙知识的二次挖掘中，人机交互将发挥关键作用。

3）大数据异构性与决策异构性影响知识发现

数据异构和决策异构之间的关系对大数据知识发现和管理决策具有重要影响。由于大数据本身的复杂性，这无疑是一个重要的科学研究课题，对传统的数据挖掘理论和技术提出了新的问题。在大数据背景下，管理决策面临两个异质性问题，即数据异质性和决策异质性。传统的管理决策模型依赖于商业知识的学习和实践经验的积累，而管理决策则基于数据分析。

大数据的出现改变了传统的管理决策结构模式，大数据对管理决策结构的影响将成为一个开放性的科学研究问题。此外，决策结构的变化要求人们探索如何进行二次挖掘，以支持更高层次的决策。不管大数据带来的数据异构性如何，大数据中的粗糙知识仍然可以看作是一种挖掘。需要搜索二次挖掘产生的智能知识，作为数据异构和决策异构之间的桥梁。探究大数据背景下的决策结构是如何改变的，等同于研究如何让决策者的主观知识参与决策的过程。

寻找对大数据进行科学处理的一般性方法是一种对美的探究，尽管这种探究是困难的，但是如果我们找到结构化数据，则已有的数据挖掘方法将成为很好的大数据挖掘工具。

上述大数据的重要技术问题，仅仅是研究大数据的一个起点。此外，还存在一些数据科学问题，包括基于数据库的知识发现规则和基于开放数据源的知识发现规则，以及大数据挖掘的全局和/或局部解决方案的存在等。在不久的将来，将会取得突破性的科学研究和应用成果。

2. 大数据的关键技术

针对上述大数据的关键问题，大数据的关键技术主要包括流处理、并行化、摘要索引和可视化。

1）流处理

随着业务需求的增长和业务流程变得更加复杂，我们的研究重点是数据流而不是数据集。

决策者感兴趣的是捕获实时结果，需要能够在数据流发生时处理数据流的架构，但当前的数据库技术并不适合数据流处理。

例如，计算一组数据的平均值可以采用传统的方法。但是计算移动数据的平均值，需要更高效的算法。要创建一个数据流统计，需要逐步添加或删除数据块，进行移动平均计算，而目前的数据库技术还不成熟。

此外，在应用数据流技术时，围绕数据流的生态系统还不发达。如果您正在与供应商谈判一个大数据项目，您必须知道数据流处理对项目是否重要，以及供应商是否能够提供它。

2）并行化

小数据的情况类似于桌面环境下，磁盘存储容量为 $1 \sim 10 \, \mathrm{GB}$，中数据的数据量为 $100 \, \mathrm{GB} \sim 1 \, \mathrm{TB}$，大数据分布存储在多台机器上，包含从 $1 \, \mathrm{TB}$ 到多 PB 的数据。如果在分布式数据环境中短时间内处理数据，那么就需要分布式处理。Hadoop 是一个分布式并行处理平台，由一个支持分布式并行查询的大型分布式文件系统组成。

3）摘要索引

摘要索引是创建预先计算的数据摘要以加速查询执行的过程。摘要索引的关键是必须为要执行的查询进行计划。随着数据的快速增长，对摘要索引的需求将不会停止。无论基于长期还是短期的考虑，摘要索引需求的发展必须有一个明确的战略。

4）可视化

数据可视化包括科学可视化和信息可视化。可视化工具是实现可视化的重要基础，主要分为两大类。

一是探索可视化工具，它可以帮助决策者和分析师探索不同数据之间的联系，这是一种可视化的洞察力。类似的工具包括 Tableau、TIBCO 和 QlikView。

二是叙事可视化工具，它可以以独特的方式探索数据。例如，如果需要以可视化的方式在时间序列中按地区查看企业的销售业绩，可视化格式将会被提前创建。数据将按地区逐月显示，并按照预先定义的公式进行排序。

第 2 章　大数据处理构架 Hadoop

第 1 章已经简要介绍了 Hadoop 的起源及其在大数据技术中的重要地位，本章将详细介绍 Hadoop 的历史及其在大数据发展中的重要地位。

2.1　Hadoop 概述

2.1.1　Hadoop 的诞生与发展

Hadoop 是 Doug Cutting 在产品创建时，"借用"了其儿子的黄色小象玩具名字而产生的。2004 年，Doug Cutting 和同是程序员出身的 Mike Cafarella 决定开发一款可以代替当时主流搜索产品的开源搜索引擎，这个项目被命名为 Nutch。在此之前，Doug Cutting 供职于 Architext，但其终因互联网经济泡沫而破产，因此 Doug Cutting 进入了自由职业人阶段。所谓"福兮祸所伏"，在自由职业人阶段，Doug Cutting 闭关修行，试图通过一种低开销的方式来构建网页中的大量算法。幸运的是，Doug Cutting 看到了 2004 年 Google 发表的两篇论文。其中一篇介绍的是 GFS 的有关内容，这篇文章构思了一个可扩展的大型数据密集型应用的分布式文件系统，该文件系统可在廉价的硬件上运行，并具有可靠的容错能力，它可为用户提供极高的计算性能，而同时具备最小的硬件投资和运营成本，用于存储不同设备所产生的海量数据。另一篇是关于 MapReduce 的文章，它介绍了一种运行在 GFS 之上、处理大型及超大型数据集并生成相关执行的编程模型，负责分布式大规模数据。Doug Cutting 便利用这段"自由时间"实现了这两篇论文的想法，由此诞生了引人注目的作品——Hadoop！

Hadoop 诞生之后，其发展可谓一呼百应，各 IT 界公司相继加入了 Hadoop 阵营，纷纷表示愿意为 Hadoop 的发展"添砖加瓦"（当然他们也可以从 Hadoop 带来的好处中分得一杯羹）。造成该局面的主要原因有两点：其一是大数据处理的迫切需求，各大公司都看到了数据市场的重要性，在 IT 日新月异的高速列车上，若不能正确地预测发展形势，必将被时代所淘汰；其二要感谢 Yahoo 大无畏的"开源精神"（当然开源之举的背后有一个很重要的原因，就是和 Google 的激烈竞争）。从某种程度上来说，在 IT 界，开源是后来者居上的最有效的办法。

直到 2008 年，Hadoop 相对稳定的版本面世了，并在同年 1 月成为 Apache 顶级项目。接下来，各大 IT 厂商直接或间接地接触、加入 Hadoop 的阵营。

百度从 2007 年开始使用 Hadoop 进行离线处理，目前将 Hadoop 集群用作日志处理。

中国移动也从 2007 年开始将 Hadoop 应用于"大云"中，规模超过 1 000 台。

阿里巴巴从 2008 年开始在"云梯"中应用 Hadoop，初级规模就达到 1 100 台。其用于处理电子商务相关数据，每天处理约 18 000 道作业，扫描 500 TB 数据。

IBM 于 2010 年提供了基于 Hadoop 的大数据分析软件——InfoSphere BigInsights，包括基础版和企业版。Platform Computing（现在为 IBM Platform Computing）于 2011 年宣布在它的 Symphony 软件中支持 Hadoop MapReduce API。

MapR Technologies 公司于 2011 年 5 月推出分布式文件系统和 MapReduce 引擎——MapR Distribution for Apache Hadoop。

EMC 于 2011 年 5 月为客户推出一种新的基于开源 Hadoop 解决方案的数据中心设备 GreenPlum HD，以助其满足客户日益增长的数据分析需求并加快利用开源数据分析软件。GreenPlum 是 EMC 于 2010 年 7 月收购的一家开源数据仓库公司。

Cloudera 于 2011 年 8 月公布了一项有益于合作伙伴生态系统的计划——创建一个生态系统，以便硬件供应商、软件供应商及系统集成商可以一起探索如何使用 Hadoop 更好地洞察数据。

一时间，Hadoop 成为"程序猿"们茶余饭后的重要谈论话题。随着越来越多的用户加入，Hadoop 从一个开源的 Apache 基金会项目，成长为一个强大的生态系统。从 2009 年开始，随着云计算和大数据的发展，Hadoop 作为海量数据分析的最佳解决方案，开始受到众多 IT 厂商的关注，从而出现了许多 Hadoop 的商业版及支持 Hadoop 的软件和硬件产品。

到现在为止，Apache Hadoop 版本分为两代，第一代 Hadoop 被称为 Hadoop 1.0，第二代 Hadoop 被称为 Hadoop 2.0。第一代 Hadoop 包含三个版本，分别是 0.20.x、0.21.x 和 0.22.x。其中，0.20.x 最后演化成 1.0.x，变成了稳定版；而 0.21.x 和 0.22.x 则增加了 NameNode HA 等新的重大特性。第二代 Hadoop 包含两个版本，分别是 0.23.x 和 2.x，它们完全不同于第一代 Hadoop，是一套全新的架构，均包含 HDFS Federation 和 YARN 两个系统。相比于 0.23.x，2.x 增加了 NameNode HA 和 Wire compatibility 两个重大特性。

2.1.2　Hadoop 生态圈

Hadoop 已经从最初的 MapReduce 和 HDFS 发展到 Hadoop 生态体系（见图 2.1），现在的 Hadoop 正越来越多地代表着这个生态体系中的几十种产品。下面对 Hadoop 的常见产品做一个简单的介绍。

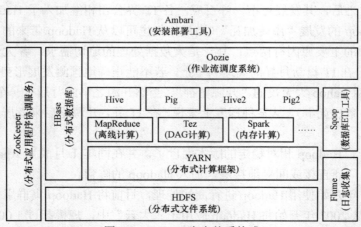

图 2.1　Hadoop 生态体系构成

（1）MapReduce：核心成员，允许并行计算大规模数据的编程模型。从概念上讲，MapReduce 有两个部分——"Map"和"Reduce"。实际上，该模型由几个函数和接口组成，其主要思想是由 Google 工程师首先提出的，这得益于函数式编程语言的思想和从向量编程语言借鉴来的特性。它使程序员可以在不了解分布式并行编程的情况下在分布式系统上运行他们的程序。

（2）HDFS：分布式文件系统。HDFS 相对于其他文件系统，其设计有着为大数据处理"私人定制"的意思，能提供高吞吐量的数据访问，非常适合大规模数据集方面的应用。并且它是一个高度容错的系统，适合部署在廉价的机器上。

（3）Hive：数据仓库工具，可以将结构化的数据文件映射为一张数据库表，并提供完整的 SQL 查询功能，并将 SQL 语句转换为 MapReduce 任务运行。其优点是学习成本低，可以通过类 SQL 语句快速实现简单的 MapReduce 统计，不必开发专门的 MapReduce 应用，非常适合数据仓库的统计分析。

（4）HBase：分布式的、面向列的开源数据库，和 Google BigTable 类似。HBase 是 Apache 的 Hadoop 项目的子项目。HBase 不同于一般的关系数据库，它是一个适合于非结构化数据存储的数据库。另一个不同点表现在 HBase 是基于"列"而不是基于"行"的模式。2010年 5 月，HBase 脱离 Hadoop 项目，成为 Apache 顶级项目。

（5）Pig：高级过程语言，适合于使用 Hadoop 和 MapReduce 平台来查询大型半结构化数据集。通过允许对分布式数据集进行类似 SQL 的查询，Pig 可以简化 Hadoop 的使用。2010年 9 月，Pig 脱离 Hadoop，成为 Apache 顶级项目。

（6）ZooKeeper：分布式应用程序协调服务，类似于 Google 的 Chubby，提供的功能包括配置维护、名字服务、分布式同步、组服务等。其目标就是封装好复杂易出错的关键服务，将简单易用的接口和性能高效、功能稳定的系统提供给用户。2011 年 1 月，ZooKeeper 脱离 Hadoop，成为 Apache 顶级项目。

2.1.3　Hadoop 的应用场景

任何技术的出现都是为了解决实际的业务问题。随着 Hadoop 生态系统的逐渐扩展，其应用范围也随之扩大。就 Hadoop 技术本身而言，它适合以下几种应用场景。

（1）超级大的数据。一般非实验情况下使用 Hadoop 的环境，集群规模都在上百台甚至上千台服务器的 Cluster 中。相对而言，数据量也非常大，TB 级别的数据只能算是"起步价"，PB 级别的数据才能发挥出 Hadoop 的特长。

（2）离线数据。实时处理一直是 Hadoop 面临的一个问题。Hadoop 的特点是用于批处理操作的数据吞吐量大，能够处理大规模数据。另外，作业在启动后无法更改，有时作业可能会运行数小时。在 MapReduce 框架下，Hadoop 很难处理实时计算，所有的作业主要是离线作业，如日志分析。此外，集群中通常有大量作业等待调度，以确保资源的充分利用。如果实时处理要求很高，则建议部署 Storm 或 Spark。当然，也有用户借用了 Hadoop 的组件并将 Hadoop 应用到实时处理环境中，稍后将对此进行讨论。

（3）并行计算。在 MapReduce 框架下，Hadoop 非常适合并行计算场景。在该场景中，数据量较大,一般在 PB 级或 PB 级以上,但数据处理算法相对简单,可以采用并行方法来提高处理速度,如大规模 Web 信息搜索场景。

(4)数据计算单元较大。由于 HDFS 的设计特点,Hadoop 适合处理文件块较大的文件,如果使用 Hadoop 处理大量小文件,效率会很低。当然,如果使用另一个文件系统,比如 IBM GPFS,那么处理小文件的速度将会提高。

Hadoop 作为大数据存储和计算领域的明星,应用越来越广泛。目前,Hadoop 已成功应用于移动数据(如中国移动、中国电信等)、电子商务(如 eBay)、能源提取、图像处理、基础设施管理、医疗保健、IT 运维等场景。我们或多或少已经成为 Hadoop 的用户和受益者。例如,在一个大型购物网站的后台,使用 Hadoop 来处理日志,判断用户的习惯和行为,然后为用户推荐合适的产品。中国移动也使用 Hadoop 技术来部署基于 Hadoop 的云平台。

2.2　数据仓库工具 Hive

2.2.1　Hive 缘起何处

Hive 翻译过来是"蜂巢"的意思。成千上万的蜜蜂可以同时建造一个蜂巢,没有图纸,没有设计,没有主管,就能造出结构优良的蜂巢,这是多么令人难以置信啊!Hive 的创始人将关键技术命名为 Hadoop Hive,可能也是希望 Hive 被构建成一个结构良好的数据仓库。

Hive 是 Facebook 开发的基于 Hadoop 集群的数据仓库应用。首先,Hive 只是一个工具,用于将结构化数据文件映射到数据库表中,并提供完整的 SQL 查询功能,可以将 SQL 语句转换为 MapReduce 任务来运行。因此,Hive 本身没有存储能力。它提供类似于 SQL 语法的 HQL 语句作为数据访问接口,便于普通分析师在应用 Hadoop 的过程中学习。Facebook 使用 Hadoop 和 Hive 构建数据仓库的原因及过程如下所述。

(1)Facebook 的数据仓库一开始是构建于 MySQL 之上的,但是随着数据量的增加,某些查询需要几小时甚至几天才能完成。

(2)当数据量接近 1 TB 时,MySQL 后台进程停止,Facebook 决定将数据仓库转移到 Oracle。当然,这个转移过程也让 Facebook 付出了巨大的代价,如支持不同的 SQL 方言、修改以前的运行脚本等。

(3)Oracle 在处理几个 TB 的数据方面没有问题,但是当它开始收集用户点击流的数据(大约每天 400 GB)后,Oracle 开始失去支持,所以有必要考虑新的数据仓库方案。

(4)内部开发人员花费数周时间构建了一个并行日志处理系统 Cheetah,该系统在 24 小时内几乎不能处理一天的点击流数据。

(5)Cheetah 也存在许多缺点。后来 Facebook 偶然发现了 Hadoop 项目,并开始试着将日志数据同时载入 Cheetah 和 Hadoop 进行对比,发现 Hadoop 在处理大规模数据时更具优势。于是 Facebook 便将所有的工作流都从 Cheetah 转移到 Hadoop,并基于 Hadoop 做了很多有价值的分析。

（6）后来，Hive 被开发出来，使得 Hadoop 可以被大多数人使用。Hive 提供了一个非常方便的类似 SQL 的查询接口。与此同时，其他工具也被开发出来。

（7）现在集群存储 2.5 PB 的数据，并且以每天 15 TB 的数据在增长，每天提交 3 000 个以上的作业，大约处理 55 TB 的数据。

总体上看，Hive 有两个典型的特点：其一，Hive 是建立在 Hadoop 上的数据仓库基础架构；其二，较低的学习代价便可以让用户在 Hadoop 中存储、查询和分析大规模数据。Hive 的作用如图 2.2 所示。

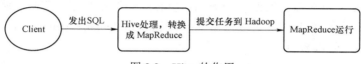

图 2.2　Hive 的作用

如果只需完成大规模数据分析，只需要一组 Hadoop 环境再加上一个 Hive–SQL 数据库即可，不管是否能理解程序编程和 Hadoop 原理，用户的 SQL 需求将被自动编译到整个集群的分布式计算里，以提高分析的效率。

目前，Facebook 已经引入了 Presto 的分布式 SQL 查询引擎，据说它的性能比 Hive 好得多，有兴趣的读者可以深入研究。

2.2.2　Hive 与数据库的区别

由于 Hive 使用 SQL 查询语言 HQL，它很容易被理解为是一个数据库。从技术上讲，Hive 不是一个数据库。在结构上，除了查询语言相似之外，Hive 和数据库没有任何共同之处。数据库可以用于在线应用程序，但 Hive 是为数据仓库设计的。以下几个方面有助于从应用程序的角度理解 Hive 的本质。

（1）数据存储位置。Hive 是建立在 Hadoop 之上的，所有 Hive 的数据都存储在 HDFS 中；而数据库则可以将数据保存在块设备或者本地文件系统中。

（2）查询语言。由于 SQL 被广泛地应用在数据仓库中，因此专门针对 Hive 的特性设计了类 SQL 的查询语言 HQL。熟悉 SQL 的开发者可以很方便地使用 Hive 进行开发。

（3）索引。Hive 在加载数据的过程中不会对数据进行任何处理，甚至不会对数据进行扫描，因此也没有对数据中的某些 key 建立索引。Hive 要访问数据中满足条件的特定值时，需要暴力扫描整个数据，因此访问延迟较高。由于 MapReduce 的引入，Hive 可以并行访问数据，因此即使没有索引，对于大数据量的访问，Hive 仍然可以体现出优势。值得一提的是，Hive 在 0.8 版本之后引入了图索引。在数据库中，通常会针对一列或者几列建立索引，因此对于少量的、特定条件的数据的访问，数据库可以有很高的效率和较低的延迟。由于数据的访问延迟较高，决定了 Hive 不适合在线数据查询。

（4）数据格式。Hive 中没有定义专门的数据格式，数据格式可以由用户指定。用户定义数据格式需要指定三个属性：列分隔符（通常为空格、"t""x001"）、行分隔符（\n）及读取文件数据的方法（Hive 中默认有三种文件格式：TextFile、SequenceFile 及 RCFile）。

由于在加载数据的过程中不需要从用户定义的数据格式到 Hive 定义的数据格式的转换，因此，Hive 在加载过程中不会对数据本身进行任何修改，而只是将数据内容复制或者移动到相应的 HDFS 目录中。而在数据库中，不同的数据库有不同的存储引擎，而且定义了自己的数据格式。所有数据都会按照一定的组织存储，因此，数据库加载数据的过程会比较耗时。

（5）执行。Hive 中大多数查询的执行是通过 Hadoop 提供的 MapReduce 来实现的（类似于 select * from tbl 的查询不需要 MapReduce），而数据库通常有自己的执行引擎。

（6）数据更新。由于 Hive 是针对数据仓库应用设计的，而数据仓库的内容是读多写少的，因此，Hive 不支持对数据的改写和添加，所有数据都是在加载的时候确定好的。而数据库中的数据通常是需要修改的，可以使用 insert into tablename values 语句添加数据，使用 update tablename set 修改数据。

（7）延迟。如前所述，Hive 在查询数据的时候由于没有索引，需要扫描整张表，因此延迟较高。另外一个导致 Hive 执行延迟较高的因素是 MapReduce 框架。由于 MapReduce 本身具有较高的延迟，因此在利用 MapReduce 执行 Hive 查询时，也会有较高的延迟。相对地，数据库的执行延迟较低。当然，这个低是有条件的，即数据规模较小。当数据规模大到超过数据库的处理能力的时候，Hive 的并行计算显然能体现出优势。

（8）可扩展性。由于 Hive 是建立在 Hadoop 之上的，因此 Hive 的可扩展性和 Hadoop 的可扩展性是一致的；而数据库由于 ACID 语义的严格限制，扩展性非常有限。目前最先进的并行数据库 Oracle 在理论上的扩展能力也只有 100 台左右。

（9）数据规模。Hive 由于建立在集群上并且可以利用 MapReduce 进行并行计算，因此可以支持很大规模的数据；而数据库可以支持的数据规模较小，一般最大为 20 个节点左右。

（10）硬件要求。Hive 对硬件的要求相对较低；而关系型数据库管理系统为了提高线上处理速度，对硬件的要求相对较高。

2.2.3 Hive 的执行流程

Hive 的执行流程（见图 2.3）是将 HQL 语句转换为一系列可以在 Hadoop MapReduce 集群中运行的作业。Hive 通常执行客户端命令，然后输入 SQL 语句，生成多个 MapReduce 作业，接下来将这些作业提交到 Hadoop 执行，最后将结果放入 HDFS 或本地临时文件中。

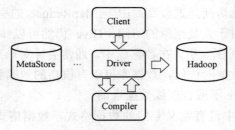

图 2.3 Hive 的执行流程

Hive 编译器将 HQL 转换为一个操作符。操作符是一个由 Hive 定义的进程，是 Hive 的最小处理单元，每个操作符代表一个 HDFS 操作或者一个 MapReduce 作业。

以下列举出 Hive 中的一些常用操作符。

TableScanOperator：扫描 Hive 表数据。

RinkOperator：创建将发送到 Reducer 端的<key，value>对。

JoinOperator：连接两份数据。

SelectOperator：选择输出列。

FileSinkOperator：建立结果数据，输出至文件。

FilterOperator：过滤输入数据。

GroupByOperator：GroupBy 语句。

MapJoinOperator：MapJoin 语句。

LimitOperator：Limit 语句。

UnionOperator：Union 语句。

Hive 数据存储在 HDFS 中，大多数查询是由 MapReduce 完成的（查询包括*，例如 select * from tbl，不生成 MapReduce 任务）。Hive 通过 ExecMapper 和 EXECReducer 执行 MapReduce 任务。执行 MapReduce 任务有本地模式和分布式模式两种模式。

Hive 编译器的组成如图 2.4 所示。

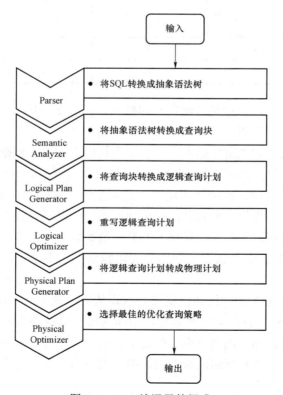

图 2.4　Hive 编译器的组成

Hive 执行 SQL 语句的最终目标（在查询 SQL 的情况下）是逐个处理一个或多个表中的所有行，从而产生一组目标记录。为了达到这一目的，首先将处理过程分解为几个运算符，然后通过这些运算符依次计算初始表数据记录，最后得到结果。

2.3 大数据仓库 HBase

2.3.1 HBase 因何而生

HBase 是 Hadoop 数据库的缩写。HBase 的官方定义是：HBase 是一种高可靠性、高性能、面向列、可扩展的分布式存储系统，利用 HBase 技术可以在廉价的 PC Server 上构建大规模结构化存储集群。

在传统数据库中，数据是面向行存储的。数据库表的每一行都是一个单独的数据片段，存储在磁盘上——在一个字段中，通过每一列的数值来标记。举一个简单的例子，表 2.1 是一张统计男女朋友的数据库表示例。

表 2.1 数据库表示例

编号	名称	性别	男朋友	女朋友
001	王二小	男		王小丫
002	张大花	女	张大宝	
003	李二牛	女	王麻子	

在面向行的数据库里，一行是一组完整的数据，在表 2.1 中，共有三行完整的数据。面向行的数据库有以下三个问题。

（1）浪费磁盘空间。如果需要插入一行数据到数据库，根据数据类型打开存储空间，一旦空间被创造，即使有些字段是空的，存储空间也被占用，而造成一些存储空间的浪费。表 2.1 中，当王二小是男性的时候，他的"男朋友"栏是空的。对张大花来说，"女朋友"栏是空的。为了不浪费空间，让我们做个判断：如果性别是男，就不要设置"男朋友"栏；如果性别是女，不要设置"女朋友"栏。不管技术的复杂性如何（也有类似的数据库技术，但是这样做会影响性能），用户的各种需求仅在用户需求级别上是不确定的，如果忽略某些列，就可能发生错误。

（2）查询浪费磁盘 I/O 和网络传输资源。假设从表中输入一个查询，比如：select（"编号""名称"）。虽然我们只查询编号和名称，但作为服务器端的返回值，则是将满足条件的整个数据返回给客户端，然后由客户端进行过滤。另外，上述示例中的数据量很小，如果数据量很大，就会对磁盘 I/O 和网络流量产生影响，客户机需要足够强大才可以快速处理反馈数据。

（3）不够灵活。如果使用带有非结构化数据的面向行数据库，则可能无法根据行的需求分割数据。例如，文件对于面向行的数据库来说不够灵活。

除此之外，还有很多其他原因。与此同时，智能数据库研发工程师发现，"面向列"存储可以解决大数据处理环境中的上述问题，存储更灵活，性能有显著提升。"面向列"存储意味着不同的列（一个或多个列）被存储在不同的磁盘文件中，并被存储在不同的列集群中。集群就是具有相同特征的列的集合。

2.3.2　HBase 的设计思想和架构

HBase 是以列的形式存储数据的。表 2.2 展示了 HBase 数据的逻辑存储模型。

表 2.2　HBase 数据的逻辑存储模型

row key	column family1		column family2		column family3	
	column1	column2	column1	column2	column1	column2
key1	T_1: abc T_2: gdxdf		T_4: dfads T_3: hello T_2: world			
key2	T_3: abc T_1: gdxdf		T_4: dfads T_3: hello		T_2: dfdsfa T_3: dfdf	
key3		T_2: dfadfasd T_1: dfdasddsf				T_2: dfxxdfasd T_1: taobao.com

1）列族（column family）

列族是相关列的集合。HBase 中的每一列都属于一个列族，列族的名称与列族属块列族相关，通常以列族为前缀，访问控制、磁盘和内存使用统计在列群集级别执行。实际上，列族上的控制权限帮助我们管理不同类型的应用程序：我们允许一些应用程序添加新的基础数据，一些应用程序读取基础数据并创建继承的列族，一些应用程序仅浏览数据（由于隐私，可能不是所有的数据）。在表 2.2 中，有三个列族。

2）行键（row key）

行键与关系数据库中的主键类似，用于检索记录。可以"获取"具有行键的一行，或者检索具有给定起始和结束行键的一系列行。行键可以是任何字符串（最大长度为 64 KB，实际长度为 10～100 B）。在 HBase 中，行键存储为字节数组。存储时，数据按行键的字节顺序排序。在设计键时，通过存储经常一起读取的行，充分利用排序存储特性。在表 2.2 中，key1、key2 和 key3 是这三条记录的唯一行键值。每个行键存储在 HDFS 上的单独文件中，不保存 null 值。

3）单元格（cell）

HBase 中由行和列标识的存储单元称为单元格。单元格的唯一标识符表示为{行键,列(=<family> + <label>),版本}。单元格中的数据是无类型的，并且完全以字节码形式存储。

4）时间戳（timestamp）

每个单元格都保存着同一份数据的多个版本，版本根据时间戳进行索引。时间戳的类型是 64 位整数。时间戳可以由 HBase 分配，它是当前系统时间，精确到毫秒。时间戳也可以由客户显式地分配。如果应用程序想要避免数据版本冲突，它必须生成自己唯一的时间戳。在每个单元格中，数据的不同版本按反时间顺序排序，这意味着最新的数据先出现。

为了避免数据版本过多带来的管理负担（包括存储和索引），HBase 提供了两种数据版本恢复方式：一种是保存最后 N 个版本的数据；另一种是保存最近的版本（比如最近的 T 天）。用户可以为每个列集群设置它。

例如，column family1 列集群包含 column1 和 column2，T_1：abc，T_2：gdxdf 是由行 key1 和列族属块列 column family1 下的列族列 columnl 标识的唯一单元格。在这个单元格中有两个数据：abc 和 gdxdf。这两个数据具有不同的时间戳，即 T_1 和 T_2，HBase 将向请求者返回最新时间的值。

5）区域（region）

这是 HBase 中至关重要的概念。考虑到习惯问题，下面用英文来表示部分概念。如前所述，table 中的所有行都按照 row key 字典序排列，table 在行的方向上被分割为多个 region，如图 2.5 所示。

region 是 HBase 中分布式存储和负载均衡的最小单元，不同的 region 分布到不同的 region server 上。region 是按大小分制的，每张表一开始只有一个 region，随着数据增多，region 不断增大，当增大到一个阈值的时候，region 就会等分为两个新的 region，之后会有越来越多的 region，如图 2.6 所示。

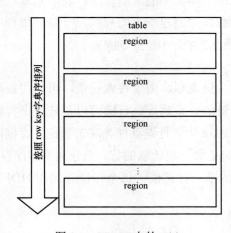

图 2.5　HBase 中的 table

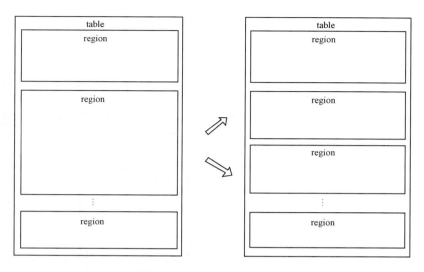

图 2.6　region 的增加示意图

HBase region 虽然是分布式存储的最小单元，但并不是存储的最小单元。事实上，HBase region 由一个或多个 store 组成，每一个 store 保存一个 column family。每一个 store 又由多个 MemStore 和 0 至多个 StoreFile 组成。StoreFile 以 HFile 格式保存在 HDFS 上。

6）HBase 中两张特殊的表

-ROOT-表和.META.表是 HBase 中两张特殊的表。.META. 表记录了用户表的 region 信息，.META. 表可以有多个 region。-ROOT-表记录了.META. 表的 region 信息，-ROOT-表只有一个 region，ZooKeeper 中记录了 -ROOT-表的 location 信息。具体如图 2.7 所示。

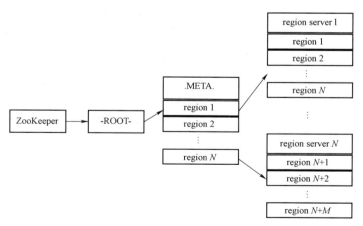

图 2.7　HBase 中两张特殊的表

2.3.3　HBase 的系统架构

HBase 的系统架构如图 2.8 所示。

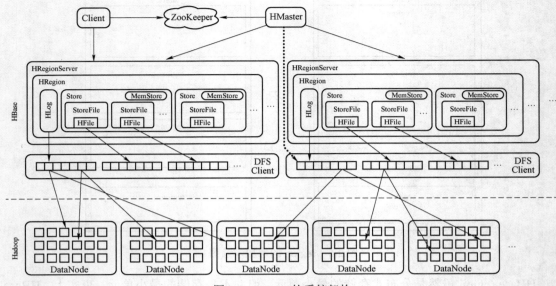

图 2.8   HBase 的系统架构

组成部件说明如下。

（1）Client。

使用 HBase RPC 机制与 HMaster 和 HRegionServer 进行通信。

① Client 与 HMaster 进行通信管理类操作。

② Client 与 HRegionServer 进行数据读写类操作。

（2）ZooKeeper。

① ZooKeeper Quorum 存储-ROOT-表地址、HMaster 地址。

② HRegionServer 把自己以 Ephedral 方式注册到 ZooKeeper 中，HMaster 随时感知各个 HRegionServer 的健康状况。

③ ZooKeeper 避免 HMaster 单点问题。

（3）HMaster。

HMaster 没有单点问题，HBase 中可以启动多个 HMaster，通过 ZooKeeper 的 Master Election 机制保证总有一个 Master 在运行。它主要负责 table 和 region 的管理工作，具体包含以下几个方面。

① 管理用户对表的增删改查操作。

② 管理 HRegionServer 的负载均衡，调整 region 的分布。

③ Region Split 后，负责新 region 的分布。

④ 在 HRegionServer 停机后，负责失效 HRegionServer 上 region 的迁移。

（4）HRegionServer。

HBase 中最核心的模块，主要负责响应应用用户 I/O 请求，向 HDFS 文件系统中读写数据。

2.4　编程语言 Pig

2.4.1　Pig 是什么

Pig 是 Apache 项目的一个子项目，它提供了一个支持大规模数据分析的平台。Pig 包括用来描述数据分析程序的高级程序语言，以及对这些程序进行评估的基础结构。Pig 突出的特点就是它的结构经得起大量并行任务的检验，这使得它能够处理大规模数据集。

目前 Pig 的基础结构层包括一个产生 MapReduce 程序的编译器。Pig 的语言层包括一个叫作 Pig Latin 的文本语言，它具有以下几个特征。

（1）易于编程：实现简单的和高度并行的数据分析任务非常容易。由相互关联的数据转换实例所组成的复杂任务被明确地编码为数据流，这使其编写更加容易，同时也更容易被理解和维护。

（2）自动优化：任务编码的方式允许系统自动去优化执行过程，从而使用户能够专注于语义，而非效率。

（3）可扩展性：用户可以轻松编写自己的函数来进行特殊用途的处理。

2.4.2　为什么叫作 Pig

一个经常被问到的问题是"为什么它被命名为 Pig？"人们还想知道单词 Pig 是否由首字母缩写组成。答案是否定的。经查证，最初开发这个项目的研究人员简单地称之为"那种语言"。后来，其中一名研究人员提议称它为 Pig。这个名字虽然很奇怪，但是很容易被记住和发音。尽管有些人认为这听起来有些笨拙或愚蠢，但这个名字已经形成了一些非常好的命名约定，比如 Pig Latin、Pig Grunt（用于终端交互）和 Piggy bank（用于共享存储库的分支）。

2.4.3　Pig 发展简史

最初，Pig 只是 Yahoo 的一个被开发的探索性的项目。Yahoo 的工程师们设计 Pig 的同时，还提出了一个原型实现。正如《数据管理专业杂志》2008 年的一篇论文中所描述的那样，研究人员认为 Hadoop 描述的 MapReduce 框架"太低级和僵化，需要用户花费大量时间编写代码，并且难以维护和应用"。他们还注意到 MapReduce 用户不熟悉声明性语言，如 SQL。因此，他们开始开发"一种叫作 Pig Latin 的新语言，旨在实现声明型语言（如 SQL）和低级过程语言（如 MapReduce）之间的良好平衡"。

最初的 Yahoo Hadoop 用户开始使用 Pig，随后一组开发工程师将最初的 Pig 原型开发成产品级可用产品。2007 年秋天，Pig 通过 Apache 孵化器进行开源。一年后，即 2008 年 9 月，第一个版本的 Pig 发布。当年晚些时候，Pig 从孵化器"毕业"，正式晋升为 Apache Hadoop 项目的子项目。

2009 年早期，其他公司在他们的数据处理中开始使用 Pig。Amazon 也将 Pig 加入它的弹性 MapReduce 服务中。2009 年末，Yahoo 所运行的 Hadoop 任务有一半是 Pig 任务。2010 年，Pig 发展持续增长，同年从 Hadoop 的子项目中脱离出来，成了一个最高级别的 Apache 项目。

2.4.4　Pig 运行模式

Pig 运行在两种模式下：本地模式和 MapReduce 模式。当 Pig 在本地模式下运行时，它只能访问一台本地主机；当 Pig 在 MapReduce 模式下运行时，它可以访问一个 Hadoop 集群和 HDFS 安装位置。此时，Pig 将自动分配和回收集群。由于 Pig 可以自动优化 MapReduce 程序，用户在使用 Pig Latin 语言时不用担心程序的运行效率，Pig 系统会自动优化程序，可以节省用户大量的编程时间。

（1）本地模式：适用于用户对程序进行调试。因为本地模式下 Pig 只能访问一台本地主机，可以在短时间内处理少量的数据，这样用户不必关心 Hadoop 对整个集群的控制。从而既能让用户使用 Pig 的功能，又不至于在集群的管理上花费太多的时间。

（2）MapReduce 模式：Pig 需要把真正的查询转换成相应的 MapReduce 作业，并提交到 Hadoop 集群去运行（集群可以是真实的分布，也可以是伪分布）。

Pig 的 MapReduce 和本地模式都有三种运行方式，分别是：Grunt Shell 方式、脚本文件方式和嵌入式程序方式。

2.4.5　Pig Latin 语言

Pig Latin 非常类似于传统关系数据库中的数据库操作语言，但是 Pig Latin 更专注于查询和分析数据，而不是修改和删除数据。另外，Pig Latin 可以运行在 Hadoop 的分布式云平台上，这一特性使得它具有其他数据库无法比拟的速度优势，可以在短时间内处理大量的数据，如处理系统日志文件、大型数据库文件、特定的 Web 数据等。

此外，在使用 Pig Latin 编写程序时，不必担心如何让它们在 Hadoop 平台上运行，因为这些任务是由 Pig 系统分配的，不需要程序员处理。因此，程序员只需专注于编写程序，这大大减轻了程序员的负担。

Pig Latin 是一种操作，它通过处理这些关系来创建另一组关系。Pig Latin 在写一个句子时可以跨越不止一行，但必须以分号结束。Pig Latin 通常按照下面的流程来编写程序。

（1）通过 LOAD 语句从文件系统读取数据。

（2）通过一系列转换报表处理数据。

（3）通过 STORE 语句将处理结果输出到文件系统中，或者使用 DUMP 语句将处理结果输出到屏幕上。

LOAD 和 STORE 语句具有严格的语法规则，用户可以很容易地掌握这些规则。

2.4.6　Pig Latin 的数据模式

Pig Latin 中的数据组织形式包括：关系（relation）、包（bag）、元组（tuple）和域（field）。一个关系可以按照如下方式定义。

（1）一个关系就是一个包（更具体地说，是一个外部包）。

（2）包是元组的集合。

（3）元组是域的有序集合。

（4）域是一个数据块。

一个 Pig 关系是一个由元组组成的包，Pig 中的关系和关系型数据库中的表（table）很相似，包中的元组相当于行。但是和关系表不同的是，Pig 中不需要每一个元组包含相同数目或相同位置的域，也不需要具有相同的数据类型。

关系是无序的，意味着 Pig 不能保证元组按特定的顺序来执行。

2.4.7　Pig 和数据库的区别

（1）Pig Latin 是面向数据流的编程方式，而 SQL 是一种描述型编程语言。用 SQL，你只需要告诉它你需要什么，具体怎么做交给 SQL 就行了。而使用 Pig Latin 时，你需要一步一步根据数据流的处理方式来编程，即要设计数据流的每一个步骤，类似于 SQL 的查询规划器。

（2）传统的关系数据库（RDBMS）需要预先定义表结构（模式），所有的数据处理都是基于这些有着严格格式的表数据。而 Pig 不需要这样，它可以在运行时动态定义模式。本质上来说，Pig 可以处理任何格式的元组。一般情况下，Pig 的数据来源是文件系统，比如 Hadoop 分布式文件系统（HDFS）。而 RDBMS 的数据则存储在数据库中。

（3）Pig 支持比较复杂的，如嵌套结构的数据处理方式。这种特殊的处理能力加上 UDF（用户自定义函数）使得 Pig 具有更好的可定制性。

（4）一些 RDBMS 特有的特性是 Pig 所没有的，如事务处理和索引。Pig 和 MapReduce 一样，是基于批量的流式写操作。

2.4.8　Pig 和 Hive

Pig 和 Hive 是 Hadoop 之上的两个数据查询和处理的工具。Hive 的语法与 SQL 很像。Pig 是一种处理数据的脚本语言。如果不用 Hive 和 Pig 之类的工具，而是用 Hadoop 上的原生态 Java 来查数据，开发效率比较低。一个简单的 SQL 需要写一页代码。

Pig 是一种编程语言，它简化了 Hadoop 常见的工作任务。Pig 可加载数据、表达转换数据及存储最终结果。Pig 内置的操作使得半结构化数据（如日志文件）变得有意义。同时 Pig 可扩展使用 Java 中添加的自定义数据类型并支持数据转换。

Hive 介于 Pig 和传统的 RDBMS 之间。和 Pig 一样，Hive 也被设计成用 HDFS 作为存储，但是它们之间有显著区别。Hive 的查询语言 HiveQL 是基于 SQL 的，任何熟悉 SQL 的人都可以使用 HiveQL 轻松地编写查询。Hive 要求所有数据必须存储在一个表中，并且这个表必须有一个由 Hive 管理的模式。但是，Hive 允许 HDFS 中已经存在的数据与一个模式相关联，因此数据加载步骤是可选的。

2.4.9　Pig 的设计思想

在 Pig 发展初期，作为潜在贡献者加入 Pig 项目的人们并不了解这个项目究竟是关于什么的，他们并不清楚怎样做才是最好的贡献，或者哪些贡献会被接受、哪些不会被接受。因此 Pig 团队发布了一项设计思想声明，总结了 Pig 以下几个方面的理想功能。

（1）Pig 什么都"吃"。

不管是否有元数据，Pig 都可以操作。不管数据是关系型的、嵌套型的，或者是非结构化的，Pig 也同样可以操作。它还可以很容易地通过扩展及操作文件，也可以操作 key/value 型的存储及数据库等。

（2）Pig 无处不在。

人们期望 Pig 成为一种并行数据处理语言。它不会仅局限于是一种特殊的并行处理框架。它首先是基于 Hadoop 之上的实现，但并非只能在 Hadoop 平台上使用。

（3）Pig 是"家畜"。

Pig 被设计为很容易被用户控制和修改的语言。Pig 允许用户随时整合加入他们的代码，因此目前它支持用户自定义字段类型转换函数、用户自定义聚合方法函数和用户自定义条件式函数。这些函数可以使用 Java 来写，也可以使用最终可以编译成 Java 代码的脚本语言（如Jython）编写。Pig 支持用户定义的加载和存储函数，Pig 同样允许用户为自己的特定使用场景提供一个用户自定义的分区方法函数，使他们执行的任务在 Reduce 阶段可以达到一个均衡的负荷。

Pig 有一个优化器，它可以将 Pig Latin 脚本中的操作过程进行重新排列以达到更好的性能，如将 MapReduce 任务进行合并等。但是，如果某种情形下这种优化并非必要，用户可以很容易地将最优控制器关闭，这样执行过程就不会发生改变。

（4）Pig 会"飞"。

Pig 处理数据很快。需要持续优化性能，同时不会增加使 Pig 显得较重而降低性能的新功能。

2.5 协管员 ZooKeeper

2.5.1 ZooKeeper 的背景

1. 认识 ZooKeeper

ZooKeeper——译名为"动物园管理员"。动物园里有很多动物，游客可以根据动物园提供的导图到不同的展馆去看各种各样的动物，而不用像在原始丛林中那样被动物吓着。为了把不同种类的动物放在合适的地方，动物园管理员需要根据动物的不同习性对它们进行分类和管理，以保证游客安全地观看。

可以将相应的思维运用到企业级应用系统。随着信息化水平的不断提高，企业级应用系统变得越来越"臃肿"，性能急剧下降，客户抱怨频繁。拆分系统是解决系统可伸缩性和性能问题的唯一有效方法。但是拆分系统也带来了复杂性——子系统不是孤立存在的，它们需要相互协作和交互，这通常被称为分布式系统。每个子系统就像动物园里的一只动物，为了使每个子系统正常地向用户提供统一的服务，必须需要一种协调机制——ZooKeeper。

2. 为什么使用 ZooKeeper

我们知道，编写分布式应用程序非常困难，这主要是因为本地故障。当消息在两个节点之间的网络上传输时，如果网络发生故障，发送方不知道接收方是否收到了该消息。在网络崩溃之前，他可能收到也可能没有收到，或者接收进程可能已经死亡。发送方确认接收方是否收到的唯一方法是重新联系接收方并询问他。这是一个局部故障：不知道操作是否失败。因此，大多数分布式应用程序需要一个主控制器和协调控制器来管理物理分布式子进程。目前，大多数应用程序需要开发专用的协调器，缺乏通用的机制。重复编写协调器是一种浪费，而且很难形成一个通用的、可伸缩的协调器。协调服务非常容易出错，并且很难从失败中恢复。协调服务甚至可以很容易地成为一场竞赛。ZooKeeper 的作用就是减轻分布式应用程序所承担的协调任务。

ZooKeeper 并不能阻止局部故障的发生，因为它的本质是分布式系统。它当然也不会隐藏局部故障。ZooKeeper 的目的就是提供一些工具集，用来建立安全处理局部故障的分布式应用。

ZooKeeper 是一个分布式的小文件系统，是为高可用性而设计的。选择算法和集群复制可以避免局部故障。因为它是一个文件系统，所以即使所有 ZooKeeper 节点都被挂起，数据也不会丢失，重新启动服务器后即可以恢复数据。此外，ZooKeeper 的节点数据更新具有原子性，这意味着更新要么成功，要么失败。通过版本号实现更新锁定，当版本号不匹配时，意味着要更新的节点已经被其他客户机提前更新，当前的整个更新操作将全部失败。当然，所有的 ZooKeeper 都为开发者提供了保证，用户所需要做的就是调用 API。同时，随着分布式应用的深入，有必要对集群管理和作业状态进行逐步、透明地监控，充分利用 ZooKeeper 的独特性。

3. ZooKeeper 的应用

ZooKeeper 本质上是一个分布式的小文件系统。它最初是 Apache Hadoop 的一个组件，现在被拆分为 Hadoop 的一个单独的子项目。ZooKeeper 集群也被 HBase（在分布式环境下被拆分为 DBMS 的大数据量）用于处理事件以确保整个集群只有一个 NameNode，存储配置信息等。另外，HBase 还使用 ZooKeeper 处理事件来确保整个集群只有一个 HMaster，它可以检测 HRegionServer 在线和宕机（DANG）机器、存储访问控制列表等。

在 ZooKeeper 的诞生地——Yahoo，有些人会质疑 ZooKeeper 的执行力。它被用作 Yahoo Message Broker 的协调和恢复服务。Yahoo 消息代理是一个高度可伸缩的发布−订阅系统，管理成千上万的模块、程序和信息控制系统。它已经达到了吞吐量标准，约为每秒 10 000 个基于写的工作负载，是读操作的几倍。

2.5.2　ZooKeeper 的介绍

1. ZooKeeper 的概述

ZooKeeper 是为分布式应用程序提供高性能协调服务的工具集合，它也是 Google Chubby

的开源实现（Google Chubby 是 Hadoop 的分布式协调服务）。ZooKeeper 包含一组简单的原语，分布式应用程序可以在这些原语上实现配置维护、命名服务、分布式同步、组服务等。ZooKeeper 可用于确保 ZooKeeper 集群中数据的事务一致性，它提供了一个通用的分布式锁服务来协调分布式应用程序。

ZooKeeper 是 Hadoop 项目的子项目，是 Hadoop 集群管理中必不可少的一个模块，主要用于解决分布式应用中经常遇到的数据管理问题，如集群管理、统一命名服务、分布式配置管理、分布式消息队列、分布式锁、分布式协调等。在 Hadoop 中，它管理 Hadoop 集群中的 NameNode、HBase 中服务器之间的 master selection 和 state synchronization step 等。

ZooKeeper 提供了一套良好的分布式集群管理机制，该机制基于分层目录树的数据结构，对树中的节点进行有效管理，从而设计出多种分布式数据管理模型。

2. ZooKeeper 的设计目标

众所周知，为了实现协调的目标，分布式环境中的程序和活动通常具有某些共同的特征，如简单性和秩序性。ZooKeeper 在实现这些目标上不仅有自己的特点，而且有独特的优势。ZooKeeper 的设计目标有以下几点。

1）简单化

ZooKeeper 允许分布式进程通过一个共享的名称空间相互连接，这个名称空间类似于标准的层次文件系统，由几个注册的数据节点（在 ZooKeeper 术语中是 znode）组成，这些数据节点类似于文件和目录。典型的文件系统基于存储设备，而传统的文件系统用于存储函数，ZooKeeper 的数据则保存在内存中。也就是说，ZooKeeper 可以实现高吞吐量和低延迟。ZooKeeper 的实现高度强调了高性能、高可靠性和严格的顺序访问。

高性能保证了 ZooKeeper 可以在大型分布式系统中使用，高可靠性保证了 ZooKeeper 不会发生单点故障，严格的顺序访问保证了客户端可以获得复杂的同步操作原语。

2）健壮性

就像 ZooKeeper 需要协调的分布式系统一样，它本身也有一个冗余的结构。它建立在一系列被称为"集合"的主机之上。

组成 ZooKeeper 服务的服务器必须相互了解，它们维护状态信息的内存映像，并在持久存储中维护事务日志和快照。只要大多数服务器工作正常，ZooKeeper 服务就可以正常工作。

客户端连接到 ZooKeeper 服务器并维护这个 TCP 连接。通过这个连接，客户端可以发送请求、获取应答、获取监视事件和发送心跳。如果这个连接中断，客户端可以连接到另一个 ZooKeeper 服务器。

3）有序性

ZooKeeper 给每次更新附加一个数字标签，表明 ZooKeeper 中的事务顺序，后续操作可以利用这个顺序来完成更高层次的抽象功能，如同步原语。

4）速度优势

ZooKeeper 特别适合以阅读为主要负载的情况，它可以在数千台机器上运行。如果大多数操作都是读操作，比如 10：1 的读写比率，那么 ZooKeeper 就会非常高效。

3. ZooKeeper 的集群

ZooKeeper 集群如图 2.9 所示，这是实际应用的一个场景。该 ZooKeeper 集群当中一共有 5 台服务器，有 2 种角色 Leader 和 Follower。5 台服务器连通在一起，客户端分别连在不同的 ZooKeeper 服务器上。如果数据通过客户端 1，且在左起第一台 Follower 服务器上做了一次数据变更，那么它会把这个数据的变化同步到其他所有的服务器，同步结束之后，其他的客户端都会获得这个数据的变化。

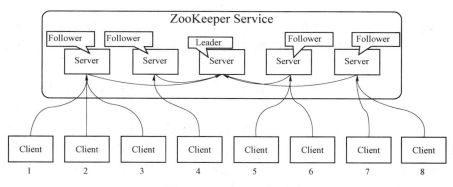

图 2.9　ZooKeeper 集群

注意：通常，ZooKeeper 由 2n+1 台服务器组成，每台服务器都知道彼此的存在。服务器负责维护内存映像、事务日志和长久存储的快照。为了保证 Leader 选举能够得到多数的支持，ZooKeeper 集群的数量一般为奇数。对于 2n+1 台服务器，只要 n+1（大多数）台服务器可用，整个系统就保持可用。

1）集群中的角色

在 ZooKeeper 集群当中，集群中的服务器角色有两种：Leader 和 Learner，其具体功能包含以下内容。

（1）领导者（Leader）：负责进行投票的发起和决议，更新系统状态。

（2）学习者（Learner）：包括跟随者（Follower）和观察者（Observer）。

（3）跟随者（Follower）：用于接受客户端请求并向客户端返回结果，在选举过程中参与投票。

（4）观察者（Observer）：可以接受客户端请求，将写请求转发给 Leader。但 Observer 不参加投票过程，只同步 Leader 的状态。Observer 的目的是扩展系统，提高读取速度。

（5）客户端（Client）：请求发起方。

图 2.10 是 ZooKeeper 组件图，图中给出了 ZooKeeper 服务的高层次组件。除了请求处理器（Request Processor）外，构成 ZooKeeper 服务的每个服务器都有一个备份。复制的数据库（Replicated Database）是一个内存数据库，包含整个数据树。为了可恢复，更新会被写入磁盘中。

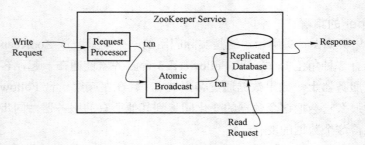

图 2.10　ZooKeeper 组件图

　　每个 ZooKeeper 都为客户提供服务。客户端只连接一个服务器并向其提交请求。读取请求直接从本地的复制数据库获得。数据维护人员请求修改服务的状态，写请求通过协议进行通信。

　　作为协议的一部分，所有的写请求都被发送到一个名为"Leader"的服务器上，而其他服务器称为"Follower"，接收来自 Leader 的建议并同意做出改变的信息。当 Leader 失败时，协议的信息层关注 Leader 的替换，并对所有 Follower 进行同步。

　　ZooKeeper 采用一个自定义的信息原子操作协议，由于信息层的操作是原子性的，ZooKeeper 能保证本地的复制数据库不会产生不一致。当 Leader 接收到一个写请求时，它会计算出写之后系统的状态，并把它变成一个事务。

　　2）ZooKeeper 的读写机制、保证及特点

　　（1）ZooKeeper 的读写机制。

　　① ZooKeeper 是一个由多个 Server 组成的集群。

　　② ZooKeeper 包含一个 Leader，多个 Follower。

　　③ 每个 Server 保存一份数据副本。

　　④ 全局数据一致。

　　⑤ 分布式读写。

　　⑥ 更新请求转发，由 Leader 实施。

　　（2）ZooKeeper 的保证。

　　ZooKeeper 运行非常快而且简单。虽然它的目标是构建更加复杂服务（如同步）的基础，但它提供了如下保证。

　　① 顺序一致性：来自客户端的更新，根据发送的先后被顺序实施。

　　② 唯一的系统映像：尽管客户端连接不同的服务器，但它们看到的是一个唯一（一致性）的系统服务，客户端无论连接到哪个服务器，数据视图都是一致的。

　　③ 可靠性：一旦实施了一个更新，就会一直保持那种状态，直到客户端再次更新它，同时数据更新原子性。一次数据更新要么成功，要么失败。

　　④ 及时性：在一个确定的时间内，客户端看到的系统状态是最新的。

　　（3）ZooKeeper 的特点。

　　① 最终一致性：客户端不论连接到哪个服务器，展示给它的都是同一个视图，这是 ZooKeeper 最重要的性能。

　　② 可靠性：具有简单、健壮、良好的性能。如果消息 m 被一台服务器接收，那么它将

被所有的服务器接收。

③ 实时性：ZooKeeper 保证客户端将在一个时间间隔范围内获得服务器的更新信息，或者服务器失效的信息。但由于网络延时等原因，ZooKeeper 不能保证两个客户端能同时得到刚更新的数据。如果需要最新数据，应该在读数据之前调用 sync() 接口。

④ 等待无关（wait-free）：慢的或者失效的客户端，不得干预快速的客户端的请求，使得每个客户端都能有效地等待。

⑤ 原子性：更新只能成功或者失败，没有中间状态。

⑥ 顺序性：包括全局有序和偏序两种。

● 全局有序：指如果在一台服务器上消息 a 在消息 b 前发布，则在所有服务器上消息 a 都将在消息 b 前被发布。

● 偏序：指如果一个消息 b 在消息 a 后被同一个发送方发布，a 必将排在 b 前面。

2.6　Hadoop 资源管理与调度

2.6.1　Hadoop 调度机制

一般来说，考虑到集群整体资源的最大利用率，Hadoop 集群是作为一个整体来服务的。HDFS 的多拷贝策略使得集群中的单个节点是否正常运行不再重要。Hadoop 的一个大创意是移动计算，而不是数据，所以 Hadoop 试图在存储数据的节点上进行计算。下面介绍 Hadoop 内置的调度机制。

早在 2008 年之前，集成在 JobTracker 中的唯一调度算法是 FIFO（先入先出）。在 FIFO 调度中，JobTracker 从作业队列中提取作业，先入先出。Hadoop 刚出现的时候，主要是为大规模的批处理而设计，比如网页索引和日志挖掘。用户将任务提交到队列，然后集群将根据提交的顺序执行它们，使用 FIFO 足以实现该任务。然而，随着越来越多的数据被放置在 Hadoop 集群中，另一个问题出现了：人们开始希望在多个用户之间共享集群。此时，Hadoop 只支持一个混合了 JobTracker 逻辑的调度器。

2008 年 5 月 18 日，一个建设性的建议被提出：从 JobTracker 中重构调度器。这将把调度器从 JobTracker 的代码中分离出来，并使它成为 plugger，可在 JobTracker 中加载并调用它。用户可以编辑网站，在 XML mapred.jobtracker 的配置文件中，可以指定调度器的 TaskScheduler 属性。

随 Hadoop 版本而来的当前调度器略有不同，但最常见的三种调度器是 FIFO 调度器（默认调度器）、计算能力调度器和公平调度器。

2.6.2　FIFO 调度器

FIFO 调度器是 Hadoop 最初的调度器，相对简单。在 Hadoop 中只有一个作业队列，提交的作业按优先级排列在作业队列中，新作业插入到队列的末尾。在一个作业运行后，JobTracker 总是从团队的高层运行下一个作业。该调度策略具有简单、易于实现的优点，同时也减轻了 JobTracker 的负担。然而，它的缺点也很明显。它对所有的工作一视同仁，没有考虑到工作的紧迫性，不利于小任务的操作。

在 Hadoop 的后续版本中添加了优先级处理，可以通过设置 mapred.job 的 Priority 属性或调用 JobClient 中的 setpriority() 方法来完成（优先级可以设置为 VERY_HIGH、HIGH、NORMAL、LOW、VERY_LOW）。在选择下一个要运行的作业时，JobScheduler 选择优先级最高的作业，然后按提交时间对其进行排序。但是由于 FIFO 调度程序不支持抢占，高优先级作业仍然可能被长时间运行的低优先级作业阻塞。

显然，这种调度机制难以满足各种情况下的应用，特别是在业务的优先级非常重要的情况下。

2.6.3 计算能力调度器

计算能力调度器是 Yahoo 开发并贡献的，其设计目标是让 Hadoop 应用程序真正成为一个共享的、多租户的集群，并使集群的吞吐量和利用率最大化。

在传统企业中，每个部门或项目都有自己的"专用服务器"来实现服务质量和处理速度，但这样会造成资源的浪费，资源的平均利用率不高。当涉及 Hadoop 集群时，团队应该分享他们的"口袋"来提高资源利用率。但问题是，如果共享资源，当迫切需要资源来执行高优先级任务时却无法分配资源怎么办？为了解决这个问题，创建了计算能力调度器。

计算能力调度器旨在共享一个大型集群，并为每个系统提供性能保证。其中心思想是，每个系统应该根据自己的计算需求联合投资 Hadoop 集群，集群中的可用资源应该在系统之间共享。这样的集群还有一个额外的好处，即单个系统可以利用其他系统的空闲计算资源进行计算，使资源的利用更加灵活和高效。

跨系统共享集群需要提供对多租户设计的强大支持，以保证每个系统的性能，并且当租户组合了一个异常的应用程序/用户/数据集等时，集群不会受到影响。计算能力调度器提供了一组严格的限制，以确保应用程序/用户/队列不会消耗不适当的集群资源，同时还限制了单个用户/队列可以初始化/等待的应用程序的数量，以确保集群的合理使用和稳定性。

计算能力调度器按每个队列分配任务跟踪器（集群中的一个节点）。该调度策略配置了多个队列，每个队列都具有最小数量的任务跟踪器。当一个队列有空闲任务跟踪器时，调度器会将空闲任务跟踪器分配给其他队列。由于可能有多个队列没有得到最小数量的任务跟踪器，而正在申请新的任务跟踪器，此时空闲任务跟踪器将首先被分配给最饥饿的队列。饥饿程度可以通过计算队列中运行的任务数量与分配给它的计算资源之间的比值来确定。该比值越低，说明饥饿程度越高。

计算能力调度策略以队列的形式组织作业，因此用户的作业可能处于多个队列中。如果不对用户施加某些限制，那么在多个用户之间可能会出现严重不公平。因此，在选择要运行的新作业时，还需要考虑该作业所属的用户是否超过了资源限制，如果超过了，则不会选择该作业。

对于同一个队列中的作业，这种策略是基于优先级的 FIFO 策略，但是不会抢占资源。

计算能力调度器的特性有以下几个方面。

（1）支持多用户多队列，支持多系统多用户共享集群。

（2）单个队列是 FIFO 调度方式，队列内可以开启优先级控制功能（优先级制默认处于关闭状态）。

（3）支持资源共享，当队列内的资源有剩余时，可共享给其他缺少资源的队列。

（4）当某个任务跟踪器上出现空闲的资源单位时，调度器的调度策略是：先选择资源利用率低的队列，然后在队列中考虑 FIFO 和优先级进行作业选择，选择的时候会判断作业所在的用户资源是否超出内存设置。

（5）计算能力调度器在调度作业时会考虑作业的内存限制。为了满足某些特殊作业的特殊内存需求，可能会为该作业分配多个资源单位。例如一个资源单位占用 1 GB 内存，一个需要 2 GB 内存的程序就会被分配两个资源单位。FIFO 调度器及公平调度器不具备此功能。

2.6.4　公平调度器

公平调度器是由 Facebook 贡献的，适用于多用户共享集群环境。公平调度器旨在即使在与大任务共享集群的情况下，也能快速完成小任务。与 Hadoop 默认的 FIFO 调度器不同，公平调度器允许小作业在大作业运行时取得进展，而不会使大作业缺乏资源；支持运行时重新配置，而无须重启集群；易于管理和配置，程序可以适当处理一些异常情况，用户只要想要一些高级功能就可以配置。

公平调度器的特性有：支持多用户多队列；资源公平共享（公平共享量由优先级决定）；保证最小共享量；支持资源单位抢占；限制作业并发量，以防止中间数据塞满磁盘。

公平调度器按资源池组织作业，并在这些资源池中平均分配资源。默认情况下，每个用户都有一个单独的资源池，因此无论提交多少作业，每个用户都能平等地共享集群资源。还可以通过用户的 UNIX 组或 JobConf 属性设置作业的资源池。在每个资源池中，可以使用公平共享方法在运行的作业之间共享容量。用户还可以为资源池分配权重，并以非比例的方式共享集群。

除了提供公平共享的方法外，公平调度器还允许保证资源池拥有最少的资源共享，这在确保特定用户、组或生产应用程序始终有足够的资源可用时非常有用。当资源池包含作业时，它至少可以获得它的最小共享资源。但是，当资源池不需要完全拥有它的保证共享资源时，额外的部分将在其他资源池之间分配。

这种策略在系统中配置了资源单位，一个资源单位可以运行一个任务，这些任务就是一个大的作业被切分后的小作业。当一个用户提交多个作业时，每个作业可以分配到一定的资源单位以执行任务。如果把整个 Hadoop 集群作业调度与操作系统的作业调度相比，FIFO 调度器就相当于操作系统中早期的单道批处理系统，系统中每个时刻只有一道作业在运行；而公平调度器相当于多道批处理系统，它实现了同一时刻多道作业同时运行。由于 Linux 是多用户的，若有多个用户同时提交多个作业会怎样？在公平调度策略中，给每个用户分配一个作业池，然后给每个作业池设置一个最小共享资源单位个数。即只要这个作业池需要，调度器应该确保能够满足这个作业池的最小资源单位个数的需求。但是如何才能确保在它需要的时候就有空的资源单位？假设固定分配一定数量的资源单位给作业池，且这个数量至少是最小资源单位值，这样只要在作业池需要的时候分配给它就可以了。但是在这个作业池没有用到这么多资源单位的时候，采用这种方法就会造成浪费。因此实际上策略是这样的：当作业池的需求没有达到最小资源单位个数时，名义上剩余的资源单位会被分配给其他有需要的作业池；当某个其他作业池需要申请资源单位的时候，若系统中没有了，该作业池也不会去抢占别人的，只要当前一个空的资源单位释放就会被立即分配给这个作业池。

在一个用户的作业池内，这种调度策略分为以下两级：

第一级，在池间分配资源单位，在多用户的情况下，每个用户分配一个作业池；

第二级，在作业池内，每个用户可以使用不同的调度策略。

第 3 章　Hadoop 分布式文件系统 HDFS

　　在计算机存储的早期，人们将数据存储在硬盘驱动器上，但由于本地存储空间有限，这种情况没有持续很长时间。随着 Internet 的出现和发展，又出现了另一个问题，即当多个节点协同工作时，超过两个节点无法同时对同一文件进行读写和其他操作。人们越来越多地尝试组织网络上的硬盘驱动器，以增加存储空间，解决同时读/写的问题。最具有代表性的是 SUN 公司提出的 NFS（网络文件系统），它的目的是让不同的机器和不同的操作系统彼此共享文件。文件系统最初设计为仅服务于 LAN（局域网）中的本地数据，后来它扩展到分布式文件系统（DFS），将其服务范围扩展到整个网络。

3.1　HDFS 的由来

　　什么是分布式文件系统（DFS）呢？分布式是指文件系统管理的物理存储资源不一定直接连接到本地节点，而是通过计算机网络连接到节点。固定在某个位置的文件系统扩展到任意数量的位置/文件系统，许多节点形成一个文件系统网络。每个节点可以分布在不同的位置，节点之间的通信和数据传输可以通过网络进行。当人们使用分布式文件系统时，他们不需要关心数据存储在哪个节点上或从哪个节点获取，只需要像使用本地文件系统一样在文件系统中管理和存储数据。一段时间以来，各大 IT 公司都设计并推出了自己的文件系统，尤其是硬件制造商们都推出了最适合自己硬件性能的 DFS。

1. 流行的分布式文件系统

1）HDFS

HDFS 即 Hadoop 分布式文件系统，设计用于商用硬件分布式文件系统上运行。它是大数据处理场景中使用最广泛的文件系统。

2）GPFS

GPFS 即 IBM 通用并行文件系统，是 IBM 的第一个共享文件系统，起源于 IBM SP 系统上使用的虚拟共享磁盘技术（VSD）。这项技术的核心是：GPFS 是一个并行磁盘文件系统，它确保资源组中的所有节点都能并行访问整个文件系统；该文件系统的服务操作可以同时在使用该文件系统的多个节点上安全地实现。GPFS 允许客户机共享文件，这些文件可能分布在不同节点上的不同硬盘驱动器上。它提供了许多标准的 UNIX 文件系统接口，允许应用程序在这些接口上运行而无须修改或重新编辑。

3）GoogleFS

它是一个可扩展的分布式文件系统，用于访问大量数据的大型分布式应用程序。它运行在廉价的通用硬件上，但是可以容错。它可以为大量的用户提供较高整体性能的服务。

4）MogileFS

它是由 Six Apart 开发的一组高效的自动文件备份组件，广泛应用于 LiveJournal 等 Web 2.0 站点。

5）OpenAFS

OpenAFS 是卡内基梅隆大学支持的分布式文件系统。OpenAFS 是一个成熟、稳定的文件系统，为用户提供架构、文件共享客户端、服务器、只读、独立、可扩展、安全、透明的资源共享。

6）Lustre

Lustre 是一种并行分布式文件系统，通常用于大型计算机集群和超级计算机上。Lustre 是一个来自 Linux 和 Cluster 的混成词。Peter Braam 创立的 Cluster File Systems Inc.在 1999 年开始致力于 Lustre 1.0，并在 2003 年发布了它。它遵循 GNU GPLv2 开放源码许可证。

7）FastDFS

FastDFS 是一个开源轻量级分布式文件系统，它的功能包括文件存储、文件同步、文件访问（文件上传、下载）等。它解决了大容量存储和负载均衡的问题，并特别适用于以文件为载体的在线服务，如相册网站、视频网站。

8）KFS

KFS 即 Kosmos 分布式文件系统，是一种专门为数据密集型应用（搜索引擎、数据挖掘等）设计的存储系统，类似于 Google 的 GFS 和 Hadoop 的 HDFS。KFS 是用 C++实现的，支持的客户端包括 C++、Java 和 Python。

用户可以根据自己的需求选择 DFS 的使用。如果它与 Hadoop 一起使用，建议选择融合良好的 HDFS，以避免二次开发。但是在许多情况下，由于业务和安全的限制，可以选择其他的 DFS。

2. DFS 的选择

如何选择既合适又性能优秀的 DFS 呢？一般情况下需要从以下三个方面来决策。

1）数据读取速率

包括对用户读取数据文件请求的响应速度、数据文件所在节点的位置、在实际硬盘中读取数据文件的时间、不同节点之间的数据传输时间、部分处理器的处理时间等。多种因素决定了分布式文件系统的用户体验。换句话说，分布式文件系统中的数据读取速率不应该与本地文件系统中的数据读取速率相差太大。否则，在本地文件系统中打开一个文件若花费 2 s 的时间，但是在分布式文件系统中，如果受各种因素影响打开时间超过 10 s，则会严重影响用户的体验。

2）数据的存储方式

假设有 1 000 万个数据文件，可以在一个节点存储全部数据文件，在其他 N 个节点分别存储（1 000 /N）万个数据文件作为备份；或者平均分配到 N 个节点存储，每个节点存储（1 000/ N）万个数据文件。无论采取何种存储方式，目的都是保证数据的存储安全和方便获取。

3）数据安全机制

由于数据分散在各个节点中，必须采用冗余、备份、镜像等方法保证节点失效时的数据恢复，确保数据的安全性。

3. DFS 的发展

1）单机时代

在初始阶段，由于时间的限制，在资源有限的情况下，通常会在项目目录下直接建立静态文件夹，供用户存储项目中的文件资源。如果按类型细分，可以在项目目录下创建子目录来区分。例如：resources/static/file、resources/static/img 等。

优点：方便，项目直接引用，易于实现，不需要任何复杂的技术，易于保存和访问数据库记录。

缺点：如果只使用后台系统一般不会有任何问题，但作为前端网站使用就会有缺点。一方面，文件和代码耦合在一起，文件越多，存储在一起就越混乱；另一方面，如果流量比较大，静态文件访问会占用一定数量的资源，影响正常业务，不利于网站的快速发展。

2）独立文件服务器

随着业务的增长，将代码和文件放在同一台服务器上的缺点变得更加明显，为了解决这种混乱的存储情况，独立文件服务器应运而生。其工作原理如下：通过 FTP 协议或 SSH 协议将文件上传到服务器目录中，通过 nginx 或 apache 访问目录中的文件，文件会返回一个独立域名，前端可以通过该域名访问读取文件。

优点：映像访问消耗了大量服务器资源（因为它涉及操作系统上下文切换和磁盘 I/O 操作），分离后，Web/App 服务器可以更多地关注动态处理能力；独立存储，更方便容量扩展、容灾恢复和数据迁移；方便做图片访问请求负载均衡，方便应用多种缓存策略（HTTP headers、Proxy Cache 等），也更方便迁移到 CDN。

缺点：单机存在性能瓶颈、灾难恢复和垂直扩展受限。

3）分布式文件系统

随着业务的不断发展，单服务器的存储和响应很快就达到瓶颈。新的业务需要具有高响应性和高可用性的文件访问来支持系统。分布式文件系统一般分为三个部分：一是内容匹配的服务系统，其作用相当于人类的大脑；二是存储访问的文件存储系统，负责保存文件；三是文件形成的灾难恢复系统，用以文件的备份与恢复。

优点：毫无疑问，可伸缩性是分布式文件系统最重要的特性。其次是高可用性，包括整个文件系统的可用性及数据的完整性和一致性。第三个优势是弹性存储，即可以根据业务需要增加或减少数据存储及在存储池中增加或删除资源而不中断系统操作。

缺点：系统复杂度更高，需要更多服务器。

3.2　HDFS 的设计思想

HDFS 的设计思路是"分而治之"，即当文件太大，计算机无法存储时，采用分段存储。系统采用主从结构，由 1 个名字节点（NameNode）和很多个数据节点（DataNode）组成。

其中名字节点负责接收用户操作请求，维护文件系统的目录结构，以及管理文件与块之间和块与数据节点之间的关系。数据节点负责存储文件，其中文件被分成块存储在磁盘上。为保证数据安全，文件会有多个副本。

1. 设计思想 1：分块存储

每一个块叫作 block，以下假设系统为有 1 个名字节点和 4 个数据节点的集群。

问题 1：设计分块为什么需要考虑到负载均衡？

当有一个 8 TB 的文件需要存储时，如果将 8 TB 的文件分成 2 个块分别存储，那么其余 2 个数据节点将不发挥作用。

因此，设计分块的时候需要考虑到负载均衡，即将需要存储的文件均匀地分配到集群中不同的节点上。

问题 2：块的默认存储大小为 128 MB，那么不足 128 MB 的块该如何存储？

Hadoop 2.x 版本中默认切分的块大小为 128 MB，Hadoop 1.x 版本中默认的是 64 MB。

如果有一个 300 MB 的文件要存储，它将被划分为 3 块：0–127，128–255，256–300。第一个块 0–127 可以存储在数据节点 1、数据节点 2、数据节点 3 或数据节点 4 上，在分配任务时由名字节点分配。

如果块 0–127 被分配给数据节点 1，块 128–255 可以被分配给数据节点 2 或其他数据节点。块 256–300 只有 44 MB，小于 128 MB，它将作为单个区块存储。如果以后还有 50 MB 的文件需要存储，该文件将不会组装成 256–300 的文件存储在 128 MB 的块上，它们将分别存储为 2 块。

2. 设计思想 2：备份机制

问题 1：为什么需要使用备份机制？

如果要存储 300 MB 的文件，假设块 0–127 存储在数据节点 1 上，块 128–255 存储到数据节点 2 上，块 256–300 存储在数据节点 3 上。

此时如果数据节点 2 宕机了，那么会造成数据的不完整性。

为了解决这个问题，HDFS 默认块的存储采用了备份机制，默认的备份个数为 3 个，一般在 hdfs–site.xml 中配置：

```
<property>
<name>dfs.replication</name>
<value>3</value>
</property>
```

注意，这 3 个备份文件没有主次之分，它们的地位是相同的。

问题 2：备份都是存储在同一个数据节点上吗？

当然不是。假设都存储在相同的数据节点上，如果这个节点宕机了，备份又有何意义？因此，所有备份分别存储在不同的数据节点上。

问题 3：备份数大于数据节点数，系统如何操作？

如果只有 2 个数据节点，而备份数设置为 3，实际也会存储 2 个备份，另外 1 个备份将被记账，直到当集群的数据节点数大于等于 3 时，才进行复制这个副本，最终达到 3 个备份。

问题 4：数据节点数大于备份数，系统如何操作？

如果集群中有 4 个数据节点，而副本数只有 3 个，假设有 1 个副本的机器宕机了，系统会发现副本个数小于设定的个数，然后就会进行复制，达到 3 个副本。

问题 5：宕机的数据节点又恢复了，造成备份数超过设置的备份数，系统如何操作？

若集群中刚刚宕机的数据节点又恢复了，这个时候集群中的副本个数为 4，集群会等待一段时间，如果发现还是 4 个，就会随意删除 1 个副本。

全新的集群分配方式采用轮询方式分配，之前是采用名字节点分配任务的方式分配。

HDFS 被设计成使用低廉的服务器进行海量数据的存储，它是怎么做到的呢？

（1）大文件被切分为小文件，使用分而治之的思想让很多服务器对同一个文件进行联合管理。

（2）每个小文件做冗余备份，并且分散存到不同的服务器，做到高可靠、不丢失。

问题 6：备份数越多越好吗？

副本越多，数据安全性越高。但是副本数越多会占用过多的存储资源，造成集群的维护变得困难。

假设系统有 100 个数据节点，副本数有 50 个，HDFS 需同时维护 50 个副本。而这 50 个副本中随时可能发生宕机，所以一般副本数设置为 3 个即可。

3. 设计思想 3：文件块大小

问题 1：为什么要把文件抽象为块存储？

（1）块的拆分使得单个文件大小可以大于整个磁盘的容量，构成文件的块可以分布在整个集群，理论上，单个文件可以占据集群中所有机器的磁盘。

（2）块的抽象也简化了存储系统，对于块，无须关注其权限、所有者等内容（这些内容都在文件级别上进行控制）。

（3）块是容错和高可用机制中的副本单元，即以块为单位进行复制。

问题 2：HDFS 中的文件在物理内存中分块存储，为什么块的大小在老版本中为 64 MB，而在 Hadoop 2.x 版本中默认为 128 MB 呢？

其实，HDFS 的块大小的设置主要取决于磁盘传输速率。如果在 HDFS 中，寻址时间为 10 ms，即查找到目标块的时间为 10 ms，而专家认为操作的最佳状态为寻址时间是传输时间的 1%，因此传输时间为 1 s。考虑到目前磁盘的传输速率普遍为 100 MBps，因此块大小由 64 MB 调整为 128 MB。

问题 3：为什么块大小不能设置得太小，也不能设置得太大？

（1）如果 HDFS 的块设置得太小，会增加寻址时间，使得程序可能一直在寻找块的开始位置。

（2）如果设置得太大，从磁盘传输数据的时间会明显大于定位这个块所需的寻址时间，导致程序处理这块数据时会非常慢。

3.3　HDFS 的主要特性

1. HDFS 的设计目标

（1）支持大文件。超大文件指那些大小为数百兆、数千兆甚至 TB 级的文件。通常，Hadoop 文件系统以 TB（1 TB=1 024 GB）和 PB（1 PB=1 024 TB）级别存储数据。Hadoop 需要能够在这个级别上支持大文件。

（2）故障检测和自动恢复。在大量公共硬件平台上构建集群时，故障（尤其是硬件故障）

是一个常见问题。HDFS 平均由数百甚至数千台存储数据文件的服务器组成，这意味着故障率很高。因此，故障检测和自动恢复是 HDFS 的设计目标。

（3）端口流数据访问。HDFS 处理大量数据，应用程序需要一次访问大量数据。同时，这些应用程序通常是批处理而不是用户交互处理。HDFS 允许应用程序以流的形式访问数据集，它关注的是数据的吞吐量而不是数据访问的速度。

（4）简化的一致性模型。大多数 HDFS 程序需要一次写和多次读来操作一个文件。在 HDFS 中，一旦一个文件被创建、写入和关闭，它通常不需要被修改。这种简单的一致性模型有助于提供高吞吐量的数据访问模型。

2. HDFS 不适合的场景

由于以上的设计目标，HDFS 不适用于下列场景。

（1）低延迟数据访问。由于 Hadoop 以数据采集延迟为代价，针对高数据吞吐量进行了优化，因此对于低延迟访问，如与用户交互的应用程序，需要在毫秒或秒内对数据做出响应，应考虑使用 HBase 或 Cassandra。

（2）很多小文件。HDFS 通过在数据节点上分布数据和在名字节点上存储文件元数据来支持非常大的文件。名字节点的内存大小决定了可以存储在 HDFS 中的文件数量。即使当前系统内存相对较大，大量的小文件仍然会影响名字节点的性能。

（3）多个用户编写和修改文件。HDFS 中的文件只能有一个写入器，写操作总是在文件的末尾。它不支持多个写入器，也不支持在写入数据后修改文件中的任何位置。

简而言之，HDFS 是一种文件系统，它适用于以流数据访问模式存储非常大的文件，并运行在一个通用商业硬件集群上。

3. HDFS 的特性介绍

（1）存储非常大的数据。在大数据应用程序场景中，数据量通常非常大，从 GB 级开始，甚至达到 TB 级。HDFS 适用于数据量大的应用，以便有效地利用其性能，目前已经有将 HDFS 应用于 PB 级环境的例子。另外，HDFS 和 MapReduce 也可一起部署在一个超过 10 000 个单元的集群中，来处理数百万个文件。

（2）离线数据。在 HDFS 的设计理念中，有一个"写一次，读多次"的概念。这意味着一旦数据源生成了数据集，它就会被复制并分布到不同的存储节点，然后响应数据分析任务的各种请求。当数据分析涉及多个数据块时，HDFS 请求读取多个或所有数据集的速度会快得多。

（3）容错能力强。HDFS 使用复制策略来实现更高的容错能力。当某个数据块不可访问时，HDFS 会自动复制该数据块以保持备份数量。

（4）采用块机制。HDFS 使用块机制，因此文件可以非常大，因为块可以存储在集群中的任何机器上。这提供了分布式文件系统的基础，如负载平衡和冗余，以避免文件损坏或机器故障。

（5）结构简单高效。结构上采用了从名字节点到数据节点的设计，职责划分明确。只有一个名字节点的集群设计极大地简化了系统架构。数据节点的职责被简化，只负责块的读/写，文件权限可以控制其他系统。

（6）运行在廉价的商业硬件集群上。HDFS 设计需要较少的硬件，并且运行在廉价的商业硬件集群上，而不是昂贵的高可用性机器上。廉价的商业硬件也意味着在大型集群中发生节点故障的概率非常高，这就要求在设计 HDFS 时要考虑数据的可靠性、安全性和高可用性。

3.4　HDFS 的架构

为了支持流式数据访问和存储大文件，HDFS 引入了一些特殊的设计。在一个完全配置好的集群上，"运行 HDFS"是指在分布于网络中的不同服务器上运行一些守护进程，这些服务器具有各自的特殊角色，相互协作形成一个分布式的文件系统。

HDFS 采用主从结构，在 HDFS 中，有一个 NameNode、一个 Secondary NameNode 与若干个 DataNode。一个典型的集群有数十到数百个 DataNode，而一个大型系统可能有数千甚至数万个 DataNode；而一般情况下，Client 比 DataNode 的个数还要多。NameNode、DataNode 和 Client 的关系如图 3.1 所示。

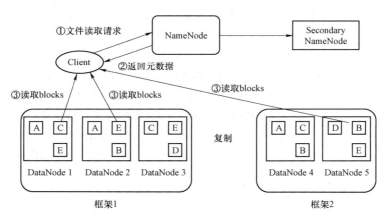

图 3.1　HDFS 的整体架构

名字节点可以看作是分布式文件系统中的管理者，它负责管理文件系统命名空间、集群配置和数据块复制等。

数据节点是文件存储的基本单元，它以数据块的形式保存了 HDFS 中文件的内容和数据块的数据校验信息。

Client（客户端）和名字节点、数据节点通信，访问 HDFS 文件系统及操作文件。

1. 数据块

在介绍上述各实体之前，首先了解一下 HDFS 中的重要概念——数据块。

在分析文件系统的实现时，为了便于管理，设备往往将存储空间组织成为具有一定结构的存储单位，如磁盘。文件以块的形式存储在磁盘中，块的大小代表系统读/写操作的最小单位；在 Linux 的 Ext3 文件系统中，块大小默认为 4 096 字节。文件系统通过一个块大小的整数倍的数据块来使用磁盘。磁盘上的数据块管理属于文件系统实现的内部细节，这对于通过系统调用读写文件的用户来说是透明的。

和普通文件系统类似，HDFS 上的文件也进行分块，不过是更大的单元，HDFS 默认数据块大小是 64 MB。块作为单独的存储单元，以 Linux 上普通文件的形式保存在数据节点的文件系统中。数据块是 HDFS 文件存储处理的单元。

HDFS 是针对大文件设计的分布式系统，使用数据块带来了以下几个方面的好处。

（1）可以保存比存储节点单一的磁盘更大的文件。

文件块可以保存在不同的磁盘上。其实，在 HDFS 中，文件数据可以存放在集群上的任何一个磁盘上，不需要保存在同一个磁盘上，或同一个机器的不同磁盘上。

（2）简化了存储子系统。

简单化是所有系统的追求，特别是在故障种类繁多的分布式系统中，将管理"块"和管理"文件"的功能区分开，简化了存储管理，也消除了分布式管理文件元数据的复杂性。

（3）方便容错，有利于数据复制。

在 HDFS 中，为了处理受损的磁盘和机器故障，数据块将复制在不同的机器上（一般数据存储在三个不同的地方）。如果数据块的一个副本丢失或损坏，系统将读取的副本复制在其他地方。这个过程对用户是透明的，它实现了故障位置透明性和透明的分布式系统。同时，由于损坏或机器故障而丢失的块将从其他地方复制到正在工作的机器上，以确保副本的数量恢复到正常水平。

HDFS 数据块比前面讨论的磁盘块大得多。在典型的 HDFS 中，磁盘块大小为 64 MB，但是也有集群使用 128 MB 和 256 MB 的数据块大小。为什么要在 HDFS 中使用这么大的数据块？其原因与在磁盘上使用大磁盘块相同。在普通文件系统中使用较大的磁盘块可以减少管理数据块所需的开销，例如减少 Linux I-Node 中存储在磁盘地址表中的信息链的长度；同时，当读或写一个文件时，可以减少寻址开销，即数据块位于磁盘上的次数。HDFS 中使用大数据块可以减少用以管理文件与数据块通信的开销，同时在读写数据块时有效降低建立网络连接的成本。

2. 名字节点和第二名字节点

名字节点是在 HDFS 主从结构中主节点上运行的主进程，它引导主从结构中的数据节点执行底层 I/O 任务。

名字节点是 HDFS 的簿记员，为整个文件系统维护文件目录树、该文件/物品的元信息、文件块索引及每个文件的数据块列表（这种关系也称为 node-first 关系）。这些信息以两种形式被存储在本地文件系统中：文件系统映像和名字映像的编辑日志。

名字映像保存了指定时刻 HDFS 的目录树、元信息和块索引，对这些信息的后续更改被保存在编辑日志中，提供了完整的名字关系。

同时，通过名字节点，客户端还可以知道数据块的数据节点信息。需要注意的是，名字节点中与数据节点相关的信息不会保留在名字节点的本地文件系统中，也就是上面提到的名字映像的编辑日志。每次名字节点启动时，该信息将被动态地重新构建，并构成名字节点的第二个关系。在运行时，客户端通过名字节点获得上述信息，然后与数据节点交互以读写文件数据。

另外，名字节点还能获取 HDFS 整体运行状态的一些信息，如系统的可用空间、已经使用的空间、各数据节点的当前状态等。

第二名字节点（Secondary NameNode，SNN）是用于定期合并名字映像及其编辑日志的辅助守护进程。和名字节点一样，每个集群都有一个 SNN，在大规模部署的条件下，一般 SNN 也独自占用一台服务器。

SNN 和名字节点的区别在于：它不接收或记录 HDFS 的任何实时变化，而只是根据集群配置的时间间隔，不停地获取 HDFS 某一个时间点的名字映像及其编辑日志，合并得到一个新的名字映像。该新映像会被上传到名字节点，替换原有的名字映像，并清空上述日志。应该说，SNN 配合名字节点，为名字节点提供了一个简单的检查点机制，并避免出现由于编辑日志过大而导致名字节点启动时间过长的问题。如前所述，名字节点是 HDFS 集群中的单一故障点，通过 SNN 的检查点，可以减少停机的时间并减低名字节点元数据丢失的风险。但是，SNN 不支持名字节点的故障自动恢复，名字节点失效处理需要人工干预。

3. 数据节点

HDFS 集群上的每个数据节点都托管一个数据节点守护进程，以执行分布式文件系统最繁忙的部分：将 HDFS 块写入 Linux 本地文件系统上的实际文件，或者从这些实际文件中读取块。

虽然 HDFS 是为大型文件设计的，但 HDFS 存储的文件与传统文件系统相似，它们是分区存储的。但与传统文件系统不同，在数据节点上，HDFS 文件块（或数据块）作为普通文件存储在 Linux 文件系统中。客户端执行文件内容操作时，名字节点首先告诉客户端每个数据块驻留在哪个数据节点上，然后客户端直接与数据节点守护进程通信，处理数据块对应的本地文件。同时，数据节点将与其他数据节点通信并复制数据块，以确保数据冗余性。

数据节点充当一个从属节点，并连续地报告给名字节点。初始化后，每个数据节点通知当前存储的数据块的名字节点。在数据节点的后续工作中，数据节点将继续更新名字节点，提供关于本地修改的信息，并从名字节点接收、创建、移动或删除本地磁盘上数据块的指令。

图 3.2 说明了名字节点和数据节点的角色。

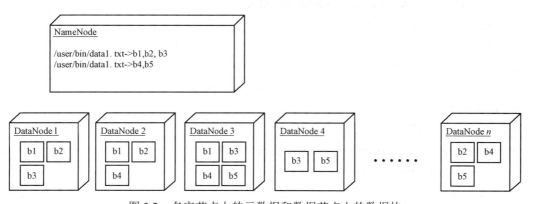

图 3.2　名字节点上的元数据和数据节点上的数据块

图 3.2 中显示两个数据文件，它们都位于"user/bin"目录下。其中，"data1.txt"文件有 3 个数据块，表示为 b1、b2 和 b3，"data1.txt"文件由数据块 b4 和 b5 组成。这两个文件的内容分散在几个数据节点上。在图 3.2 中，每个数据块都有 3 个副本。如数据块 b1（属于"data1.txt"文件）的 3 个副本分布于 DataNode 1、DataNode 2 和 DataNode 3 上，当这些数据节点中任意一个崩溃或者无法通过网络访问时，可以通过其他数据节点访问"data1.txt"文件。

4．客户端

客户端是用户与 HDFS 交互的一种方式，它提供了各种各样的客户端，包括命令行界面、JavaAPI、节俭接口、C 语言库、用户空间文件系统（FUSE）等。

虽然 Hadoop 不是 POSIX 文件系统，也不支持"ls"和"cp"等命令，但 Hadoop 提供了一套类似于 Linux 文件命令的命令行工具，使熟悉 Linux 文件系统的用户能够快速使用该工具。下面简单介绍一下命令行工具 hadoop fs-mkdir testDIR。

通过命令行工具，可以进行一些典型的文件操作，如读文件、创建文件路径、移动文件（包括文件改名）、删除文件、列出文件列表等；同时，命令行工具也提供了本地文件和 HDFS 交互的能力，可以通过下面的命令将本地文件上传到 HDFS：

hadoop fa-copyFromLocal testInput/hello. txt/user/alice/in/hello. txt

命令行工具提供了访问 HDFS 的基本能力，HDFS 的 JavaAPI 提供了更进一步的功能，目前，所有访问 HDFS 的接口都基于 JavaAPI，包括上面介绍的命令行工具。HDFS 的 JavaAPI 实现了 Hadoop 抽象文件系统，包括 DistributedFileSystem 和对应的输入/输出流。

DistributedFileSystem 继承自 org.apache.hadoop.fs.FileSystem，实现了 Hadoop 文件系统界面，提供了处理 HDFS 文件和目录的相关事务；而 DFSDataInputStream 和 DFSDataOutputStream 分别实现了 FSDataInputStream 和 FSDataOutputStream，提供了 HDFS 文件的输入/输出流。

下面是一个非常简单的利用 HDFS JavaAPI 的例子：

```
Path inPath   = new Path("hdfs://<ip>:<port>/user/alice/in/hello. txt");
FileSystem hdfs = FileSystem.get(inPath. toUri(),conf);
FSDataOutputstream fout = hdfs.create(inPath);
string data="testingtesting";
for(int ii=0;ii<256;ii++){
fout . write(data . getBytes()
};
fout.close();
Filestatus stat=hdfs.getFilestatus(inPath);
System.out.println("Replication number of file "+inPath
+" is "+stat.getReplication));
hdfs.delete(inPath);
```

在上面的代码中，通过 FileSystem.get()获取的文件系统是 DistributedFileSystem 实例，而通过 FileSystem.create()创建的输出流，则是一个 DFSDataOutputStream 实例。方法 getFileStatus()和 delete()用于获得 HDFS 上文件状态信息和删除文件，它们都是标准的 Hadoop 文件系统方法。

HDFS 正是通过 Java 的客户端屏蔽了访问 HDFS 的各种细节。用户通过标准的 Hadoop 文件接口，就可以访问复杂的 HDFS，而不需要考虑与名字节点、数据节点等节点的交互细节，降低了 Hadoop 应用开发的难度，也证明了 Hadoop 抽象文件系统的适用性。

此外，HDFS 的 Thrift 接口、C 语言库和 FUSE 等模块，和 HDFS 的命令行一样，都是在 JavaAPI 的基础上开发的用于访问 HDFS 的接口，在此不再详细介绍。

3.5　HDFS 的主要流程

本节介绍几个主要的 HDFS 流程：客户端到名字节点的文件与目录操作、客户端读文件、客户端写文件、数据节点的启动和心跳。这些流程充分体现了 HDFS 实体间 IPC 接口和流式接口的配合。

1. 客户端到名字节点的文件与目录操作

客户端有到名字节点的大量文件与目录操作，如更改文件名（rename）、在给定目录下创建一个子目录（mkdir）等，这些操作一般只涉及客户端和名字节点的交互，通过远程接口 ClientProtocol 进行。

当客户端调用 HDFS 的 FileSystem 实例，也就是采用 Distributed FileSystem 的 mkdir 时（见图 3.3 中的步骤 1），Distributed FileSystem 对象通过 IPC 调用名字节点上的 mkdir，让名字节点执行具体的创建子目录操作：在目录树数据结构上的对应位置创建新的目录节点，同时记录这个操作并持久化到日志中。方法执行成功后，mkdir 返回 true，结束创建过程。期间，客户端和名字节点都不需要和数据节点交互。

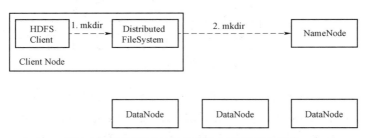

图 3.3　客户端到名字节点的创建子目录操作

一些更为复杂的操作，如使用 Distributed FileSystem.setReplication 增加文件的副本数，再如通过 Distributed FileSystem.delete 删除 HDFS 上的文件，都需要数据节点配合执行一些动作。

以客户端删除 HDFS 文件为例（见图 3.4），操作在名字节点上执行完毕后，数据节点上存放文件内容的数据块也必须删除。但是，名字节点执行 delete 时，它只标记操作涉及的需要被删除的数据块（当然，也会记录 delete 操作并持久化到日志），而不会主动联系保存这些数据块的数据节点立即删除数据。当保存着这些数据块的数据节点向名字节点发送"心跳"时（见图 3.4 中的步骤 3），在"心跳"的应答里，名字节点会通过 DataNodeCommand 命令数据节点删除数据。在这个过程中，需要注意两个要点：被删除文件的数据，也就是该文件对应的数据块，在删除操作完成后的一段时间以后才会被真正删除；名字节点和数据节点间永远维持着简单的主从关系，名字节点不会向数据节点发起任何 IPC 调用，数据节点需要配合名字节点执行的操作，都是通过数据节点心跳应答中携带的 DataNodeCommand 返回。

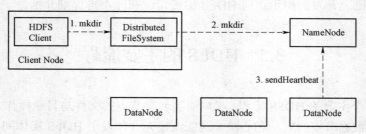

图 3.4　客户端到名字节点的删除文件操作

2. 客户端读文件

图 3.5 显示了当读取 HDFS 上的文件时，客户端、名字节点和数据节点间发生的一些事件及事件顺序。

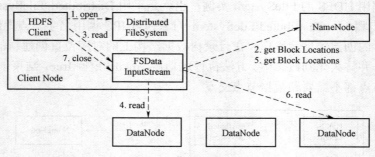

图 3.5　客户端读文件

客户端通过 FileSystem.open()打开文件（见图 3.5 中的步骤 1），对应的 HDFS 具体文件系统 Distributed FileSystem 创建输出流 FSDataInputStream，并返回给客户端，客户端使用这个输入流读取数据（见图 3.5 中的步骤 3）。FSDataInputStream 里面会封装一个 DFSInputStream 对象，DFSInputStream 负责名字节点和数据节点的读写。FSDataInputStream 需要和具体的输入流结合，一起形成过滤器流向外提供服务。

对 HDFS 来说，具体的输入流是 DFSInputStream。在 DFSInputStream 的构造函数中，输出流实例通过 ClientProtocol.getBlockLocations()远程接口调用名字节点，以确定文件开始部分数据块的保存位置（见图 3.5 中的步骤 2）。对于文件中的每个块，名字节点返回保存着该块副本的数据节点地址。注意，这些数据节点根据它们与客户端的距离（利用了网络的拓扑信息）进行了简单的排序。

当客户端调用 FSDataInputStream.read()方法读取文件数据时，DFSInputStream 对象会通过和数据节点间的"读数据"流接口和最近的数据节点建立联系。当客户端反复调用 read()方法时（见图 3.5 中的步骤 4），数据会通过数据节点和客户端连接上的数据包返回客户端。当到达块的末端时，DFSInputStream 会关闭和数据节点间的连接，并通过 getBlockLocations()获得保存着下一个数据块的数据节点信息（严格地说，在对象没有缓存该数据块的位置时，才会使用这个远程方法）（见图 3.5 中的步骤 5），然后继续寻找最佳数据节点，再次通过数据节点的读数据接口获得数据（见图 3.5 中的步骤 6）。

另外，由于 ClientProtocol.getBlockLocations()不会一次返回文件的所有数据块信息，DFSInputStream 可能需要多次使用该远程方法检索下一组数据块的位置信息。对于客户端来说，它读取的是一个连续的数据流，上面分析的联系不同数据节点、定位一组数据块位置的过程，对它来说都是透明的。当客户端完成数据读取任务后，通过 FSDataInputStream.close()关闭输入流（见图 3.5 中的步骤 7）。

当客户端读取文件时，如果出现数据节点错误，如节点中断或网络故障，客户端将尝试读取下一个数据块位置。同时，它将记住失败的数据节点，而不会徒劳地反复尝试。读取数据节点时，不仅读取数据，还读取一个校验数据，客户端将检查数据的一致性。如果校准错误检测到损坏的数据块，将报告信息节点名，与此同时，尝试从其他节点读取数据和文件内容的一个副本。当客户端读取数据时，数据完整性检查可以减少数据节点的负载，平衡每个节点的计算能力。

这种设计的另一个优点是，由文件读取引起的数据传输在可以跨集群的数据节点进行。HDFS 可以支持大量并发客户机。同时，节点只处理块位置请求，不提供数据；否则随着客户机数量的增加，节点会很快成为系统中的瓶颈。

3. 客户端写文件

即使不考虑数据节点出错后的故障处理，文件写入也是 HDFS 中最复杂的流程。下面以创建一个新文件并向文件中写入数据，然后关闭文件为例，分析客户端写文件时系统各节点的配合，如图 3.6 所示。

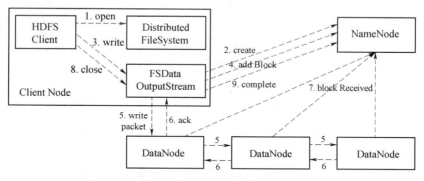

图 3.6　客户端写文件

客户端打开分布式文件系统（见图 3.6 中的步骤 1），调用 Distributed FileSystem 的 create()方法创建文件（见图 3.6 中的步骤 2）。这时，Distributed FileSystem 创建 DFSOutputStream，并由远程过程调用，让名字节点执行同名方法，在文件系统的命名空间中创建一个新文件。名字节点创建新文件时，需要执行各种各样的检查，如名字节点是否处于正常工作状态，被创建的文件是否存在，客户端有无在父目录中创建文件的权限等。待这些检查都通过以后，名字节点会构造一个新文件，并记录创建操作到编辑日志中。远程方法调用结束后，Distributed FileSystem 将该 DFSOutputStream 对象包裹在 FSDataOutputStream 实例中，返回给客户端。

在客户端写入数据时（见图 3.6 中的步骤 3），由于 create()调用创建了一个空文件，DFSOutputStream 实例首先需要向名字节点申请数据块，addBlock()方法成功执行后（见图 3.6 中的步骤 4），返回一个 LocatedBlock 对象，该对象包含了新数据块的数据块标识和版本号。同时，它的成员变量 LocatedBlock.locs 提供了数据流管道的信息，通过上述信息，DFSOutputStream 就可以和数据节点联系，通过写数据接口建立数据流管道。客户端写入 FSDataOutputStream 流中的数据，被分成一个一个的文件包，放入 DFSOutputStream 对象的内部队列（见图 3.6 中的步骤 5）。该队列中的文件包最后被打包成数据包发往数据流管道，并按照前面讨论的方式，流经管道上的各个数据节点，并持久化。确认包（见图 3.6 中的步骤 6）逆流而上，从数据流管道依次发往客户端，当客户端收到应答时，它将对应的包从内部队列移除。

DFSOutputStream 在写完一个数据块后，数据流管道上的节点，会通过和名字节点的 DataNodeProtocol 远程接口的 blockReceived()方法，向名字节点提交数据块（见图 3.6 中的步骤 7）。如果数据队列中还有等待输出的数据，DFSOutputStream 对象需要再次调用 addBlock()方法，为文件添加新的数据块。

在客户端完成数据写入之后，它调用 close()方法来关闭流（见图 3.6 中的步骤 8）。结束意味着客户将不再写流，所以当 DFSOutputStream 数据队列中的数据包接收一个回复时，客户端可以使用 ClientProtocol.complete()方法来通知名字节点关闭文件并完成一个正常写流（见图 3.6 中的步骤 9）。

如果在文件数据写入数据节点失败，将执行以下操作：首先，数据流管道将被关闭，并向管道发送数据包，若还没有收到确认方案，将添加回 DFSOutputStream 输出队列，这可以确保无论哪个数据的数据流管道节点失败都不会丢失数据。同时，当前数据节点上给出一个新的版本号并通知名字节点，这样当一个失败的数据节点恢复数据时，只有部分数据块会在失败数据节点上被删除。然后删除数据流管道中的错误数据节点，重新建立管道，继续向工作数据节点写入数据。当文件关闭时，节点会发现数据块的拷贝数不满足要求。它将选择一个新的数据节点来复制数据块，并创建一个新的副本。数据节点故障只影响对块的写操作且不受随后对块的写操作的影响。

在一个数据块写入过程中，可能有多个数据节点失败，只要有一个数据节点能继续，那么写入操作就被认为是成功的（默认值是 1），然后复制块，直到满足文件的复制系数为止。

4. 数据节点的启动和心跳

数据节点和名字节点之间的交互如图 3.7 所示，包括从启动到正常操作的数据节点的注册、数据块的升级及在正常操作期间与名字节点相关的心跳的远程调用。尽管此处只讨论 DataNodeProtocol 接口，但它有助于进一步理解数据节点和名字节点之间的关系。

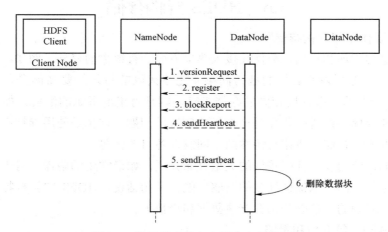

图 3.7　数据节点和名字节点之间的交互

当数据节点正常启动或升级时，将向名字节点发送对 versionRequest() 的远程调用，以进行必要的版本检查（见图 3.7 中的步骤 1）。这里的版本检查只涉及构建号，以确保它们之间的 HDFS 版本是一致的。在正确启动数据节点之后，将发送一个对 register() 的远程调用，以向名字节点注册（见图 3.7 中的步骤 2）。DataNodeProtocol.register() 的主要工作是检查，检查数据通过节点是否对集群成员的名称进行节点管理。也就是说，用户不能直接按下某个集群的数据节点来注册另一个集群的节点，以保证整个系统的数据收敛性。数据节点注册成功后，通过 blockReport() 方法将其管理的所有数据块信息报告给名字节点（见图 3.7 中的步骤 3），帮助名字节点建立 HDFS 文件块与数据节点之间的映射关系。此步骤完成后，数据节点将得到正式服务。

由于名字节点和数据节点间存在主从关系，数据节点需要每隔一段时间发送心跳到名字节点（见图 3.7 中的步骤 4、步骤 5）。如果名字节点长时间接收不到数据节点的心跳，它会认为该数据节点已经失效。名字节点如果有一些需要数据节点配合的动作，则会通过方法 sendHeartbeat() 返回。该返回值是一个 DataNodeCommand 数组，它带回来一系列名字节点指令。继续上面提到的客户端删除 HDFS 文件例子。在名字节点上执行完操作后，被删除文件的数据块会被标记，如果保存这些数据块的数据节点向名字节点发送心跳，则在返回的 DataNodeCommand 数组里，有对应的命令编号为 DNA_INVALIDATE 的名字节点指令。数据节点执行指令，删除数据块，释放存储空间（见图 3.7 中的步骤 6）。

应该说，数据节点和名字节点间的交互非常简单。但考虑到在一个 HDFS 集群中，一个名字节点会管理上千个数据节点，这样的设计也就非常好理解了。

3.6 HDFS 异构存储

1. 为什么要使用"异构存储"

随着数据量的增加和积累,数据在接入热量方面会有很大的差异。例如,当数据不断被写入某平台时,最近写入的数据的被访问频率比很久以前写入的要高得多。若不管数据是"热"的还是"冷"的,都使用相同的存储策略,则是对集群资源的浪费。如何根据数据冷热程度对 HDFS 存储系统进行优化是一个亟待解决的问题,这也是使用异构存储的原因。异构存储可以根据各个存储介质读写特性的不同发挥各自的优势。

对于冷数据,使用读写性能较低的大型存储介质,如最常用的磁盘。对于热数据,可以使用固态硬盘进行存储,以保证高效的读取性能。换句话说,HDFS 的异构特性意味着我们不需要构建两个单独的集群来分别存储热数据和冷数据。

2. HDFS 异构存储介质和策略

Hadoop 从 2.6.0 版本起就支持异构存储。HDFS 的默认存储策略是将每个数据块的三个副本存储在不同节点的磁盘上。异构存储使用不同类型存储媒体(包括机械硬盘、固态硬盘、内存等)的服务器提供更多的存储策略,因此,可以更加灵活和有效地应对不同的应用场景。

HDFS 中预定义支持的存储介质包括以下几类,如图 3.8 所示。

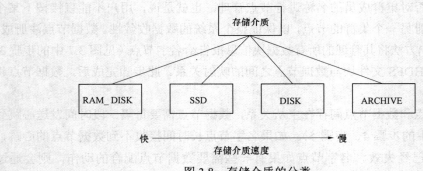

图 3.8 存储介质的分类

(1) ARCHIVE:高存储密度但耗电较少的存储介质,如磁带,通常用来存储冷数据。

(2) DISK:磁盘介质,这是 HDFS 最早支持的存储介质。

(3) SSD:固态硬盘,是一种新型存储介质,目前被不少互联网公司使用。

(4) RAM_DISK:虚拟内存盘,数据被写入内存中,同时会在存储介质中再(异步)写一份。

HDFS 中支持的存储策略包括以下几种,如图 3.9 所示。

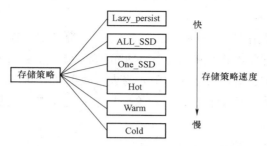

图 3.9　存储策略的速度比较

（1）Lazy_persist：一个副本被保存在内存 RAM_DISK 中，其余副本被保存在磁盘中。

（2）ALL_SSD：所有副本都被保存在 SSD 中。

（3）One_SSD：一个副本被保存在 SSD 中，其余副本被保存在磁盘中。

（4）Hot：所有副本都被保存在磁盘中，这也是默认的存储策略。

（5）Warm：一个副本被保存在磁盘上，其余副本被保存在归档存储上。

（6）Cold：所有副本都被保存在归档存储上。

总体来说，HDFS 异构存储的价值在于根据数据流行度采用不同的策略，提高集群的整体资源利用效率。对于经常访问的数据，应将其全部或部分存储在具有较高访问性能的存储介质（RAM_DISK 或 SSD）中，以提高其读写性能；对于很少访问的数据，将其保存在归档存储媒体上，以降低存储成本。但是 HDFS 异构存储的配置需要用户为目录指定相应的策略，即用户需要事先知道每个目录中文件的访问热度，这在大数据平台的实际应用中是比较困难的。

3. HDFS 异构存储策略的不足

HDFS 异构存储策略并非完美无缺，在下面场景中就不适合使用此策略。

用户 A 在 HDFS 上创建了自己的存储目录\user\A，不设置任何的存储策略，也就是默认都存放在 DISK 类型的介质上。忽然有一天，他发现自己的数据已经不怎么使用了，想要设置其存储策略为 COLD 类型，于是他执行了 setStoragePolicy 命令。那么等结束这步操作是否就意味着用户 A 的目的达到了呢？

在 HDFS 上，目前还没有针对文件目录存储策略更改的自动数据迁移，这要求用户执行额外的 Mover 命令来扫描文件目录。在 Mover 命令执行期间，如果发现文件目录的实际存储类型与 StoragePolicy 策略集不同，则数据块将迁移到相应的存储介质上。

3.7　HDFS 擦除码技术

HDFS 通过复制系统来实现可靠性这一机制。在 HDFS 中，每个数据都有两个副本，这导致存储利用率只有三分之一，即每 TB 数据需要 3 TB 的存储空间。随着数据量的增长，复制的成本变得越来越大，传统的三份复制增加了 200% 的存储开销，给存储空间和网络带宽带来了很大的压力。因此，如何在保证可靠性的前提下提高存储利用率成为当前 HDFS 应用的主要问题之一。

HDFS 擦除码技术是指擦除码（erasure-code，EC）算法在 HDFS 中的实现。擦除码技术是一种数据恢复技术，它将不再依赖多个副本来实现容错。多复制机制的一大缺点是它对存储空间的巨大浪费，HDFS 擦除码技术的引入将大大改善这一问题。

下面介绍擦除码技术的概念和原理、擦除码技术的优缺点，以及擦除码技术在 HDFS 中的实现目标。

1. 擦除码技术的概念和原理

擦除码技术是一种数据恢复技术，最早应用于通信行业的数据传输中，是一种编码容错技术。它通过向原始数据中添加新的验证数据，使数据的每个部分都相关。当数据错误在一定范围内时，可采用擦除码技术进行恢复。下面进行一个简单的演示。首先，添加 n 个原始数据块和 m 个校验数据块，如图 3.10 所示。

图 3.10　擦除码技术的简单演示

奇偶校验部分是校验数据块。我们称单行数据块组为条带（strip）。每个线带（stripe）由 n 个数据块和 m 个校验块组成。原始数据块和校验数据块都可以通过现有数据块进行恢复，其规则如下：如果校验数据块发生错误，通过对原始数据块进行编码重新生成；如果原始数据块发生错误，通过校验数据块的解码可以重新生成。

而且 m 和 n 的值并不是固定不变的，可以进行相应调整。其中的原理很简单，如果把上面的图片看成矩阵，由于矩阵的运算具有可逆性，因而能使数据进行恢复。图 3.11 是一个标准的矩阵相乘图，可以将二者进行关联。

$$\begin{bmatrix} m_{00} & m_{01} & m_{02} & m_{03} \\ m_{10} & m_{11} & m_{12} & m_{13} \\ m_{20} & m_{21} & m_{22} & m_{23} \\ m_{30} & m_{31} & m_{32} & m_{33} \\ m_{40} & m_{41} & m_{42} & m_{43} \\ m_{50} & m_{51} & m_{52} & m_{53} \end{bmatrix} \begin{bmatrix} D_0 \\ D_1 \\ D_2 \\ D_3 \end{bmatrix} = \begin{bmatrix} C_0 \\ C_1 \\ C_2 \\ C_3 \\ C_4 \\ C_5 \end{bmatrix}$$

图 3.11　矩阵相乘图

2. 擦除码技术的优缺点

优点：擦除码技术作为一种数据恢复技术，可以解决分布式系统和云计算中使用多复制机制防止数据丢失的问题。多复制机制确实解决了数据丢失的问题，但它成倍增加了存储空间并将之很快耗尽。

缺点：一旦需要恢复数据，会导致两大资源的消耗。

（1）网络带宽的消耗，因为数据恢复需要去读取其他的数据块和校验块。

（2）进行编码、解码计算时需要消耗 CPU 资源。

概括来讲，一旦需要恢复数据，使用擦除码技术既耗网络又耗 CPU，因此将此技术用于线上服务会导致不够稳定。最好的选择是将其用于冷数据的存储，以下两点原因可以支持这种选择。

（1）冷数据集群往往有大量的长期不被访问的数据，数据规模会比较大，采用擦除码技术可以大大减少副本数。

（2）冷数据集群基本稳定，耗资源量少，所以一旦进行数据恢复，将不会对集群造成大的影响。

3. 擦除码技术的实现目标

在 Hadoop 擦除码技术的设计文档中，提出了以下几点实现目标。

（1）存储空间的节省。

（2）灵活的存储策略，用户同样能够标记文件为 HOT 或 COLD 存储类型。

（3）快速的恢复与转换，同时在数据恢复的时候，需要尽可能减少网络带宽的使用。

（4）I/O 带宽的节省。

（5）NameNode 低负载。因为 NameNode 需要额外跟踪校检块的信息，擦除码技术在一定程度上会增大 NameNode 的开销。在擦除码技术的实现过程中，需要尽可能降低 NameNode 的负载。

（6）对于用户的透明性、兼容性。擦除码技术在 Hadoop 中的实现细节，需要保证对用户的绝对透明。而且用户可以在擦除码技术下正常使用其他功能，如 HDFS 快照、HDFS 缓存、加密空间等。

还有一点需要注意，擦除码技术在 Hadoop 中的实现会直接改变原来 HDFS 默认的三副本策略，而副本数的减少会对 MR 任务的数据本地性造成一定影响。

第 4 章　MapReduce 与 Spark

4.1　MapReduce 的设计思想

MapReduce 是 Hadoop 阵营的核心技术，本章前几节将对 MapReduce 技术进行详细的分析和探讨。

想象一个游戏：假设你和朋友们玩牌，但并不知道这副牌是否齐全。大家都知道的是，一副牌中一共有 13 张黑桃、13 张红桃、13 张梅花、13 张方块，此外还有 2 张王牌，共计 54 张牌。

那么你会怎么数呢？

第一种方法，你一个人从头数到尾，并且记录下红桃、黑桃、方块、梅花及王牌各多少张。

第二种方法，将牌分发给朋友们，让他们"并行"去数，"并行"地去统计，然后将结果汇总给你，你统计出最终的结果。

你会选择哪一种方法？第一种是"勤快"的人采取的"愚蠢"做法，第二种是"懒惰"的人采取的"聪明"做法。你也许会认为，一共不就才 54 张牌嘛，一会儿就能数完，没有必要去动脑筋来统计和汇总。可是，假如有成千上万张牌，那又该如何去操作呢？

这些年一直在讨论一个富有哲学色彩的问题：到底是懒惰推动了科技的进步，还是科技的进步助长了懒惰呢？从某种角度上来讲，科技的进步弥补了人类的懒惰，而懒惰也并不见得是件坏事。已有研究表明，懒惰的人一般具有较强的创新意识。

在前面的数牌游戏中，第一种数牌方法是一种串行的方法，相对来说更浪费时间。但是操作也相对简单，不用思考、协调和总结。可是，例子中只有 54 张牌，如果有 540 张、5 400 张牌，显然这种方法就不适合了。

第二种方法是一种并行的方法，相较于第一种方法更省时，但是也增加了一些不必要的麻烦，比如分发、沟通、反馈、总结这些流程。这就是 MapReduce 的思想概要。

前面探讨过，Hadoop 的核心思想来源于 Google 的两篇论文。其中关于 MapReduce 的那篇论文里写道："Our abstraction is inspired by the map and reduce primitives present in Lisp and many other functional languages."这句话的大致意思就是：MapReduce 的灵感来源于函数式语言（比如 Lisp）中的内置函数 map 和 reduce。这句话提到了 MapReduce 思想的渊源。Lisp 是一种列表处理语言，它是一种应用于人工智能处理的符号式语言。该语言由 MIT 的人工智能专家、图灵奖的获得者 John McCarthy 在 1958 年设计发明。从某种层面上讲，MapReduce 的思想早在 1958 年就被提出来了。

简单来说，在函数式语言中，Map 表示对一张列表（List）中的每一个元素进行计算，

Reduce 表示对一张列表中的每个元素进行迭代计算。在 MapReduce 里，Map 处理的是原始数据。原始数据是杂乱无章的，每条数据之间不存在依赖关系。也就是说，Map 面对的是杂乱无章的、互不相关的数据，它会解析每个数据，然后从中提取出 key 和 value，即提取出数据的特征。而到了 Reduce 阶段，数据是以 key 后面跟着若干个 value 来组成的。这些 value 具有一定的相关性，至少它们都在一个 key 下面，于是就会符合函数式语言中 Map 和 Reduce 的基本思想。MapReduce 可以被理解为：把一堆杂乱无章、毫无关系的数据按照某种特征归纳起来，然后进行处理并得到最后的结果。简单起见，可以将 MapReduce 分为两个经典的函数。

映射（Mapping）：对集合中的每个目标应用同一个操作。在前面的例子中，我们把每张牌都"数"一遍，然后分别映射到红桃、黑桃、方块、梅花的张数中去。经过 Mapping 之后，就会输出一个 key/value 对。比如，红桃：6 张；黑桃：8 张；等等。

化简（Reducing）：相当于遍历集合中的每个元素然后返回一个汇总的结果。在前面的例子中，将朋友们的反馈结果进行汇总，然后计算出是否一共是 54 张牌。注意这里是按照相同的 key 来进行汇总的，即：红桃：x 张；方块：y 张；等等。红桃、方块等在这里充当了"key"。

MapReduce 用于超大规模的数据处理时，其主要思想体现在以下三个方面。

1. 并行化

三个臭皮匠赛过诸葛亮，这句俗语其实就有着并行计算的思想在其中。即使诸葛亮的计谋再厉害，也比不过三个臭皮匠的并行思考。同样的道理，即使是三台性能一般的机器，其并行计算的速度也有可能超过一台性能强悍的服务器级别的机器的计算速度。

那么，什么样的计算任务适合并行化计算呢？如果大数据可以分为具有同样计算过程的数据块，而且这些数据块之间并不存在数据依赖关系，那么提高处理速度的最好办法就是并行计算。

在并行计算中，可以同时执行多条指令的算法，旨在通过扩大计算规模来提高计算速度和解决问题，从而解决大型复杂的计算问题。并行计算可以分为时间并行和空间并行。时间并行是指流水线技术，空间并行是指多个处理器并行执行计算。并行计算的基本思想是利用多个处理器协同解决同一个问题，即将解决的问题分解成几个部分，每个部分由一个独立的处理器并行计算。并行计算系统可以是专门设计的具有多个处理器的超级计算机，也可以是由几台独立的计算机以某种方式互连而成的集群。数据由并行计算集群处理，然后处理结果被返回给用户。

并行计算的第一个重要问题是如何划分计算任务或计算数据，以便划分的子任务或数据块可以同时计算。划分是否统一直接关系到大数据的处理速度。当然，结合一些平衡调度算法，可以令集群中的机器发挥最大的作用，减少空闲或等待时间。但是，在某些情况下，数据之间存在相互依赖的关系，或者数据中出现迭代算法，导致无法划分任务或数据。在这种场合下，推荐使用 Spark，因为 Spark 在迭代性能上比 MapReduce 更有优势。

Map 和 Reduce 都是并行执行的，如图 4.1 所示。

Reduce 函数对中间结果中相同 "key" 的所有 "value" 进行处理。MapReduce 的处理可以看成分而治之的并行过程。图 4.1 给出了 Map 和 Reduce 并行执行的示意图。海量数据被划分成许多小的数据集,每一个或多个数据集会被分配给一个 Map 进行处理。Map 对数据进行划分,输出中间结果,即若干 (key, value) 的组合。Reduce 对这些中间结果进行合并,将具有相同 "key" 的 "value" 合并在一起,输出处理结果。由于 Map 和 Reduce 的处理是并行的,因此,MapReduce 的处理速度非常快。

举例 (Mapping):将问题的输入数据划分为若干子集,将每一个子集的数据交给一个工作线程去处理。如在图中,有四个 Map,分别处理四个数据集,输出 (key, value) 键值对。Shuffle (Reducing):把各个工作线程处理后所得到的结果进行汇总,按照 key 进行合并,得到最终结果。

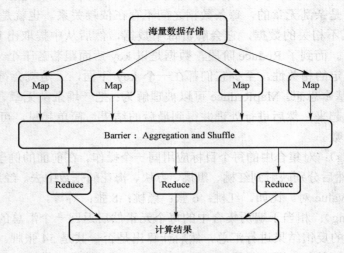

图 4.1　Map 和 Reduce 并行执行示意图

各个 Map 函数对所划分的数据进行并行处理,不同的输入数据会产生不同的中间结果。各个 Reduce 函数各自并行计算,分别负责处理不同的中间结果的数据集合。在进行 Reduce 处理之前,必须要等到所有的 Map 函数执行完毕。因此,在进行 Reduce 处理前需要有一个同步障(Barrier)阶段。这个阶段负责对 Map 函数产生的中间结果进行收集整理,以便 Reduce 能够更有效地计算最终结果。最后,通过汇总所有 Reduce 函数的输出结果即可获得最终结果。

2. 抽象化

MapReduce 对编程框架进行建模或抽象。整个框架中只有两个模型:Mapper 模型与 Reducer 模型。在以往的并行计算方法中缺少高层并行编程模型,在解决实际问题时,程序员的思维总是停留在方法和函数的层面上,并没有把方法和函数抽象化。为了克服这一缺陷,MapReduce 借鉴了 Lisp 函数式语言中的思想,用 Map 和 Reduce 两个函数提供了高层的并行编程抽象模型,如图 4.2 所示。

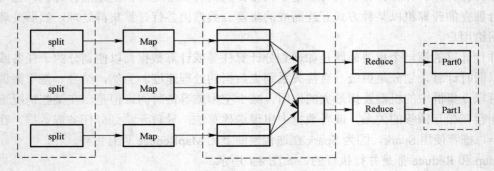

图 4.2　MapReduce 抽象化

MapReduce 定义了如下所示的 Map 和 Reduce 两个抽象的编程接口，由用户去编程实现。

Map：〈k1；v1〉→[〈k2；v2〉]

☞ 输入：键值对〈kl；v1〉表示的数据。

☞ 处理：文档数据（如文本文件中的行或数据表格中的行）将以键值对形式被传入 Map 函数；Map 函数将处理这些键值对，并以另一种键值对形式输出中间结果[〈k2；v2〉]。

☞ 输出：键值对[〈k2；v2〉]，表示一组中间数据。

Reduce：〈k2；[v2]〉→ [〈k3；v3〉]

☞ 输入：由 Map 输出的一组键值对[〈k2；v2〉]将被进行合并处理，将同样主键下的不同数值合并到一张列表[v2]中，故 Reduce 的输入为〈k2；[v2]〉，其中[v2]可以理解为一张列表。

☞ 处理：对传入的中间结果列表数据进行进一步处理，并产生最终的结果输出[〈k3；v3〉]。

☞ 输出：最终处理结果[〈k3；v3〉]。

值得一提的是，Map 和 Reduce 为程序员提供了一个清晰的操作接口抽象描述，在 MapReduce 使用过程中架构清晰明了。如果出现接口问题，比较容易定位。

3. 架构统一，隐藏细节

在以往的并行计算方法中，因缺乏统一的计算框架，程序员需要考虑数据存储、分区、分布、结果收集、错误恢复等诸多细节。MapReduce 设计并提供了统一的计算框架，为程序员隐藏了大部分系统层面上的处理细节，可以完成计算任务的划分和调度、数据的分布式存储和分区、处理数据和计算任务的同步、结果数据的收集和整理等。

MapReduce 通过抽象模型和计算框架区分需要做什么和具体怎么做，为程序员提供了一个抽象的、高级的编程接口和框架。程序员只需要关注自己应用层的具体计算问题，编写少量的程序代码来处理应用程序本身的计算问题即可。

4.2　MapReduce 的组成

与 HDFS 一样，MapReduce 也采用 Master/Slave 的架构，其架构如图 4.3 所示。MapReduce 包含四个组成部分，分别为 Client、JobTracker、TaskTracker、Task。

1. Client

每一个 Job 都会在用户端通过 Client 类将应用程序及配置信息 Configuration 打包成 JAR 文件上传到 HDFS，并把路径提交到 JobTracker 的 Master 服务，然后由 Master 创建每一个 Task（MapTask 和 ReduceTask），将它们分发到各个 TaskTracker 服务中去执行。

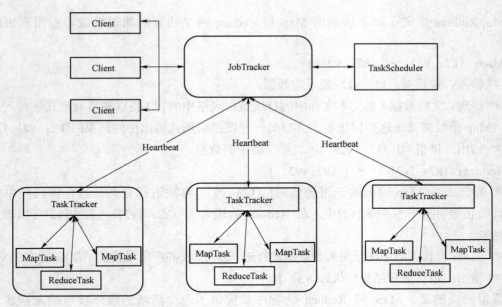

图 4.3　MapReduce 架构

2. JobTracker

JobTracker 负责资源监控和作业调度。JobTracker 监控所有 TaskTracker 和 Job 的健康状态，一旦发现故障，就会将相应的任务转移到其他节点；同时，JobTracker 会跟踪任务的执行进度、资源使用情况等信息，并将这些信息告诉 TaskScheduler。调度器会在资源空闲时选择合适的任务来使用这些资源。在 Hadoop 中，TaskScheduler 是一个可插拔的模块，可以根据自己的需要设计相应的调度器。

3. TaskTracker

TaskTracker 是一个在多个节点上运行的 Slave 服务。TaskTracker 主动与 JobTracker 通信（类似于 DataNode 和 NameNode，通过心跳来实现），并定期向 JobTracker 报告该节点上的资源使用情况和任务运行进度，与此同时执行 JobTracker 发送的命令并执行相应的操作（如启动新任务、"杀死"任务等）。TaskTracker 使用"slot"来平均分配该节点上的资源量。"slot"代表计算资源，一个 Task 要得到一个 slot 才能运行。Hadoop 调度器的作用是将各个 TaskTracker 上的空闲 slot 分配给 Task 使用。slot 分为 MapSlot 和 ReduceSlot 两种，分别提供给 MapTask 和 ReduceTask 使用。TaskTracker 通过 slot 数目（可配置参数）限定 Task 的并发度。

4. Task

Task 分为 MapTask 和 ReduceTask，两者都是由 TaskTracker 启动的。HDFS 以固定大小的块作为基本单元存储数据，对于 MapReduce，其处理单元是 split。split 是一个逻辑概念，它只包含一些元数据信息，比如数据起始位置、数据长度、数据节点等。它的划分方法完全由用户自己决定。但是，应该注意的是，split 的数量决定了 MapTask 的数量，因为每个 split 将只移交给一个映射任务。split 和 block 之间的关系如图 4.4 所示。

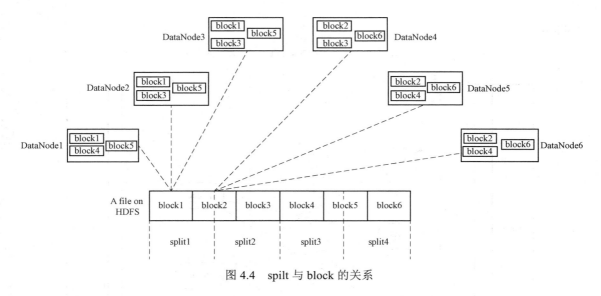

图 4.4　spilt 与 block 的关系

5. 文件系统

一般情况下，文件系统采用 HDFS。它是在其他实体之间共享作业和文件的文件系统，后续章节会详细分析。

这四个组成部分之间的相互关系大致如图 4.5 所示。

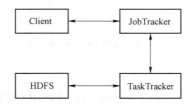

图 4.5　MapReduce 的组成部分和相互关系

从 Hadoop 的总体架构上看，MapReduce 采用 Master/Slave 结构。Master 是整个集群唯一的全局管理者，其功能包括作业管理、状态监控和任务调度等，相当于 MapReduce 中的 JobTracker。Slave 主要负责任务的执行和任务状态的报告，相当于 MapReduce 中的 TaskTracker。

4.3　MapReduce 的工作流程

MapReduce 实际上是分治算法的实现。所谓分治算法就是"分而治之"，首先把大问题分解成同类型（最好是同规模）的子问题，然后求解，最后合并成大问题的解。MapReduce 就是一种分治的方法，先将输入分割成片，然后提交给不同的作业进行处理，最后再合并成最终的解决方案，具体流程图如图 4.6 所示。

MapReduce 实际的处理过程可以理解为 Input→Map→Sort→Combine→Partition→Reduce→

Output。

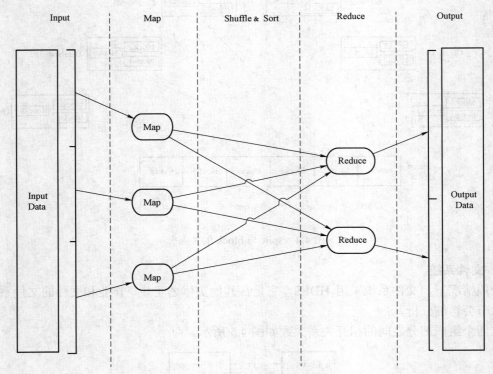

图 4.6　MapReduce 流程

（1）Input 阶段。

将数据以一定的格式传递给 Mapper，有 TextInputFormat，DBInputFormat，Sequence FileFormat 等可以使用，在 Job.setInputFormat 中可以设置，也可以自定义分片函数。

（2）Map 阶段。

对输入的<key，value>进行处理，即 map（k1，v1）→list（k2，v2），使用 Job.setMapperClass 进行设置。

（3）Sort 阶段。

对于 Mapper 的输出进行排序，使用 Job.setOutputKeyComparatorClass 进行设置，然后定义排序规则。

（4）Combine 阶段。

对 Sort 之后有相同 key 的结果进行合并，使用 Job.set CombinerClass 进行设置，也可以自定义 CombineClass 类。

（5）Partition 阶段。

将 Mapper 的中间结果按照 key 的范围划分为 R 份（Reduce 作业的个数），默认使用 Hash Partitioner（key.hashCode() & Integer.MAX _VALUE）% numReduce Tasks），也可以自定义划分的函数。使用 Job.set PartitionerClass 进行设置。

（6）Reduce 阶段。

对于 Mapper 的结果进一步进行处理，使用 Job.setReducerClass 设置自定义的 Reduce 类。

（7）Output 阶段。

Reducer 输出数据的格式。

MapReduce 的一个作业流程是：作业提交→作业初始化→任务分配→任务执行→任务进度和状态更新→作业完成。

MapReduce 作业提交的流程和步骤如图 4.7 所示。

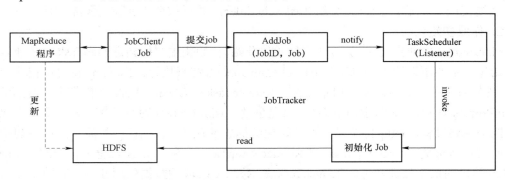

图 4.7　MapReduce 作业提交的流程和步骤

1. 作业提交

1）命令行提交

用户使用 Hadoop 命令行脚本提交 MapReduce 程序到集群，具体会调用 JobClient.runJob() 方法开始提交，最终则通过 submitJobInternal() 方法提交作业到 JobTracker。

2）作业上传

在提交作业到 JobTracker 之前还需要完成相关初始化工作，这些工作包括：获取用户作业的 jobID，创建 HDFS 目录，上传作业、相关依赖库，分发所需的文件到 HDFS 上，以及用户输入数据的所有分片信息等。需要注意的是，这些要上传和下载的文件都是由 Distributed Cache 完成的，这对用户来说是透明的，不需要用户直接干涉。

3）产生切分文件

在作业提交后，JobClient 调用 InputFormt 中的 getSplits() 方法，生成用户数据的 split 分片信息。切片的默认大小和 HDFS 的块大小相同（64 MB），这有利于 Map 任务的本地化执行，而无须通过网络传递数据。这些信息包括 InputSplit 元数据信息和原始切分信息，其中元数据信息会被 JobTracker 使用，而原始切分信息会在 Map 任务初始化时用于获取自己要处理的数据信息。这两部分数据分别被保存到 job.split 和 job.splitmetainfo 文件中用于后续访问。

Split 并不包含具体的数据信息，而只包含数据的引用，Map 任务会根据引用地址去加载数据。InputSplit 由 InputFormat 负责创建。

4）提交作业到 JobTracker

JobClient 通过远程过程调用协议（RPC）将作业提交到 JobTracker 作业调度器中，并首先为作业创建一个 JobInProgress 对象。JobTracker 将为用户提交的每个作业创建一个

JobInProgress 对象。该对象维护作业运行时的信息，主要用于跟踪正在运行的作业状态和进度。然后，检查用户是否有指定队列的作业提交权限。Hadoop 作业调度以队列为单位管理作业和资源，每个队列都分配有一定的资源，调度器可以指定哪些用户有权为每个队列提交作业。接下来，检查作业配置的内存使用是否合理。用户可以通过参数 mapred.job.map.memory. mb 和 mapred.job.reduce.memory.mb 指定 MapTask 和 ReduceTask 的内存使用情况。而管理员可以分别为集群中的 MapTask 和 ReduceTask 设置内存使用量。一旦用户配置的内存使用超过总内存限制，作业将无法提交。最后，通知 TaskScheduler 初始化作业。JobTracker 接收到提交的作业后，会将其交给 TaskScheduler，然后按照一定的策略初始化作业。

2. 作业初始化

MapReduce 作业提交完成后，作业初始化开始。初始化主要指构造 MapTask 和 ReduceTask 并初始化，主要由调度程序调用 JobTracker.initJob()方法来执行。Hadoop 将每个作业分为四种类型的任务：SetupTask、MapTask、ReduceTask、CleanupTask。它们的运行信息由 TaskInProress 维护，所以创建这些任务就是创建 TaskInProress 对象。图 4.8 显示了作业初始化的四个主要过程。SetupTask 是作业初始化的标志性任务，它执行一些简单的作业初始化工作。此类任务分为 MapSetupTask 和 ReduceSetupTask 两种，并且只能运行一次。MapTask 是 Map 阶段的数据处理任务。ReduceTask 是 Reduce 阶段的数据处理任务，其数量可由用户通过参数 mapred.reduce.tasks 指定。Hadoop 最初只调度 MapTask，直到 MapTask 完成数目达到由参数 mapred.reduce.slowstart. completed.maps 指定的百分比后，才开始调度 ReduceTask。CleanupTask 是作业结束的标志性任务，主要做一些作业清理的工作，比如删除作业在运行中产生的一些临时目录和数据等信息。

图 4.8　作业初始化流程图

3. 任务分配

JobTracker 节点遍历每一个 InputSplit，使用配置的任务调度器 TaskScheduler 来为某一个具体的 TaskTracker 节点分配任务。同时这个任务调度器只能决定给该 TaskTracker 节点分配哪一个 Job 或者哪些 Job 的任务及分配多少个任务，而不能决定给当前的 TaskTracker 节点分配一个 Job 的具体哪一个任务。另外，针对一个具体的 TaskTracker 节点而言，任何一个作业都可以判断它的哪些 Map 任务相对于该 TaskTracker 节点来说属于本地任务，哪些 Map 任务属于非本地任务，根据其记录的引用地址选择距离最近的 TaskTracker 去执行。理想情况下切片信息就在 TaskTracker 的本地，这样就节省了网络数据传输的时间。当然，对于 Reduce 任务来说，是没有本地任务与非本地任务这一说法的。因此，当任务调度器决定为一个 TaskTacker 节点分配一个 Job 的本地任务时，它会调用该 JobInProgress 对象的 obtainNew localMapTask()方法；而当分配的是一个非本地任务时，它会调用对应的 obtainNewNonlocal MapTask()方法。那么以这个 TaskTracker 节点在集群中的物理位置为参考，这个 Job 可能有多个本地任务和多个非本地任务。至于为该 TaskTracker 节点分配哪一个本地或者非本地任务就由 JobInProgress 来决定了。当任务调度器为 TaskTracker 节点分配一个 Job 的 Reduce 任务时，就会调用该 Job

对应的 JobInProgress 对象的 obtainNewReduceTask()方法。TaskTracker 会分配适当的固定数量的 slot，理想状态一般遵循数据本地化和构架本地化。另外，TaskTracker 运行简单的循环来对 JobTracker 发送心跳，告知对方自己是否存活，同时交互信息。

4. 任务执行

TaskTracker 接到任务后开始执行如下操作。

（1）将任务 JAR 包从 HDFS 复制到本地。

（2）TaskTracker 新建本地目录，将 JAR 文件解压到此目录。

（3）TaskTracker 新建一个 TaskRunner 实例运行该任务。这样做的好处是即使所执行的任务出现了异常，也不会影响 TaskTracker 的运行使用。

1）MapTask

一个 MapTask 的运行过程如图 4.9 所示，该运行过程可以分为三个阶段，分别是 Input 阶段、Map 阶段、Partition 阶段。

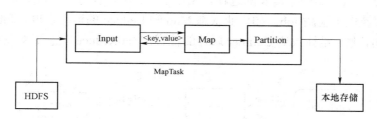

图 4.9　MapTask 的运行过程

Input 阶段，是指 InputFormat 负责理解数据格式并解析成<key，value>后传递给 Map 函数处理。InputFormat 提供了 getInputSplit 接口，负责将输入数据切分为一个个 InputSplit （分片），同时还提供了 getRecordReader 接口，负责解析 InputSplit，通过 RecordReader 提取出 key/value 键值对。这些键值对就作为 Map 函数的输入。Map 阶段，是指运行 Mapper 接口中的 Map 函数，该函数负责对输入的 key/value 键值对进行初步处理，产生新的 key/value 键值对作为中间数据被保存在本地磁盘上。在 Partition 阶段，Map 函数输出的临时数据会被分成若干个分区，每个分区都会被一个 ReduceTask 处理。

2）ReduceTask

ReduceTask 的运行过程如图 4.10 所示，该运行过程可以分为三个阶段，分别为 Shuffle 阶段、Sort 阶段、Reduce 阶段。

Shuffle 阶段，是指 ReduceTask 通过查询 JobTracker 知道有哪些 MapTask 已被处理完毕。一旦有 MapTask 处理完毕，就会远程读取这些 MapTask 产生的临时数据。Sort 阶段，是指将读取的数据按照 key 对 key/value 键值对进行排序。Reduce 阶段，是指运行 Reducer 接口中的 reduce()函数，该函数读取 Sort 阶段的有序 key/value 键值对并进行处理，最后将最终的处理结果存储到 HDFS 上。

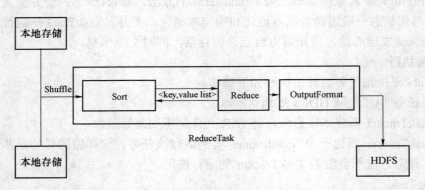

图 4.10　ReduceTask 的运行过程

5. 任务进度和状态更新

MapReduce 的执行是一个漫长的过程，在这个过程中，任务的进度会被反馈给用户。通过 Job 的 Status 属性来检测 Job，如作业状态 Map 和 Reduce 的运行进度、Job 计数器的值和状态消息的描述，尤其是计数器 Counter 属性的检查。MapReduce 状态更新图如图 4.11 所示。

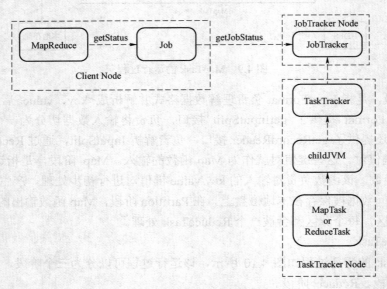

图 4.11　MapReduce 状态更新图

6. 作业完成

当 JobTracker 收到 Job 的最后一个 Task 完成的消息时，它会将 Job 的状态设置为"完成"。JobClient 在学习后，从 runJob()方法返回，清理 MapReduce 本地存储（Mapred.local.dir 属性指定的目录）和 Map 任务的输出文件。

4.4　MapReduce 的计算过程详解

　　系统可以通过 MapReduce 两个函数 Map 和 Reduce 管理多个大规模的计算过程，同时保证硬件故障的容错性。系统可以管理 Map 或 Reduce 并行任务的执行和任务之间的协调，并能处理上述任务之一失败的状况。简单来说，基于 MapReduce 的计算过程如下。

　　（1）对于多个 Map 任务，每个任务的输入是 DFS 中的一个或多个文件块。Map 将文件块转换成一个键值（key/value）对序列。根据输入数据生成键值对的具体方式由用户编写的 Map 函数代码决定。

　　（2）主控制器从每个 Map 任务中收集一系列键值对，并根据键值的大小对它们进行排序。这些键被分到所有的 Reduce 任务中，所以具有相同键的键值对应该归到同一 Reduce 任务中。

　　（3）Reduce 任务每次作用于一个键，并将与此键关联的所有值以某种方式组合起来。具体的组合方式取决于用户所编写的 Reduce 函数代码。

　　图 4.12 是上述计算过程的示意图。

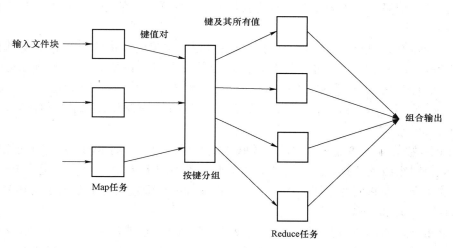

图 4.12　MapReduce 的计算过程

1. Map 任务

　　Map 任务的输入文件可以视为由多个元素组成，元素可以是任何类型，如元组或文档。文档文件块是元素的集合，同一元素不能跨文件块存储。严格来说，所有 Map 任务的输入和 Reduce 任务的输出都是键值对的形式，但是输入元素中的键通常是不相关的，应该忽略。输入输出采用键值对形式的主要原因是允许多个 MapReduce 进程组合在一起。

　　Map 函数以输入元素为参数产生零个或多个键值对。其中的键和值都可以是任意类型。另外，这里的键并非通常意义上的"键"，即并不要求它们具有唯一性。恰恰相反，一个 Map 任务可以生成多个具有相同键的键值对，即使键是来自同一个元素。

　　例 1　接下来给出一个 MapReduce 计算的经典例子，即计算整个文档集中每个单词的出现次数。在本例中，输入文件是一个文档集，每个文档都是一个元素。本例中 Map 函数使用的键类型是字符串（词语），值类型是整数。Map 任务读取一个文档，并将其分成单词序列 w_1，w_2，…，w_n，然后输出一个键值对序列，其中所有值都是 1。也就是说，作用于文档的 Map 任务的输出结果是一系列键值对。

$\langle w_1, 1 \rangle$，$\langle w_2, 1 \rangle$，…，$\langle w_n, 1 \rangle$

需要注意的是，一个单独的 Map 任务通常会处理多个文档，每个文档可能会被分成一个或多个文件块。也就是说，它的输出不仅仅是上面说明的单个文档的键值对序列。另一点需要注意的是，如果单词 w 在所有输入 Map 的文档中出现 m 次，那么在输出结果中将有 m 个键值对（w，1）。稍后将介绍的一种方法是将这 m 对组合成一对（w，m）。当然，我们只能这样做，因为 Reduce 任务会对值部分应用满足组合律和交换律的加法运算。

2. 按键分组

只要 Map 任务成功完成，键值对将被按键分组，与每个键相关联的值将形成一个值表。无论 Map 和 Reduce 任务做什么，系统都会按键进行分组。主控进程知道 Reduce 任务的数量，例如 r 个。这个数量通常由用户指定，并通知给 MapReduce。然后，主控进程选择一个哈希函数来作用于键，并生成一个从 0 到 $r-1$ 的桶编号。Map 任务输出的每个键都由哈希函数来处理，根据哈希结果，它的键值对将被释放到 r 个本地文件中的一个。每个文件都被分配给一个 Reduce 任务。

为了完成按键分组及给 Reduce 任务的分发过程，主控进程将每个 Map 任务输出的面向某个特定 Reduce 任务的文件进行合并，并将合并文件以"键值表"对序列传给该进程。也就是说，对每个键 k，处理键 k 的 Reduce 任务的输入形式为 $\langle k, [v_1, v_2, …, v_n] \rangle$，其中 $\langle k, v_1 \rangle$，$\langle k, v_2 \rangle$，…，$\langle k, v_n \rangle$ 为来自所有 Map 任务的具有相同键 k 的所有键值对。

3. Reduce 任务

Reduce 函数的输入参数是由键及其关联的值表组成的对，而 Reduce 函数的输出是由零个或多个键值对组成的序列。这些键值对的类型可以不同于从 Map 任务传递到 Reduce 任务的键值对的类型，但它们通常属于同一类型。将 Reduce 函数应用于单个键及其关联的值表的过程称为一个 Reducer。

一个 Reduce 任务会收到一个或多个键及其关联值表，也就是说，一个 Reducer 任务执行一个或多个 Reducer。所有 Reduce 任务的输出会合并为单个文件。通过对键进行哈希并将每个 Reduce 任务关联到哈希函数的一个桶中，可以将 Reducer 分配到更小数目的 Reduce 任务当中去。

缩减任务接收一个或多个键及其关联的值表，也就是说，缩减任务执行一个或多个缩减器。所有缩减任务的输出都被合并到一个文件中。通过散列关键字并将每个缩减任务与散列函数的一个桶相关联，缩减器可以被分配给较少数量的缩减任务。

例 2 继续例 1 中的词频计算示例。Reduce 函数只是将所有值相加，一个 Reduce 的输出由单词及其出现次数组成。因此，所有 Reduce 任务的输出都是（w，m）对序列，其中 w 是在所有输入文档中至少出现一次的词语，m 是它在所有这些文档中出现的总次数。

如果想要实现最大的并行化，可以使用一个 Reduce 任务来执行每个 Reducer，也就是说，一个任务处理单个键及其关联值表。可以进一步在不同的计算节点上运行每个 Reduce 任务，这样所有的执行过程都是并行的。这种方案通常不是最佳的。因为每个创建的任务都有一定的开销，Reduce 任务的数目最好少于不同键的数目。此外，通常键的数目要比可用计算节点的数目多得多，因此从大量 Reduce 任务中也无法获益。

通常来说，不同键的值表大小有着显著的差异，因此不同的 Reducer 花费的时间也不相同。如果对每个 Reducer 都用一个单独的 Reduce 任务来完成的话，任务本身就会表现出偏斜性，即任务的完成时间差异很大。通过使用比 Reducer 数目更少的 Reduce 任务，可以减少偏斜性带来的影响。如果键是随机发送给 Reduce 任务的，可以预计不同 Reduce 任务所需要的某个平均总时间。通过使用比计算节点数目更多的 Reduce 任务，可以进一步减少偏斜性。这种做法下，长的 Reduce 任务可能会占满某个计算节点，而几个更短的 Reduce 任务可以在单个计算节点上串行运行。

4. 组合器

有时候，Reduce 函数满足交换律和结合律，即所有需要组合的值可以按照任何次序组合，其结果不变。例 2 中的加法就是一种满足交换律和结合律的运算。不论在求和过程中如何组合数字 v_1，v_2，v_3，…，v_n，最终的和都一样。

当 Reduce 函数满足交换律和结合律时，就可以将 Reducer 的部分工作放到 Map 任务中来完成。例如，在例 1 产生 $\langle w_1, 1 \rangle$，$\langle w_2, 1 \rangle$，…的 Map 任务当中，可以在这些键值对进行分组和聚合之前应用 Reduce 函数，即在 Map 任务当中使用 Reduce 函数。因此，这些键值对可以替换为一个键值对，键仍然是 w，值是上述所有键值对中所有 1 之和。也就是说，单个 Map 任务产生的包含键 w 的键值对可以组合成一个对（w，m），其中 m 为 w 在该 Map 任务所处理文档集中出现的次数。需要注意的是，由于每个 Map 任务通常都只会给出一个包含 w 的键值对，仍然必须进行分组和聚合处理并将结果传输给 Reduce 任务。

5. MapReduce 的执行细节

MapReduce 的执行细节如图 4.13 所示，该图总结了流程、任务和文件之间的交互。使用 MapReduce 系统（如 Hadoop）提供的调用库，用户程序将复制一个主控进程和一定数量的运行在不同计算节点上的工作进程。一般来说，每个工作进程要么处理 Map 任务（该进程称为 Map worker，Map 工作机），要么处理 Reduce 任务（该进程称为 Reduce worker，Reduce 工作机），但通常不会同时处理两个任务。

主控进程有很多职责，其中之一就是创建一定数量的 Map 任务和 Reduce 任务，由用户程序来选定其数量。主控进程将这些任务分配给不同的工作进程。为输入文件中的每个文件块创建一个 Map 任务是合理的，但最好创建更少的 Reduce 任务。限制 Reduce 数量的原因是每个 Map 任务必须为每个 Reduce 任务创建一个中间文件。如果 Reduce 任务太多，中间文件的数量就会呈爆炸式增长。

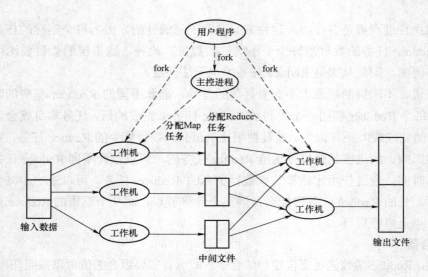

图 4.13　MapReduce 的执行细节

主控进程记录每个 Map 和 Reduce 任务的运行状态（闲置，正在某个工作进程中执行，或者已经完成）。一旦运行任务结束，工作进程会向主控进程汇报，而主控进程会给工作进程分配一个新的任务。

每个 Map 任务可能会被分配给输入文件的一个或多个文件块，然后根据用户编写的代码执行。Map 任务为每个 Reduce 任务创建一个文件，该文件存储在执行 Map 任务的工作进程所在的本地磁盘上。这些文件的位置和大小被通知给主控进程，并且每个文件将被分配给它自己的 Reduce 任务。当主控进程将 Reduce 任务分配给工作进程时，该任务将获得所有输入文件。Reduce 任务执行用户编写的代码，并将最终结果输出到一个文件中。该文件是其整个分布式文件系统的一部分。

6. 节点失效的处理

最糟糕的事情莫过于运行主控进程的计算节点崩溃，这种情况下，整个 MapReduce 作业必须要重启。但是，只有该节点崩溃时才会终止所有 MapReduce 任务，其他节点失效时可以通过主控进程来管理，整个 MapReduce 作业最终仍会完成。

假定某个运行 Map 任务的计算节点崩溃，由于主控进程会定期检查工作进程，因此它会发现节点的崩溃情况。所有分配到该工作进程的 Map 任务将不得不重新执行，甚至已经完成的 Map 任务都可能要重启。其原因在于它们为目标 Reduce 任务输出的结果还在计算节点上，节点崩溃后它们不再可用。主控进程将需要重启的所有 Map 任务的状态都置为"空闲"，并当某个工作进程可用时安排它们重新运行。同时，主控进程还必须通知每个 Reduce 任务它们的输入位置（对应 Map 任务的输出位置）已经发生改变。

如果运行 Reduce 任务的计算节点出现故障，处理会更简单。主控进程仅将在故障节点上运行的 Reduce 任务的状态设置为"空闲"，并根据计划的时间表安排另一个工作节点重新运行即可。

4.5　MapReduce 的使用案例

MapReduce 框架并不能解决所有问题，甚至有些可以基于多计算节点并行处理的问题也不宜采用 MapReduce 来处理。整个分布式文件系统只在文件巨大、更新很少的情况下才有意义。因此，在管理在线零售数据时，不论是采用 DFS 或是 MapReduce 都不太合适，即使是使用数千计算节点来处理 Web 请求的大型在线零售网站 Amazon.com 也不适合。主要原因在于，Amazon 数据上的主要操作包括应答商品搜索需求、记录销售情况等计算量相对较小但更改数据库的过程。但是，Amazon 可以使用 MapReduce 来执行大数据上的某些分析型查询，比如为每个用户找到和他购买模式最相似的那些用户。

Google 采用 MapReduce 的最初目的是处理 PageRank（网页搜索算法）计算过程中必需的大矩阵 – 向量乘法。矩阵 – 向量及矩阵 – 矩阵计算非常适合采用 MapReduce 计算框架。另一类可以有效采用 MapReduce 框架的重要运算是关系代数运算。接下来讨论 MapReduce 计算框架在上述两类运算中的应用。

1. 基于 MapReduce 的矩阵 – 向量乘法实现

假定有一个 $n×n$ 的矩阵 M，其第 i 行第 j 列的元素记为 m_{ij}。假定有一个 n 维向量 v，其第 j 个元素记为 v_j。于是，矩阵 M 与向量 v 的积是一个 n 维向量 x，其第 i 个元素 x_i 为

$$x_i = \sum_{j=1}^{n} m_{ij} v_j$$

如果 $n=100$，就没有必要使用 DFS 或 MapReduce。但上述计算却是搜索引擎中 Web 网页排序的核心环节，那里的 n 达到上百亿。接下来首先假定这里的 n 很大，但还没有大到向量 v 不足以放入内存的地步，而该向量是每个 Map 任务输入的一部分。

矩阵 M 和向量 v 各自都在 DFS 中被存为一个文件。假定可以从矩阵元素在文件中的位置，或者从元素显式存储的三元组（i，j，m_{ij}）中获得矩阵元素的行列下标。同样假设向量 v 的元素 v_j 的下标可以通过类似的方法来获得。

（1）Map 函数。Map 函数应用于 M 的一个元素。但是如果执行 Map 任务的计算节点还没有将 v 读到内存，那么首先以一个整体的方式读入 v，然后 v 就可以被该 Map 任务中执行的 Map 函数所用。每个 Map 任务将整个向量 v 和矩阵 M 的一个文件块作为输入。对每个矩阵元素 m_{ij}，Map 任务会产生键值对 $\langle i, m_{ij}*v_j \rangle$。因此，计算 x_i 的所有 n 个求和项 $m_{ij}*v_j$ 的键值都相同。

（2）Reduce 函数：Reduce 函数简单地将所有与给定键关联的值相加即可得到结果 $\langle i, x_i \rangle$。

（3）向量 v 无法读入内存时的处理。

如果向量 v 很大，可能导致其在内存中无法完整存放。虽然不一定要将它放入计算节点的内存中，但是如果不放入，由于在计算过程中需要多次将向量的一部分导入内存，会导致大量的磁盘访问。一种替代的方案是，将矩阵分割成多个宽度相等的垂直条，同时将向量分割成同样数目的水平条，每个水平条的高度等于矩阵垂直条的宽度。这样做的目的是使用足

够的条以保证向量的每个条能够方便地放入计算节点的内存中。图 4.14 是上述分割的示意图，其中矩阵和向量都被分割成 5 个条。

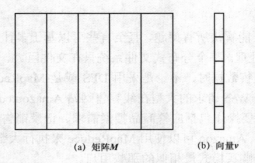

(a) 矩阵*M* (b) 向量*v*

图 4.14 矩阵 *M* 和向量 *v* 的分割示意图

矩阵第 *i* 个垂直条只和向量的第 *i* 个水平条相乘。因此，可以将矩阵的每个条存成一个文件，同样将向量的每个条存成一个文件。矩阵某个条的一个文件块及对应的完整向量条被输送到每个 Map 任务，然后 Map 和 Reduce 任务可以按照 4.4 节所描述的过程来运行。不同的是，在那里 Map 任务获得了完整的向量。

2. 矩阵乘法

矩阵 *M* 的第 *i* 行第 *j* 列元素记为 m_{ij}，矩阵 *N* 的第 *j* 行第 *k* 列元素记为 n_{jk}，矩阵 **P=MN**，其第 *i* 行第 *k* 列的元素记为 p_{ik}，其中

$$p_{ik} = \sum_j m_{ij} n_{jk}$$

需要指出的是，上述矩阵乘法中必须要求 *M* 的列数等于 *N* 的行数，以保证上式中基于求和是有意义的。

可以把矩阵看成一个带有如下 3 个属性的关系：行下标、列下标及它们对应的值。因此，可以把矩阵 *M* 看成是关系 *M* （*I*，*J*，*V*），其元组为（*i*，*j*，m_{ij}），而矩阵 *N* 可以看成是关系 *N* （*J*，*K*，*W*），元组为（*j*，*k*，n_{jk}）。大型矩阵通常会十分稀疏（绝大部分元素为 0），由于零元素可以被忽略，所以大矩阵特别适合采用关系表示。然而，在文件当中矩阵元素的下标 *i*、*j*、*k* 可能并不和元素一起显式出现。这种情况下，Map 函数就必须根据数据的位置来构建元组的 *I*、*J* 和 *K* 字段。

矩阵乘积 **MN** 实际上就是一个自然连接运算再加上分组和聚合运算。也就是说，关系 **M** （*I*，*J*，*V*）和 *N* （*J*，*K*，*W*）的自然连接只有一个公共属性 *J*，对于 *M* 中的每个元组（*i*，*j*，*v*）和 *N* 中的每个元组（*j*，*k*，*w*），两个关系的自然连接会产生元组（*i*，*j*，*k*，*v*，*w*）。该五字段元组代表了两个矩阵的元素对（m_{ij}，n_{jk}）。实际目标是对元素求积，即产生四字段元组（*i*，*j*，*k*，*v*w*）。一旦在 MapReduce 操作后得到该结果关系，接下来就可以进行分组和聚合运算，其中和 *K* 是分组属性，以 *W* 的和作为聚合结果。也就是说，矩阵乘法可以通过两个 MapReduce 运算的串联来实现，整个过程如下所述。

（1）Map 函数：对每个矩阵元素 m_{ij} 产生键值对 〈*j*，（*M*，*i*，m_{ij}）〉，对每个矩阵元素 n_{jk}

产生键值对〈j, (N, k, n_{jk})〉。注意，上述值当中的 M、N 并不是矩阵本身，而是矩阵的名字，或者表示元素来自 M 还是 N 的一个比特位。

（2）Reduce 函数：对每个键 j，检查与之关联的值的列表。对每个来自 M 的值（M, i, m_{ij}）和来自 N 的值（N, k, n_{jk}）产生键值对，其中的键为（i, k），值为元素的乘积 $m_{ij}*n_{jk}$。接下来通过另外一个 MapReduce 运算来进行分组聚合运算。

（3）Map 函数：该函数只是个恒等函数。也就是说，对每个键（i, k）的输入元素来说，该函数会产生相同的键值对结果。

（4）Reduce 函数：对每个键（i, k），计算与此键关联的所有值的和，结果记为（（i, k），v），其中 v 是矩阵 $P=MN$ 的第 i 行第 k 列的元素值。

4.6　任务网络的通信开销

某个任务网络的通信开销就是输入的大小，该大小可以通过字节数来度量。下面以关系数据库运算为例进行说明，将元组的数目作为度量指标。

一个算法的通信开销是实现该算法的所有任务的通信开销之和，通常集中关注通过通信开销来度量算法效率的方法。特别地，在估计算法的运行时间时不考虑每个任务的执行时间。虽然存在任务的执行时间占据主要比例这种例外情况，但这种意外在实际中很罕见，因此基于下列原因我们仍主要关注通信开销。

（1）算法中的每个执行任务一般都非常简单，时间复杂度常常和输入规模呈线性关系。

（2）计算集群中典型的互联速度是 1 GB/s，这看上去似乎很快，但是与处理器执行指令的速度相比，还是要低一些。此外，在集群架构中，当多个计算节点需要在同一时间互联时会产生竞争。因此，在任务传输元素的同等时间内，计算节点可以在收到输入元素后做大量工作。

（3）使任务在某个计算节点执行时，该节点正好有任务所需要的文件块。由于文件块通常存放在磁盘上，将它们输送到内存的时间可能会长于文件块到达内存后所需的处理时间。

假定通信开销占主要地位，为什么仅仅计算输入规模而不是输出规模？该问题的答案主要包括两个要点。

（1）如果任务的输出是另一个任务的输入，那么当度量接收任务的输入规模时，此任务的输出规模已经被计算。因此，没有理由计算任务的输出规模，除非这些任务的输出直接构成整个算法的最终结果。

（2）实际上，算法的输出规模与输入规模或算法产生的中间数据相比几乎都要更小一些，这主要是因为大量的输出如果不进行概括或聚合处理就不能用。

例 3　计算连接算法的通信开销。假设对 R（A, B）、S（B, C）这两个关系进行连接运算，即求解 R（A, B）、S（B, C），关系 R 和 S 的规模分别是 r 和 s。R 和 S 文件的每个文件块传递一个 Map 任务，因此所有 Map 任务的通信开销之和是 $r+s$。需要注意的是，在典型的执行过程中，每个 Map 任务将在一个拥有相应文件块的计算节点执行，因此 Map 任务的执行不需要节点间的通信，但是 Map 任务必须要从磁盘读入数据。由于所有 Map 任务所做的只是将每个输入元组简单地转换成键值对，所以不论输入来自本地还是必须要传送到计算节点，它们的计算开销相对于通信开销都会很小。

Map 任务的输出规模与其输入规模大体相当。每个输出的键值对传给一个 Reduce 任务，该 Reduce 任务不太可能与刚才的 Map 任务在同一计算节点上运行。因此，Map 任务到 Reduce 任务的通信有可能通过集群的互联来实现，而不是从内存到磁盘的传输。该通信的开销为 $O(r+s)$，因此连接算法的通信开销是 $O(r+s)$。

Reduce 任务针对属性 B 的一个或多个值，执行 Reducer 过程（Reduce 函数应用于单个键及其关联值表）。每个 Reducer 将收到的输入分成来自 R 和来自 S 的元组。每个来自 R 的元组和每个来自 S 的元组产生一个输出。连接的输出规模可能比 $r+s$ 大也可能小，这取决于给定的 R 元组和 S 元组能够连接的可能性。举例来说，如果有很多不等的 B 字段值，那么可以想象结果的规模会较小；而如果不同的 B 字段值很少，输出的规模则可能会很大。

如果输出规模很大，从 Reducer 产生所有输出的计算开销就会比 $O(r+s)$ 大很多。通常遵循如下假设：如果连接的输出规模较大，可以通过某些聚合操作来减少输出的规模。而聚合运算往往在 Reduce 任务中执行并输出结果。必须要将该连接的结果发送给其他一系列执行该聚合操作的任务，因此通信开销至少与产生连接结果的计算开销成正比。

4.7　Spark 概述

4.7.1　Spark 的由来

2009 年，Netflix 举办了推荐算法比赛。大赛匿名发布了 Netflix 50 万用户对近 2 万部电影的 1 亿个评分数据，希望参赛者能开发出更好的推荐算法，以提高推荐系统的质量。这场比赛的奖金是 100 万美元。100 万美元看起来可能很多，但与更好的推荐算法给 Netflix 带来的好处相比，实际上是九牛一毛。

高额的奖金和 Netflix 提供的真实数据吸引了很多参赛者，包括加州大学伯克利分校的博士生 Lester Mackey。Lester 师从机器学习大师 Michael Jordan，在 AMP 实验室做博士研究。AMP 实验室和大多数学术实验室的区别在于，该实验室内有很多教授和他们的学生一起工作。这些研究人员来自不同的领域，包括机器学习、数据库、计算机网络、分布式系统等。当时，为了提高算法研究迭代的效率，需要使用多台机器进行分布式建模。

在尝试了当时业界最流行的 MapReduce 后，Lester 发现自己的时间并不是花在提高算法效率上，而是耗费在 MapReduce 的编程模型和低效的执行模式上。于是，他向实验室内部的另外一名进行分布式系统研究的学生 Matei Zaharia 求助。

当时年纪轻轻的 Matei 在业界已经小有名望。他在 Yahoo 和 Facebook 实习期间做了很多 Hadoop 早期的奠基工作，包括现今 Hadoop 系统内应用最广的 fair scheduler 调度算法。在和 Lester 的思维碰撞中，Matei 总结了 Hadoop MR 的不足，设计了第一个版本的 Spark。

这个版本完全为了 Lester 定制，只有几百行的代码，使得 Lester 可以高效率地进行分布式机器学习建模。

Lester 所在的 The Ensemble 团队最后设计出了在效率上和 BellKor's Pragmatic Chaos 并列第一的算法，可惜因为晚了 20 分钟提交，与 100 万美元奖金失之交臂。5 年之后，Lester 和 Matei 都变成了学术界杰出的人物。Lester 成为斯坦福大学计算机系的教授，带领着自己的学生攻克了一个又一个机器学习和统计的难题。Matei 成为麻省理工计算机系的教授，也是 Databricks 公司的 CTO。2009 年之后的 4 年内，AMP 实验室以 Spark 为基础展开了很多不同的学术研究项目，其中包括 Shark 和 GraphX，还有 Spark Streaming、MLlib 等。随着 Hadoop 的发展，Spark 也逐渐从一个纯学术研究项目发展到了开始有业界用户敢于吃螃蟹的大数据处理平台。2013 年，Matei 和 Spark 核心人员共同创立了 Databricks 公司，立志于提高 Spark 的发展速度。目前，Spark 已经变成了整个大数据生态圈和 Apache Software Foundation 内最活跃的项目，其活跃程度远远超出了 Hadoop。

在从 Hadoop 转向 Spark 的道路上，国内的速度甚至超越了国外。Spark 的每个新版本中都有不少华人贡献的代码，国内很多高科技和互联网公司也都有了 Spark 的生产作业，不少用户直接减少了在 MapReduce 上的投资，把新的项目转移到了 Spark 上。

4.7.2　为什么要使用 Spark

集群环境给编程带来了很多挑战。首先，它要求以并行化的方式重写应用，以便利用更广泛的节点的计算能力。其次是处理单点故障问题。集群环境下，节点宕机和单个节点计算缓慢的情况非常普遍，会极大地影响程序的性能。另外，在大多数情况下，集群由多个用户共享，导致计算资源的动态分配会干扰程序的执行。

因此，针对集群环境出现了大量的大数据编程框架。首先是 Google 的 MapReduce，它展示了一个简单、通用、自动容错的批处理计算模型。但是 MapReduce 不适合其他类型的计算，比如交互式和流式计算，这导致出现了大量不同于 MapReduce 的专有数据处理模型，如 Storm、Impala 和 GraphLab。随着新模型的出现，需要一系列不同的处理框架来处理不同类型的工作。然而，这些专有系统存在以下缺点。

（1）重复工作：很多专有系统都在解决同样的问题，比如分布式作业和容错，分布式 SQL 引擎或者机器学习系统需要实现的并行聚合。这些问题在各个专有系统中被反复解决。

（2）组合问题：计算不同系统之间的组合。对于一个特定的大数据应用，中间数据集非常大，它的移动成本也非常高。在当前环境中，需要将数据复制到稳定的存储系统（如 HDFS），以便在不同的计算引擎之间共享。然而，这种复制的成本可能高于实际计算，因此以流水线的形式组合多个系统的效率并不高。

（3）适用范围的局限性：如果一个应用不适合某个专有的计算系统，那么使用者只能换一个系统，或者重写一个新的计算系统。

（4）资源分配：在不同的计算引擎之间进行资源的动态共享比较困难，因为大多数的计算引擎都会假设它们在程序运行结束之前拥有相同的机器节点的资源。

（5）管理问题：对于多个专有系统，需要花费更多的精力和时间来管理和部署。尤其是对于终端使用者而言，他们需要学习多种 API 和系统模型。

针对 MapReduce 和上述各种专有系统的不足,伯克利大学推出了全新的统一大数据处理框架 Spark,并创新性地提出了 RDD(一种新的抽象弹性数据集)的概念。某种程度上,Spark 是 MapReduce 模型的扩展。要实现 MapReduce 不擅长的计算工作(比如迭代、交互、流式)似乎是一件非常困难的事情,主要因为 MapReduce 不能实现在并行计算的各个阶段有效地共享数据,而这种共享正是 RDD 的本质。有了这种有效的数据共享和类似 MapReduce 的操作接口,上述所有专有类型的计算都可以得到有效的表达,并可以获得与专有系统相同的性能。

特别值得一提的是,以前的集群处理容错方法,如 MapReduce 和 Dryad,都是将计算构建到具有有向无环图的任务集中。这只能让它们有效地重新计算一些 DAG。在单个计算之间(迭代计算步骤之间),这些模型除了复制文件之外,不提供其他存储抽象,这显著增加了在网络之间复制文件的成本,而 RDD 可以适应大多数当前的数据并行算法和编程模型。

4.7.3 Spark 的优势

说到大数据处理,相信很多人第一时间想到 MapReduce,因为 MapReduce 奠定了大数据处理技术的基础。近年来,随着 Spark 的发展,越来越多的声音提到 Spark。业内有两种论调:一是 Spark 将取代 MapReduce,成为未来大数据处理发展的方向;二是 Spark 会和 Hadoop 结合,形成更大的生态系统。其实 Spark 和 MapReduce 的关键应用是不一样的。Spark 是在 MapReduce 模型上发展起来的,在它的身上能明显看到 MapReduce 的影子。所有的 Spark 并非从头创新,而是站在了巨人"MapReduce"的肩膀上。相比 MapReduce 而言,Spark 的优势主要体现在以下几个方面。

1. 计算速度快

大数据处理追求的首要要素是速度。Spark 有多快?用官方的话来说,"Spark 允许 Hadoop 集群中的应用程序在内存中运行快 100 倍,甚至在磁盘上也能够快 10 倍"。在迭代计算领域,Spark 的计算速度远超 MapReduce,并且迭代次数越多,Spark 的优势越明显。这是因为 Spark 很好地利用了当前服务器内存越来越大的优势,通过减少磁盘 I/O 来实现性能提升,它们把所有的中间处理数据都放入内存中,只有在需要的时候才会批量存储到硬盘中。目前 IBM 服务器内存已经扩展到了几 TB!

2. 应用灵活,上手容易

AMP 实验室的 Lester 之所以放弃了 MapReduce,主要是因为他需要在 Map 和 Reduce 的编程模型上投入大量精力,极其不方便。而 Spark 除了简单的 Map 和 Reduce 操作外,还支持 SQL 查询、流式查询、复杂查询,比如开箱即用的机器学习算法。它自带 80 多个高等级操作符,允许在 Shell 中进行交互式查询。即使是新手,也能轻松上手应用。同时,用户可以在同一个工作流中无缝匹配这些能力,应用非常灵活。Spark 核心的代码是 63 个 Scala 文件,非常轻量级。它还允许 Java、Scala、Python 开发人员在自己熟悉的语言环境下工作,通过基于 Java、Scala、Python、SQL(用于交互查询)的标准 API 来方便各行各业使用。

3. 兼容竞争对手

Spark 可以独立运行，它不仅可以在当前的 YARN 集群管理中运行，还可以读取任何现有的 Hadoop 数据。它可以在任何 Hadoop 数据源上运行，如 HBase、HDFS 等。有了这个特性，对于想要从 Hadoop 应用程序迁移到 Spark 的用户来说，就方便多了。

4. 实时处理性能非凡

Spark 很好地支持实时流计算，并依赖 Spark Streaming 实时处理数据。Spark Streaming 具备强大的 API，允许用户快速开发流式应用程序。与其他流解决方案不同，Spark Streaming 可以在没有额外代码和配置的情况下完成大量恢复和交付工作。

4.7.4 Spark 的架构

通常当需要处理的数据量超过单机规模（比如电脑内存 4 GB，需要处理 100 GB 以上的数据）时，可以选择 Spark 集群进行计算。有时，需要处理的数据量并不大，但计算复杂，需要大量时间，这时候也可以选择利用 Spark 集群强大的计算资源进行并行计算。Spark 的架构如图 4.15 所示。

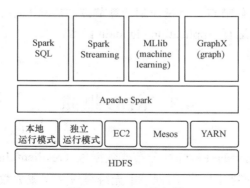

图 4.15 Spark 的架构

（1）Spark Core：包含 Spark 的基本功能，尤其是定义 RDD 的 API、操作及这两者上的动作。其他 Spark 的库都是构建在 RDD 和 Spark Core 之上的。

（2）Spark SQL：提供通过 Apache Hive 的 SQL 变体 Hive 查询语言（HiveQL）与 Spark 进行交互的 API。每个数据库表被当作一个 RDD，Spark SQL 查询被转换为 Spark 操作。

（3）Spark Streaming：对实时数据流进行处理和控制。Spark Streaming 允许程序能够像普通 RDD 一样处理实时数据。

（4）MLlib：一个常用机器学习算法库，算法被实现为对 RDD 的 Spark 操作。这个库包含可扩展的学习算法，比如分类、回归等需要对大量数据集进行迭代的操作。

（5）GraphX：控制图、并行图操作和计算的一组算法和工具的集合。GraphX 扩展了 RDD API，包含控制图、创建子图、访问路径上所有顶点的操作。

Spark 架构的组成如图 4.16 所示。

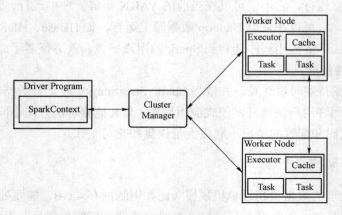

图 4.16　Spark 架构的组成

（1）Cluster Manager：在 standalone 模式中即为 Master 主节点，控制整个集群，监控 Worker。在 YARN 模式中为资源管理器。

（2）Worker Node：工作节点，负责控制计算节点，启动 Executor 或者 Driver。

（3）Driver Program：运行 Application 的 main 函数。

（4）Executor：执行器。

4.8　RDD 概述

Spark 的核心是基于统一的抽象弹性分布式数据集（resilient distributed datasets，RDD）之上的，这使 Spark 组件能够在同一应用程序中无缝集成并完成大数据处理。本节将介绍 RDD 的应用场景、RDD 的基本概念和 RDD 的基本操作。

1. RDD 的基本概念

RDD 是 Spark 提供的最重要的抽象概念。它是具有容错机制的特殊数据集合，可以分布在集群的节点上，以函数式操作集合的形式执行各种并行操作。

一般来说，RDD 可以理解为一个分布式对象集合，本质上是一个只读的分区记录集合。每个 RDD 可以分为多个分区，每个分区是一个数据集片段。RDD 的不同分区可以保存到集群中的不同节点，从而可以在集群中的不同节点上执行并行计算。

图 4.17 展示了 RDD 分区及分区与工作节点（Worker Node）的分布关系。

RDD 具有容错机制，并且只读不能修改，可以执行确定的转换操作创建新的 RDD。具体来讲，RDD 具有以下几个属性。

（1）只读：不能修改，只能通过转换操作生成新的 RDD。

（2）分布式：可以分布在多台机器上进行并行处理。

（3）弹性：当计算过程中内存不够时，它会和磁盘进行数据交换。

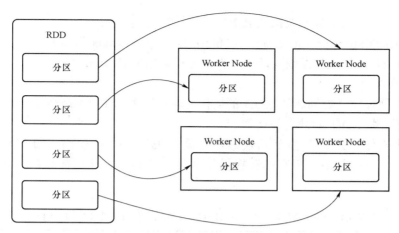

图 4.17　RDD 分区及分区与工作节点的分布关系

（4）基于内存：可以全部或部分缓存在内存中，在多次计算间重用。

RDD 本质上是一个更通用的迭代并行计算框架，用户可以显示控制计算的中间结果，然后自由地将其应用于后续计算。

在大数据的实际应用开发中，有很多迭代算法，如机器学习、图形算法、交互式数据挖掘工具等。这些应用场景的共同点是，中间结果会在不同的计算阶段之间重用，即一个阶段的输出结果会作为下一个阶段的输入。RDD 就是为满足这一需求而设计的。MapReduce 虽然具有自动容错、负载均衡、可扩展性等优点，但其最大的缺点是采用非循环数据流模型，使得迭代计算过程中会进行大量的磁盘 I/O 操作。

通过使用 RDD，用户不必担心底层数据的分布式特性，只需要将具体的应用逻辑表达为一系列的转换处理，就可以实现管道化，从而避免了中间结果的存储，大大降低了数据复制、磁盘 I/O 和数据序列化的开销。

2. RDD 的基本操作

RDD 的操作分为转换操作和行动操作。转换操作就是从一个 RDD 产生一个新的 RDD，而行动操作就是进行实际的计算。

RDD 的操作是惰性的。当 RDD 执行转换操作时，并不执行实际计算。只有当 RDD 执行行动操作时，才会提交计算任务并执行相应的计算操作。

1）构建操作

Spark 里的计算都是通过操作 RDD 完成的，学习 RDD 的第一个问题就是如何构建 RDD。构建 RDD 的方式从数据来源角度分为以下两类。

（1）从内存里直接读取数据。

（2）从文件系统里读取数据。文件系统的种类很多，常见的就是 HDFS 及本地文件系统。

第一类方式是从内存里构造 RDD，需要使用 makeRDD 方法，代码如下所示。

val rdd01 = sc.makeRDD（List（1，2，3，4，5，6））

这个语句创建了一个由 "1，2，3，4，5，6" 六个元素组成的 RDD。

第二类方式是通过文件系统构造 RDD，代码如下所示。

val rdd：RDD[String] == sc.textFile（"file：/D：/sparkdata.txt"，1）

这里使用的是本地文件系统，所以文件路径协议前缀是 file：/。

2）转换操作

RDD 的转换操作是返回新的 RDD 的操作。转换出来的 RDD 是惰性求值的，只有在行动操作中用到这些 RDD 时才会被计算。

许多转换操作都是针对各个元素的，也就是说，这些转换操作每次只会操作 RDD 中的一个元素，不过并不是所有的转换操作都是这样的。表 4.1 描述了常用的 RDD 转换操作。

表 4.1　RDD 转换操作（rdd1={1，2，3，3}，rdd2={3，4，5}）

函数名	作用	示例	结果
map	将函数应用于 RDD 的每个元素，返回值是新的 RDD	rdd1.map（x=>x+1）	{2，3，4，4}
flatMap	将函数应用于 RDD 的每个元素，将元素数据进行拆分，变成迭代器，返回值是新的 RDD	rdd1.flatMap（x=>x.to（3））	{1，2，3，2，3，3，3}
filter	函数会过滤掉不符合条件的元素，返回值是新的 RDD	rdd1.filter（x=>x！=1）	{2，3，3}
distinct	将 RDD 里的元素进行去重操作	rdd1.distinct（）	{1，2，3}
union	生成包含两个 RDD 所有元素的新的 RDD	rdd1.union（rdd2）	{1，2，3，3，3，4，5}
intersection	求出两个 RDD 的共同元素	rdd1.intersection（rdd2）	{3}
subtract	将原RDD里和参数RDD里相同的元素去掉	rdd1.subtract（rdd2）	{1，2}
cartesian	求两个 RDD 的笛卡儿积	rdd1.cartesian（rdd2）	{（1，3），（1，4）……（3，5）}

3）行动操作

行动操作用于执行计算并按指定的方式输出结果。行动操作接受 RDD，但是返回非 RDD，即输出一个值或者结果。在 RDD 执行过程中，真正的计算发生在行动操作。表 4.2 描述了常用的 RDD 行动操作。

表 4.2　RDD 行动操作（rdd={1，2，3，3}）

函数名	作用	示例	结果
collect	返回 RDD 的所有元素	rdd.collect()	{1，2，3，3}
count	返回 RDD 里元素的个数	rdd.count()	4
countByValue	返回各元素在 RDD 中的出现次数	rdd.countByValue()	{（1，1），（2，1），（3，2）}
take（num）	从 RDD 中返回 num 个元素	rdd.take（2）	{1，2}

函数名	作用	示例	结果
top（num）	从 RDD 中，按照默认（降序）或者指定的排序返回最前面的 num 个元素	rdd.top（2）	{3，3}
Reduce	并行整合所有 RDD 数据，如求和操作	rdd.reduce（（x，y）=>x+y）	9
fold（zero）（func）	和 Reduce 功能一样，但需要提供初始值	rdd.fold（0）（（x，y）=>x+y）	9
foreach（func）	对 RDD 的每个元素都使用特定函数	rdd1.foreach（x=>println（x））	打印每一个元素
saveAsTextFile（path）	将数据集的元素以文本的形式保存到文件系统中	rdd1.saveAsTextFile（file：/home/test）	
saveAsSequenceFile（path）	将数据集的元素以顺序文件格式保存到指定的目录下	saveAsSequenceFile（hdfs：/home/test）	

3. RDD 的应用场景

可以使用 RDD 实现很多现有的集群编程模型及一些以前的模型不支持的新应用。在这些模型中，RDD 能够取得和专有系统同样的性能，还能提供包括容错处理、滞后节点处理等这些专有系统缺乏的特性。下面介绍四类 RDD 的应用场景。

（1）迭代算法：这是目前专有系统实现的非常常见的应用场景。例如，迭代算法可以用于图形处理和机器学习。RDD 可以很好地实现这些模型，包括 Pregel、HaLoop 和 GraphLab 模型等。

（2）关系查询：MapReduce 一个非常重要的需求是运行 SQL 查询，包括长期运行、数小时的批处理作业和交互式查询。与并行数据库相比，MapReduce 由于其容错模型而导致速度较慢。使用 RDD 模型则可以实现许多常见的数据库引擎特性，从而获得非常好的性能。

（3）MapReduce 批处理：RDD 提供的接口是 MapReduce 的超集，因此 RDD 可以有效地运行利用 MapReduce 实现的应用程序。另外，RDD 还适合更加抽象的基于 DAG 的应用程序，比如 DryadLINQ。

（4）流式处理：目前的流式系统只提供有限的容错处理，耗费非常大的复制成本或者非常长的容错时间。特别是在目前的系统中，基本上是基于连续计算模型，常驻的有状态操作会处理每一条到达的记录。为了恢复故障节点，它们需要为每个操作复制两份操作，或者用昂贵的操作重放上游数据。利用 RDD 实现一种新的模型——离散数据流（D-Stream）可以克服这些问题。D-Stream 将流计算视为一系列短而明确的批处理操作，而不是驻留的有状态操作，并将两个离散流之间的状态保存在 RDD。离散流模型可以通过 RDD 的继承关系图进行并行性恢复而无须复制数据。

第 5 章 NoSQL 数据库、分布式数据库 HBase、云数据库

前面讲解了大数据处理工具的概念和架构模式，以及 MapReduce、Spark 等概念。对于大数据来说，还有一个重要的部分就是数据的存储，即如此庞大的数据是如何存放在分布式集群中的。本章将介绍一些数据库的基本概念、云数据库的起源、应用与发展。

5.1 数 据 库

数据库是根据数据结构来组织、存储和管理数据的仓库。它是以某种方式存储在一起，可以与多个用户共享，冗余尽可能少，独立于应用程序的数据集合。它可以看作是一个电子文件柜——存放电子文件的空间，用户可以添加、查询、更新和删除文件中的数据。

数据库是根据数据结构存储和管理数据的计算机软件系统。数据库的存储空间非常大，可以存储几百万、几千万、几亿条数据。但它不是随机存储数据，而是根据一定的规则来存储，否则查询效率会很低。当今世界作为一个充满数据的互联网世界，数据来源很多，比如旅行记录、消费记录、浏览过的网页、发送过的消息等。除了文字数据，图像、音乐、声音等都是数据。数据库的概念实际上包括以下两层含义。

（1）数据库可以理解为一个实体，是一个能够合理保存数据的"仓库"。用户将待管理的交易数据存储在这个"仓库"中，"数据"和"库"两个概念组合成一个数据库。

（2）数据库是一种新的数据管理方法和技术，它可以更恰当地组织数据，更方便地维护数据，更严密地控制数据，更有效地使用数据。

数据库经历了层次数据库、网格数据库和关系数据库各个阶段，数据库技术在各个方面都得到了快速发展，目前关系数据库已经成为数据库产品中最重要的成员。由于传统的关系数据库可以更好地解决关系数据的管理和存储问题，20 世纪 80 年代以来，几乎所有数据库厂商的新数据库产品都支持关系数据库，甚至一些非关系数据库产品大部分也都有支持关系数据库的接口。

由于云计算的发展和大数据时代的到来，越来越多的半关系和非关系数据需要由数据库存储和管理，关系数据库越来越不能满足需求。另外，分布式技术等新技术的出现，对数据库技术提出了新的需求，于是有越来越多的非关系数据库开始出现。这种数据库在设计和数据结构上与传统的关系数据库有很大的不同，它们强调数据库数据的高并发读写和大数据的存储。这种数据库一般称为 NoSQL 数据库。

即使这样，传统的关系数据库依然还在一些传统领域保持着强大的生命力。

关系型数据库的存储格式可以比较直观地反映实体之间的关系，它类似于常见的表格。关系型数据库中的表之间有很多复杂的关系。常见的关系型数据库有 MySQL、SQLServer 等。在轻小型应用程序中，使用不同的关系型数据库对系统的性能几乎没有影响。然而，在构建大型应用程序时，有必要根据应用程序的业务和性能要求来选择合适的关系型数据库。

关系型数据库更适合处理结构化数据，比如学生的成绩、地址等。一般来说，这样的数据需要使用结构化查询，比如 JOIN。在这种情况下，关系型数据库将比 NoSQL 数据库具有更好的性能和更高的准确性。因为结构化数据的规模不是太大，而且数据规模的增长通常是可以预测的，所以结构化数据最好使用关系型数据库。关系型数据库非常注重数据操作的事务性和一致性，因此能够满足这方面的要求。

关系型数据库作为一种广泛使用的通用数据库，具有以下突出优点。

（1）数据的一致性（事务处理）。

（2）由于标准化的前提，数据更新的成本很小（基本只有一个相同的字段）。

（3）可以执行复杂的查询，如 JOIN。

（4）有很多实际成果和专业技术资料（成熟技术）。

其中，数据的一致性是关系型数据库最大的优势，尤其是当需要严格保证数据一致性和处理完整性时。但是在某些情况下，并不需要 JOIN，也没有对上述关系型数据库的优点的需求，此时就没有必要选择关系型数据库。

关系数据库虽具有较高的性能，但它也只是一个通用型数据库。具体来说，它不擅长处理以下几种情况。

（1）大量数据的写处理。

（2）对具有数据更新的表进行索引或表架构更改。

（3）带有非固定字段的应用程序。

（4）对简单的查询需要能快速返回结果。

5.2　非关系型数据库（NoSQL）

5.2.1　概述

NoSQL 只是一个概念，一般指非关系型数据库。伴随着互联网 Web 2.0 的兴起，传统的关系型数据库已经无法处理 Web 2.0 网站，尤其是对于超大型、高并发的 SNS 型的纯动态 Web 2.0 网站，目前出现了许多无法克服的问题。此时，非关系型数据库由于其自身的特点发展迅速。NoSQL 数据库就是为了解决大规模数据采集中多种数据类型带来的问题，尤其是大数据应用问题而产生的。

近年来，随着技术的发展，为了达到简化数据库结构、降低冗余及影响性能的表连接、放弃复杂分布式的目的，设计了大量的 NoSQL 数据库，如 MongoDB、Redis、Memcache。

NoSQL 最为常见的解释是"non-relational"，很多人也接受"Not Only SQL"的解释。与关系型数据库不同，NoSQL 不能保证关系数据的 ACID 特性。NoSQL 作为一场全新的数据库革命运动，其倡导者提倡使用非关系型数据进行存储，与关系型数据库铺天盖地的应用相比，这个概念无疑是一种新的思维注入。

NoSQL 数据库技术与 CAP 理论和一致性哈希算法密切相关。CAP 理论，简单来说是指一个分布式系统不能同时满足可用性、一致性、分区容错性这三个要求，一次满足其中两个要求就是系统的上限。一致性哈希算法是在 NoSQL 数据库的应用过程中，为了满足工作需要而产生的一种数据算法。这种算法可以有效地解决工作中的许多问题，但其完成工作的质量会随着节点的变化而波动。当节点较多时，相关的工作结果就不会那么准确。这个问题会影响整个系统的工作效率，使得整个数据库系统的数据乱码和错误率大大增加，甚至会导致数据节点的内容迁移，产生错误的代码信息。NoSQL 数据库技术则具有明显的优势，比如其数据库结构相对简单，在大数据量下读写性能好，可以满足随时存储自定义数据格式的要求，这些优势使其非常适合大数据处理。

NoSQL 数据库适用于追求速度、可扩展性和多变业务的应用场景，对非结构化数据比如文章、评论等的处理也非常适合。此类数据的全文搜索、机器学习等操作通常只用于模糊处理，不需要像结构化数据那样进行精确查询。而且这类数据的数据规模往往是巨量的，数据规模的增长往往不可预测。而 NoSQL 数据库的扩展能力几乎是无限的，因此可以较好地满足这类数据的存储。NoSQL 数据库使用 key/value 来获取大量的非结构化数据，数据获取效率很高，但是其查询结构化数据的效果相对较差。

5.2.2　NoSQL 数据库与关系数据库的区别

在存储方式、存储结构、存储标准、扩展方式、查询模式、规范化、事务性、读写性能、授权方式等方面上，关系数据库和 NoSQL 数据库有着很大的差异。

在存储方式上，传统的关系数据库采用表格存储方式，以行和列的形式存储数据，这使得读取和查询非常方便。NoSQL 数据库并不适合这种存储方式。通常情况下，大量数据以数据集的形式存储在一起，类似于键值对、图形结构或文档。

就存储结构而言，关系数据库以结构化的方式来存储数据。每个数据表都必须定义好每个字段（先定义表的结构），然后根据表的结构存储数据。这种做法的好处是整个数据表的可靠性和稳定性相对较高，因为数据的形式和内容在数据存储之前就已经定义好了。但数据一旦存储，就很难修改数据表的结构。相反，由于 NoSQL 数据库面临着大量的非结构化数据存储，它采用了动态结构，非常适应对数据类型和结构的改变，可以根据数据存储的需要来对数据库的结构进行改变。

在存储标准方面，为了避免重复，规范数据，充分利用存储空间，关系数据库以最小关系表的形式存储数据，使数据管理变得一目了然。当然，这主要是针对一张数据表的情况。如果有多个表，那么情况就会不一样了。因为如果数据涉及多个数据表，数据表之间就存在复杂的关系。伴随着数据表数量的增加，数据管理就变得越来越复杂。相反，NoSQL 数据库的数据存储以平面数据集的形式集中存储，虽然存在数据重复存储导致存储空间浪费的问题，但是从目前计算机硬件的发展情况来看，存储空间的浪费可以忽略不计。这种形式下基本上单个数据库都是单独存储的，很少分割存放，所以数据往往可以作为一个整体，这极大地方便了数据的读写。

在扩展方式方面，随着当前社会和科学的快速发展，数据库存储的需求日益增长，这就要求数据库能够具有强大的扩展性能，并支持更多的数据并发量。NoSQL 数据库和关系数据库最大的区别就体现在扩展方式上。因为关系数据库是将数据存储在数据表中，所以数据操作的瓶颈出现在多个数据表的操作中，数据表越多，这个问题就越严重。要想缓解这个问题，只能不断提高处理能力，也就是选择速度和性能更强大的电脑。虽然这种方法可以在一定程度上扩展空间，但非常有限，也就是说关系数据库只有垂直扩展的能力。相反，由于 NoSQL 数据库采用的是数据集存储模式，其存储模式是分布式的，可以横向开发数据库，也就是说可以在资源池中增加更多的数据库服务器，然后这些增加的服务器可以用来承担增加数据量的开销。

在查询模式方面，关系数据库使用结构化查询语言（SQL）来查询数据库。SQL 早已得到了各种数据库厂商的支持，目前是数据库行业的标准。它可以支持数据库的 CRUD（添加、查询、更新、删除）操作，功能非常强大。SQL 可以使用类似索引方法来加快查询操作。NoSQL 数据库采用非结构化查询语言（UnQL），通过数据集（如文档）管理和操作数据。因为它没有统一的标准，所以每个数据库制造商提供的产品标准是不同的。在 NoSQL 中，文档 ID 的概念类似于关系型表中的主键，而且 NoSQL 数据库采用的数据访问模式比 SQL 更简单、更准确。

在规范化方面，数据库设计和开发过程中，开发人员通常需要同时操作一个或多个数据实体（包括数组、列表和嵌套数据）。在关系数据库中，一般先将一个数据实体划分成若干部分，然后将划分出来的部分进行规范化，规范化后分别存储在几个关系型数据表中，这是一个较为复杂的过程。而随着软件技术的发展，越来越多的软件开发平台会提供一些容易的解决方案。比如，ORM 层（对象关系映射）用来将数据库中的对象模型映射到基于 SQL 的关系数据库，并在不同类型的系统之间转换数据。而 NoSQL 数据库就不存在这样的问题。它不需要对数据进行规范化，因为它通常将一个复杂的网络实体直接存储在一个单独的存储单元。

从事务性方面来说，关系数据库强调 ACID 规则［原子性（atomicity）、一致性（consistency）、隔离性（isolation）、持久性（durability）］，能够满足高事务性需求或对复杂数据查询的数据操作，还能够完全满足数据库操作的高性能和操作稳定性要求。除此之外，关系数据库强调数据的强一致性，对事务操作有很好的支持。关系数据库可以控制事务的原子性细粒度，一旦操作出错或有必要，事务可以立即进行回滚。与之不同的是，NoSQL 数据库强调 BASE 原则［基本可用（basically available）、软状态（soft-state）和最终一致性（eventually consistent）］，减少了对数据强一致性的支持，从而获得基本一致性和灵活可靠性，并利用上述特点实现高性能和高可靠性，实现数据的最终一致性。虽然 NoSQL 数据库也可以用于事务操作，但由于它是基于节点的分布式数据库，不能很好地支持对事务的操作，很难满足其所有要求，所以 NoSQL 数据库的性能和优势更多地体现在大数据的处理和数据库的扩展上。

在读写性能方面，关系数据库强调数据的一致性，为了降低读写性能而付出了巨大的代价。虽然关系数据库中存储和处理数据的可靠性很好，但是在处理海量数据时，效率会变得很差，尤其是遇到高并发读写的时候，其性能就会下降得很厉害。与关系数据库相比，NoSQL数据库在处理大数据方面具有相对较大的优势，因为NoSQL数据库是按key/value类型和以数据集的方式来存储的，所以很容易扩展和读写。而且NoSQL数据库不需要像复杂的关系数据库那种烦琐的解析，因此NoSQL数据库在大数据管理、检索、读写、分析和可视化方面有着关系数据库无法比拟的优势。

在授权方式上，关系数据库比较常见的有Oracle、SQLServer、DB2、MySQL等。除MySQL之外，大多数关系数据库的使用都需要付出较高的成本。即使是免费的MySQL，其性能也是有限的。至于NoSQL数据库，主流产品有Redis、HBase、MongoDB、Memcached等，通常采用开源方式，不需要支付高成本。

5.2.3　NoSQL数据库与关系数据库的关系

关系数据库和NoSQL数据库与其说是对立关系（替代关系），不如说是互补关系。与目前广泛使用的关系数据库相对应，在某些情况下使用特定的NoSQL数据库会使处理更简单。

这并不是说只使用关系数据库或只使用NoSQL数据库，而是在平常情况下使用关系数据库，在适合使用NoSQL的时候再使用NoSQL数据库，通过使用NoSQL数据库来弥补关系数据库的不足。使用NoSQL数据库时的思维方法有以下几点。

（1）量才适用。如果使用不当，可能会出现使用NoSQL数据库比使用关系数据库更糟糕的情况。NoSQL数据库只是优化了一些关系数据库不擅长的特定处理，所以做到量才适用非常重要。例如，如果你想得到更高的处理速度和更合适的数据存储，那么NoSQL数据库是最好的选择。但是千万不要在关系数据库擅长的领域去使用NoSQL数据库。

（2）丰富了数据存储方式。之前说到数据存储，只能用关系数据库，没有别的选择。现在NoSQL数据库给我们提供了一种全新的选择（当然要根据各自的优缺点区别使用）。此外，NoSQL数据库有很多种，每一种都有自己的优点。

（3）对它的依赖程度。NoSQL数据库是一项新技术，若用户实际操作经验不多，还可能会遇到新的程序错误。其中Memcached已经相对成熟，其丰富的例子和技术信息基本能让用户不必担心会遇到上述问题。然而，在应用其他NoSQL数据库时遇到问题的可能性仍然存在，特别是在实际应用中可供参考的经验和资料太少。虽然NoSQL数据库可以带来很多便利，但在应用时需要考虑这些风险。

5.3　NoSQL数据库的体系框架

NoSQL数据库的体系框架自下而上分为数据持久层、数据分布模型层、数据逻辑模型层和接口层四层。

1. 数据持久层

数据持久层定义了数据的存储形式，主要包括基于内存、基于硬盘、内存与硬盘结合、定制可插拔四种形式。基于内存的数据访问是最快的，但它可能会导致数据丢失。基于硬盘的数据存储可能会持续很长时间，但其访问速度比基于内存的慢。内存与硬盘结合兼顾了前两种形式的优点，既保证了速度，又保证了数据不丢失。定制可插拔确保数据访问的高度灵活性。

2. 数据分布模型层

数据分布模型层定义了数据的分布方式。与关系数据库相比，NoSQL 数据库有很多可选机制，主要有三种形式：第一种是 CAP 支持，可用于横向扩展；第二种是多数据中心支持，可以确保跨多数据中心的平稳运行；第三种是动态部署支持，可以在运行的集群中动态添加或删除节点。

3. 数据逻辑模型层

数据逻辑模型层表达了数据的逻辑实现形式。与关系数据库相比，NoSQL 数据库在逻辑表达形式上相当灵活，主要有四种形式：一是键值模型，表达形式相对简单，但扩展性强；二是列式模型，相对于键值模型，它可以支持更复杂的数据，但是可扩展性相对较差；三是文档模型，在支持和扩展复杂数据方面有很大优势；四是图模型，使用场景少，通常基于图数据结构的数据进行定制。

4. 接口层

接口层为上层应用程序提供了较为方便的数据调用接口，并且提供了比关系数据库多得多的选择。该层提供了 Rest、Thrift、Map/Reduce、Get/Put、特定语言 API 这五种选择，使得应用与数据库的交互更加方便。

NoSQL 数据库的分层体系结构并不意味着每种产品在每一层都只有一个选择，相反，这种分层设计提供了很大的灵活性和兼容性，每个数据库可以支持不同层次的多个功能。

5.4　NoSQL 数据库的分类

1. 四种 NoSQL 数据库

1）键值（key/value）存储数据库

这是最常见的 NoSQL 数据库，这种数据库主要使用一个带有特定键和指向特定数据的指针的哈希表。其数据以 key/value 的形式存储。key/value 模型对于 IT 系统的优势在于其简单性和易于部署。虽然它的处理速度很快，但基本上只能通过 key 的完全一致性来查询获取数据。如果数据库管理员只查询或更新数据库（如 Tokyo Cabinet/ Tyrant、Redis、Voldemort、Oracle BDB）的一些值，key/value 模型的效率就很低。

根据保存数据的方式，键值存储数据库可以分为临时、永久和两者兼具三种。

（1）临时性键值存储数据库。Memcached 属于这种类型。临时意味着数据可能会丢失。Memcached 将所有数据保存在内存中，因此数据的保存和读取速度非常快，但是当 Memcached 停止时，数据就不存在了。由于数据存储在内存中，因此无法操作超出内存容量的数据（旧数据将会丢失）。

（2）永久性键值存储数据库。Tokyo Tyrant、Flare、ROMA 等属于这种类型。与临时性相反，永久性意味着数据不会丢失。这里的 key/value 存储不像 Memcached 那样将数据存储在内存中，而是将数据存储在硬盘上。相比 Memcached 在内存中处理数据，由于硬盘上不可避免的 I/O 操作，所以它在性能上与临时性键值存储数据库相比还是有差距的，但它最大的优点是不会丢失数据。

（3）两者兼具。Redis 属于这种类型。它结合了临时性和永久性的优点。Redis 首先将数据保存在内存中，在满足一定条件时将数据写入硬盘。这样既保证了内存中数据的处理速度，又通过写入硬盘保证了数据的持久性。这种类型的数据库特别适合处理数组类型的数据。

2）列存储数据库

这种数据库通常用于处理以分布式方式存储的海量数据，如：Cassandra、HBase、Riak。键仍然存在，但它们的特点是指向多个列。这些列是由列家族来安排的。

普通关系数据库以行为单位存储数据，擅长进行以行为单位的读入处理，比如获取特定条件的数据。因此，关系数据库也被称为面向行的数据库。相反，面向列的数据库将数据存储在列中，并且善于读取列中的数据，其与面向行的数据库的对比见表 5.1。

表 5.1　两种数据库的对比

数据类型	数据存储方式	优势
面向行的数据库	以行为单位	对少量行进行读取和更新
面向列的数据库	以列为单位	对大量行少数列进行读取，对所有行的特定列进行同时更新

面向列的数据库具有很高的可扩展性，即使数据增加，也不会降低相应的处理速度（尤其是写入速度），所以主要用于处理大量数据的情况。此外，利用面向列的数据库的优势，将其作为批处理程序的存储器来更新大量数据是非常有用的。然而，面向列的数据库与当前的数据库存储思维模式有很大的不同，因此很难应用。

3）文档型数据库

文档型数据库的灵感来源于 Lotus Notes 办公软件，类似于键值存储数据库。这种类型的数据模型是一个版本化的文档，半结构化文档以特定的格式存储，比如 JSON。文档型数据库可以看作是键值数据库的升级版，允许嵌套键值。在处理网页等复杂数据时，文档型数据库比传统的键值数据库具有更高的查询效率，如 CouchDB，MongoDB。国内还有文档型数据库 SequoiaDB，目前已经开源。

面向文档的数据库具有以下特点：即使没有定义表结构，也可以像其一样使用。改变关系数据库中的表结构需要花费大量的时间，为了保持一致性还需要修改程序，但是 NoSQL 数据库可以省去这些麻烦（通常程序都是正确的），非常方便快捷。

与 key/value 存储不同，面向文档的数据库可以通过复杂的查询条件来获取数据。虽然不具备 JOIN 等关系数据库的处理能力，但其他处理功能基本上都可以实现。这是一个非常容易使用的 NoSQL 数据库。

4）图形数据库

与其他行列结构和刚性结构的 SQL 数据库不同，图形结构的数据库使用灵活的图形模型，可以扩展到多台服务器，NoSQL 数据库没有标准的查询语言（SQL），因此需要建立数据库查询的数据模型。许多 NoSQL 数据库如（Neo4J、InfoGrid、Infinite Graph）都有 REST 式的数据接口或查询接口 API。

2．常用 NoSQL 数据库介绍

1）Memcached

Memcached 是由 Danga Interactive 公司开发的开源软件，属于临时性键值存储的 NoSQL 数据库。

大多数的 Web 应用程序通过关系数据库来保存数据，并从中读取必要的数据，然后在客户端浏览器上显示这些数据。当数据量较少时，应用程序能够快速读取结果并显示。但是，当数据量快速增加，或者需要返回比较复杂的数据结果时，响应时间就会变长，用户此时也只能够被迫等待结果的返回，这样会极大降低用户体验。

如何才能获得高速响应呢？对于简单处理，如果索引使用合理，利用关系数据库也可以获得高速响应。但是，如果要计算多个表的数据，假如使用关系数据库，需要从每个表中取出数据，然后进行最终的组合处理，或者每次都使用 JOIN 处理。虽然可以通过事前用批制作数据来解决这个问题，但是会增加需要管理的表的数量，耗费更多的精力。另外，准备数据本身需要关系数据库花费几十秒到几分钟来计算，所以实时计算会较慢。而 Memcached 可以将从关系数据库中读取的数据保存到缓存中，即使它需要处理大量数据或者访问非常集中，也可以非常快速地返回响应数据。Memcached 存储的数据可能会丢失，但是可以立即再次读取数据。因此，即使由于 Memcached 停止而丢失数据，也不会出现问题。

Memcached 是通过散列表（关联数组）来存储各种格式数据的键值存储，所有数据都被保存在内存中。Memcached 利用简单的文本协议来进行传递数据，数据操作也只是类似于保存与键值相对应的值这样的简单处理。因此，用户可以通过 telnet 连接 Memcached 来实现数据的保存和读取。然而，因为它利用的是文本协议，不能对构造函数类型的数据进行操作，而只能对字符串类型的值进行操作。

当使用为各种语言准备的程序库来使用 Memcached 时，值不仅仅是字符串和数值，数组和散列表这样的构造体也可以进行保存和读取处理。然而，如上所述，由于 Memcached 使用文本协议来用于通信，要想完成这样的处理，它们必须被转换成序列化的字节数组。通常这些过程都是在程序库内部进行的，所以也不需要特别注意。在保存数据的时候需要进行序列化处理，读取数据的时候需要反序列化处理。因为序列化依赖于开发语言，所以一种开发语言环境中的序列化结果不能用于其他开发语言。如果想这样做，就需要使用 JSON 这样没有语义依赖的格式化方法来进行明确的序列化和反序列化处理。Memcached 读写示意如图 5.1 所示。

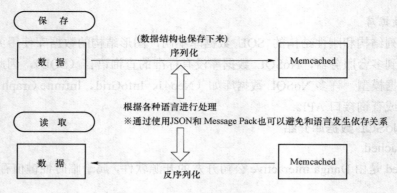

图 5.1　Memcached 读写示意

　　Memcached 最大的优势就是它极快的处理速度。因为所有的数据都存储在内存中，没有发生磁盘的 I/O 处理，所以它可以实现比关系数据库高得多的速度（因为内存中数据的访问速度是硬盘的 10 万～100 万倍）。

　　Memcached 另一个容易被忽视的优点是它的简单易用性。因为它通过键值这种散列表形式来操作数据，任何使用过散列表的人都可以很容易地使用它。由于 Memcached 停止时所有数据都会丢失，所以无论遇到何种意外情况，都可以通过重启 Memcached 恢复到原来的状态。

　　现在很多的 Web 服务器都在应用 Memcached，致使该技术日趋成熟，而且有很多成功经验被公开，用户在心理和技术上遇到的困难越来越小。

　　随着数据量的增加，当 Memcached 内存不能存储所有数据时，可能需要多个服务器。事实上，通过多个服务器运行 Memcached 非常简单，可使用一致性散列算法来分散数据。该算法已被应用于 Memcached 的客户端程序库。

　　Memcached 的主要缺点是临时数据的问题（数据可能会丢失）。由于 Memcached 将所有数据存储在内存中，当它由于故障等原因停止时，所有数据都会丢失。正因为如此，用它来处理重要数据是非常危险的。最好的处理方法是将原始数据保存在其他地方，而只使用 Memcached 来处理原始数据的复制或者从原始数据计算出的结果。

　　此外，它还有一个限制，即只能通过键来读取数据，而不能支持 LIKE 那样的模糊查询。

　　2）Tokyo Tyrant

　　Tokyo Tyrant 属于 NoSQL 分类中的永久性键值存储数据库。Tokyo Tyrant 和 Memcached 一样，通过键值这样的散列表结构保存数据。但是，在数据存储方面，Memcached 是把数据保存在内存中，而 Tokyo Tyrant 则是将数据保存在磁盘上。

　　另外，Tokyo Tyrant 引入了数据库类型的概念。可以根据选择的数据库类型，在缓存数据库、散列数据库、B-tree 数据库和表格数据库等数据保存方式间进行切换。数据库类型见表 5.2。

表 5.2　数据库类型

数据类型	数据的保存方式	特征
缓存数据库	以键值的形式把数据保存在内存中	和 Memcached 相同
散列数据库	以键值的形式把数据保存在硬盘上	擅长随机存取

数据类型	数据的保存方式	特征
B-tree 数据库	一个键对应多个值的保存和读取，数据保存在硬盘上	擅长范围查询和连续访问
表格数据库	像关系数据库那样通过多个字段把数据保存在硬盘上	可以进行复杂条件的查询

由于数据存储在硬盘上，Tokyo Tyrant 的最大优点就是在它停止的时候数据也不会丢失。它的另一个优势是保存和读取数据的时候与磁盘的 I/O 处理无关，可以实现对数据的高速访问。它可以获得比关系数据库快得多的处理速度，用户在获得高速反应响应的同时，不必担心数据丢失。

关于数据读取模式，Memcached 只能通过与键完全一致的条件进行查询，而 Tokyo Tyrant 则有不同的数据库类型，可以在范围内查询（B-tree 数据库），或者像关系数据库那样进行复杂条件的查询（表格数据库）。此外，同一个产品根据不同的用途在数据库类型之间切换非常方便。

3）Redis

它既是临时的又是永久的，所以它是 NoSQL 数据库中介于 Memcached 和 Tokyo Tyrant 之间的键值存储数据库。事实上，如果想处理字符串数据和标准的散列数据，Memcached 和 Tokyo Tyrant 这样的键值存储数据库就足够了。但是根据不同的用途，也不乏对快速处理数值和数组类型数据的要求。

Redis 是一种键值存储数据库，但它优化了链表、集合等数组类型的数据，可以高速插入和读取数组类型的数据。此外，Redis 包含很多可以把这些处理原子化的命令，因此可以轻松保证数据的一致性。

由于 Redis 通常将数据存储在内存中，因此它的处理速度非常快。虽然已经有一个在内存中保存数据的数据库 Memcached，但是它们的用途却大不相同。Memcached 主要作为关系数据库的缓存，与关系数据结合使用，对简单的操作进行优化处理。相比之下，Redis 本身就是设计成数据存储的，它有很多操作指令，很多都支持原子操作。

Redis 可以处理字符串、链表、有序集合、散列表等各种类型的数据，但需要注意的是所有数据都会被当作字符串处理（数值的保存也是一样）。

因为数据通常存储在内存中，所以处理速度很快。Redis 会定期对数据进行快照处理，除了一些当前的更新，数据都不会丢失。虽然数据快照会增加负载（所有数据都需要 I/O 处理），但是数据快照的 I/O 处理通常是连续的，所以效率很高。

5.5　分布式数据库 HBase

关系数据库作为一种数据存储和检索的关键技术，支持 SQL 语言的结构化查询，但它本质上不是为大规模数据设计的，面对海量数据很难实现横向扩展。

随着传统数据库技术的成熟、计算机网络技术的快速发展和应用范围的扩大，分布式数据库的研究和开发引起了人们的关注。分布式数据库是数据库技术和网络技术相结合的产物，在数据库领域形成了一个分支。分布式数据库的研究始于 20 世纪 70 年代中期。1979 年，美国计算机公司（CCA）在 DEC 计算机上实现了世界上第一个分布式数据库 SDD-1。自 20 世纪 90 年代以来，分布式数据库进入了商业应用阶段。传统的关系数据库产品已经发展成为以计算机网络和多任务操作系统为核心的分布式数据库产品，分布式数据库也逐渐发展向客户机/服务器模式发展。

分布式数据库是多个互联的数据库，通常位于多个服务器上，但可以相互通信以实现共同的目标，它由分布式数据库管理系统（DDBMS）来管理。分布式数据库为数据库管理领域提供了分布式计算的优势。

1. 分布式数据库的定义

分布式数据库的一个粗略定义是"分布式数据库由一组数据组成，这些数据在物理上分布在计算机网络的不同节点（也称为站点），在逻辑上属于同一个系统"，这里强调两点。

（1）分布性：数据库中的数据不存储在同一个地方，或者说，不存储在同一台计算机的存储设备上，这可以与集中式数据库区分开来。

（2）逻辑整体性：这些数据在逻辑上是相互关联的，是一个整体（逻辑上像一个集中式数据库）。

准确地讲，分布式数据库是由一组数据组成的，这组数据分布在计算机网络中的不同计算机上。网络中的每个节点具有独立处理的能力（称为站点自治），可以执行本地应用。同时，每个节点也能通过网络通信子系统执行全局应用。与粗略定义相比，该定义更注重站点自治及自治站点之间的协作。

2. 分布式数据库的特点

分布式数据库是在集中式数据库的概念和技术的基础上发展起来的。在数据独立性、数据共享和冗余减少、并发控制、完整性、安全性和可恢复性等方面，它有自己的特点。

1）数据独立性

在集中式数据库中，数据独立性包括两个方面：数据逻辑独立性和数据物理独立性。这意味着用户程序与数据的全局逻辑结构和数据的存储结构无关。在分布式数据库中，除了数据的逻辑独立性和物理独立性之外，还有数据分布独立性，也称为分布透明性。分布透明意味着用户不必关心数据的逻辑碎片、数据物理位置分布的细节、重复副本（冗余数据问题）一致性问题及数据库在本地站点支持哪种数据模型。

2）集中与自治相结合的控制结构

数据库是多个用户共享的资源，在集中式数据库中，为了保证数据库的安全性和完整性，对共享数据库的控制是集中的，并有 DBA 负责监督和维护系统的正常运行。

在分布式数据库中，数据的共享有以下两个层次。

（1）局部共享。即在局部数据库中存储局部场地各用户的共享数据，这些数据是本场地用户常用的。

（2）全局共享。即在分布式数据库的各个场地也存储其他场地的用户共享的数据，支持系统的全局应用。

因此，相应的控制机构也具有两个层次：集中和自治。

3）适当增加数据冗余度

在集中式数据库中，尽量减少冗余度是系统目标之一。其原因是，冗余数据不仅浪费空间，而且容易造成各数据副本之间的不一致。为了保证数据的一致性，系统要付出一定的维护代价，减少冗余度的目标是通过数据共享来达到的。而在分布式数据库中却希望存储必要的冗余数据，在不同的场地存储同一数据的多个副本，其原因有以下两个方面。

（1）提高系统的可靠性、可用性：当某一场地出现故障时，系统可以对另一场地上的相同副本进行操作，不会因为一处故障而造成整个系统的瘫痪。

（2）提高系统性能：系统可以选择用户最近的数据副本进行操作，减少通信代价，改善整个系统的性能。冗余副本之间数据不一致的问题是分布式数据库必须着力解决的问题。

4）全局一致性、可串行性和可恢复性

分布式数据库中各局部数据库应满足集中式数据库的一致性、并发事务的可串行性和可恢复性，除此以外，还应保证数据库的全局一致性、全局并发事务的可串行性和系统的全局可恢复性。

3. 分布式数据库 HBase 概述

我们熟知的关系数据库有很强的约束，要求事务必须满足 ACID 四大特性，即原子性、一致性、隔离性、持久性。扩展到分布式的相应理论上，由于分布式的特点，容易发生单点故障和部分失败等问题，很难严格满足这四个特性。CAP 理论也告诉我们，一个分布式系统不能同时满足一致性、可用性、分区容错性，最多只能满足其中两个。因此，在分布式存储中，我们的目标从严格的 ACID 变为相应的 BASE，即基本可用、软状态和最终一致性。

HBase 的前身是 BigTable。BigTable 是 Google 的分布式存储系统，它使用 Google 提出的 MapReduce 分布式并行计算模型处理海量数据，使用 Google 分布式文件系统 GFS 作为底层数据存储，使用 Chubby 提供协同服务管理。它可以扩展到 PB 级别的数据和数千台机器，具有广泛的适用性、可扩展性、高性能和高可用性等特点。

很多 Google 项目都存储在 BigTable 中，包括搜索、地图、金融、打印、社交网站 Orkut、视频分享网站 YouTube、博客网站 Blogger 等。

2007 年，随着 Hadoop 0.15.0 的发布，第一个 HBase 版本诞生了。2010 年，HBase 项目从 Hadoop 子项目升级到 Apache 的顶层项目。到目前为止，它已经成为一项成熟的技术，广泛应用于各个行业。表 5.3 是 BigTable 和 HBase 的对比。

表 5.3　BigTable 和 HBase 的对比

项目	BigTable	HBase
文件存储系统	GFS	HDFS
海量数据处理	MapReduce	MapReduce
协同服务管理	Chubby	ZooKeeper

HBase 是基于 HDFS 开发的面向列（面向列族）的分布式数据库，主要用于超大规模的数据集存储，从而实现对超大规模数据的实时随机访问。

HBase 自底向上进行构建，解决了原有数据库难以横向扩展的问题。使用 Hbase 可以简单地通过增加节点来进行横向扩展，扩大存储规模，即可以在由廉价普通的硬件构成的集群上管理超大规模的稀疏表。

在整个 Hadoop 生态系统中，HBase 的位置如图 5.2 所示。

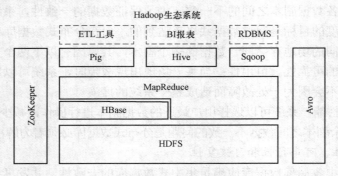

图 5.2　Hadoop 生态系统

需要注意的是：HBase 不是关系数据库，它是 NoSQL 数据库的一个典型代表。它并不支持 SQL 查询，它所使用的查询语言是基于键值的一种特殊语法，有些地方称为 HQL。

4. HBase 与传统关系数据库的对比分析

（1）数据类型：关系数据库采用关系模型，具有丰富的数据类型和存储方式。HBase 则采用了更加简单的数据模型，它把数据存储为未经解释的字符串。

（2）数据操作：关系数据库包含丰富的操作，涉及复杂的多表连接。HBase 操作没有复杂的表对表关系，只有简单的插入、查询、删除、清空等。因此 HBase 避免了设计中复杂的表到表关系。

（3）存储模式：关系数据库基于行模式存储。HBase 基于列存储，每个列族由几个文件保存，不同列族的文件是分开的。

（4）数据索引：关系数据库通常可以为不同的列建立复杂的索引，以提高数据访问性能，而 HBase 只有一个索引——行键。通过巧妙的设计，HBase 中的所有访问方法，或者通过行键访问，或者通过行键扫描，从而使得整个系统不会变慢。

（5）数据维护：在关系数据库中，更新操作会用最新的当前值去替换记录中原来的旧值，旧值被覆盖后就不存在了。在 HBase 中执行更新操作时，旧版本的数据不会被删除，而是生成一个新的版本。

（6）可伸缩性：关系数据库横向扩展困难，纵向扩展的空间有限。而分布式数据库如 HBase 和 BigTable 就是为了实现灵活的水平扩展而开发的，可以通过增加或减少集群中的硬件数量来轻松实现性能扩展。

5.6　HBase 具体介绍

1. HBase 相关概念

表：HBase 的数据也是用表来组织的，表由行和列组成，列分为若干个列族，行和列的坐标交叉决定了一个单元格。

行：每个表由若干行组成，每个行有一个行键作为这一行的唯一标识。访问表中的行只有三种方式，即通过单个行键进行查询、通过一个行键的区间来访问、全表扫描。

列族：一个 HBase 表被分组成许多"列族"的集合，它是基本的访问控制单元。

列修饰符（列限定符）：列族里的数据通过列限定符（或列）来定位。

单元格：在 HBase 表中，通过行、列族和列限定符确定一个"单元格"，单元格中存储的数据没有数据类型，总被视为字节数组 byte[]。

时间戳：每个单元格都保存着同一份数据的多个版本，这些版本采用时间戳进行索引。

2. HBase 数据模型

HBase 将数据存储在由行和列组成的带有标签的表中。行和列相交形成一个单元格。单元格有对应版本号。当数据插入单元格时，该版本号会自动分配为对应的时间戳。单元格的内容没有数据类型，所有数据都被视为一个未解释的字节数组。

表中的每一行都有一个行键（也是字节数组，任何形式的数据都可以表示为字符串，比如数据结构进行序列化之后的情况）。整个表按照行键的字节顺序排序，对表的所有访问都必须通过行键。

表中的列又划分为多个列族，同一个列族的所有成员具有相同的前缀，具体的列由列修饰符标识。因此，列族和列修饰复合起来才可以表示某一列，如 info：format，contents：image 等。列和族如图 5.3 所示。

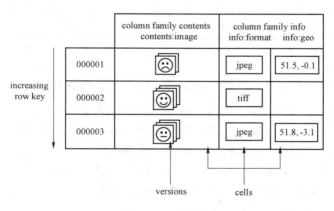

图 5.3　列和族

创建表时，列族必须作为模式定义的一部分提前给出，并且列族支持动态扩展，即列族成员可以在以后根据需要添加。物理上，列族的所有成员都是一起存储在文件系统上的，所以实际上来说，HBase 是一个面向列的数据库，更准确的应该是面向列族，调用和存储是在列族的级别上执行的。一般来说，同一列族的成员具有相同的访问模式和大小特征。

综上所述，HBase 表和 RDBMS 表类似。它们的区别在于 HBase 表的行是按行键排序的，列分为列族，单元格有版本号，没有数据类型。

3. HBase 数据坐标

HBase 中需要根据行键、列族、列修饰符和时间戳来确定一个单元格，因此，可以将其视为一个"四维坐标",即［行键,列族,列修饰符,时间戳］。HBase 数据坐标如图 5.4 所示。

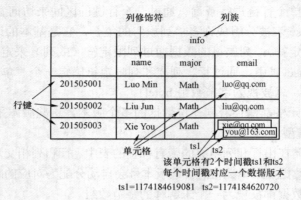

图 5.4　HBase 数据坐标

对于如图 5.4 所示的 HBase 表,其数据坐标举例见表 5.4。

表 5.4　HBase 数据坐标举例

键	值
［"201505003","info","email",1174184619081］	"xie@qq.com"
［"201505003","info","email",1174184620720］	"you@163.com"

4. HBase 区域

HBase 自动把表水平划分为区域(region),每个区域都是由若干连续行构成的,一个区域由所属的表、起始行、终止行(不包括这行)三个要素来表示。

最初,一张表只有一个区域。但是随着数据的增加,区域逐渐变大。当超过设定的阈值大小时,就会在某行的边界上进行拆分,分成大小基本相同的两个区域,然后随着数据的继续增加,区域不断增加。如果它超过了单个服务器的容量,一些区域可以放在其他节点上形成集群。也就是说,集群中的每个节点管理整个表的若干个区域(如图 5.5 所示)。因此,区域是 HBase 集群上分布式数据的最小单位。

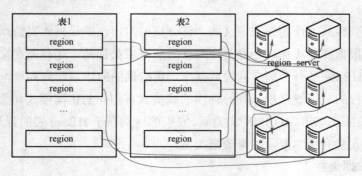

图 5.5　HBase 区域

5.7　云数据库及其产品

5.7.1　云数据库概述

云数据库是在云计算环境下部署和虚拟化的数据库。它是在云计算背景下发展起来的一种共享基础设施的新方法，大大增强了数据库的存储容量，消除了人员、硬件和软件的重复配置，使软硬件升级更加容易。云数据库具有高可扩展性、高可用性、多租户和资源有效分配的特点。

云数据库是个性化数据库存储需求的理想选择。不同类型的企业有不同的存储需求，云数据库可以很好地满足不同企业的个性化存储需求：首先，云数据库可以满足大型企业的海量数据存储需求；其次，云数据库可以满足中小企业的低成本数据存储需求；此外，云数据库还可以满足企业的动态数据存储需求。

选择自建数据库还是云数据库取决于企业自身的具体需求。对于一些大型企业来说，目前通常采用自建数据库。对于一些财力有限的中小企业，其 IT 预算相对有限。云数据库这种前期零投资、后期免维护的数据库服务，可以很好地满足他们的需求。

从数据模型的角度来看，云数据库并不是一种全新的数据库技术，它只是作为一种服务来提供数据库功能。云数据库没有自己专属的数据模型，其使用的数据模型可以是关系数据库使用的关系模型（如 Microsoft 的 SQL Azure 云数据库及阿里云 RDS 都采用了关系模型），也可以是 NoSQL 数据库使用的非关系模型（如 Amazon Dynamo 云数据库采用的是键值存储）。同一家公司也可能提供多种不同数据模型的云数据库服务。许多公司在开发云数据库时，其后端数据库一般都是直接使用现有的关系数据库或 NoSQL 数据库产品。

5.7.2　云数据库系统架构

1. UMP 系统概述

UMP（unified MySQL platform）系统是一种低成本、高性能的 MySQL 云数据库方案。一般来说，UMP 系统架构设计遵循以下原则：

（1）保持单一的系统外部入口，并且为系统内部维护单一的资源池；

（2）消除单点故障，确保服务的高可用性；

（3）确保系统具有良好的可扩展性，能够动态添加和删除计算和存储节点；

（4）确保分配给用户的资源是灵活的、可扩展的，并且资源是相互隔离的，以保证应用程序和数据的安全。

2. UMP 系统架构

UMP 系统架构如图 5.6 所示。

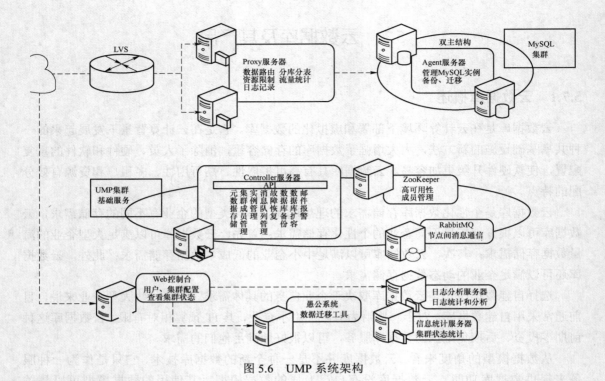

图 5.6　UMP 系统架构

UMP 系统架构包括以下几个角色。

（1）Controller 服务器。Controller 服务器向 UMP 集群提供各种管理服务，实现集群成员管理、元数据存储、MySQL 实例管理、故障恢复、备份、迁移、扩容等功能。

Controller 服务器上运行了一组 Mnesia 分布式数据库服务，其中存储了各种系统元数据，包括集群成员、用户的配置和状态信息，以及用户名和后端 MySQL 实例地址的映射关系等。

当其他服务器组件需要获取用户数据时，它们可以向 Controller 服务器发送请求以获取数据。为了避免单点故障，保证系统的高可用性，在 UMP 系统中部署了多个 Controller 服务器，然后通过 ZooKeeper 的分布式锁功能帮助选择一个"总管"来负责调度和监控各种系统。

（2）Proxy 服务器。Proxy 服务器为用户提供访问 MySQL 数据库的服务，完全实现 MySQL 协议。用户可以使用现有的 MySQL 客户端连接到 Proxy 服务器。Proxy 服务器获取用户身份验证信息、资源配额限制及后台 MySQL 实例的地址。然后，用户的 SQL 查询请求将被转发到相应的 MySQL 实例。除了数据路由的基本功能外，Proxy 服务器还实现了很多重要功能，包括屏蔽 MySQL 实例故障、读写分离、数据库和表的划分、资源隔离、记录用户访问日志等。

（3）Agent 服务器。Agent 服务器部署在运行 MySQL 进程的机器上，用于管理每台物理机上的 MySQL 实例，执行主从切换、创建、删除、备份、迁移等。同时，Agent 服务器还负责收集和分析 MySQL 进程的统计信息、慢查询日志等。

（4）Web 控制台。Web 控制台向用户提供系统管理界面。

（5）日志分析服务器。日志分析服务器存储和分析 Proxy 服务器传入的用户访问日志，并支持实时查询一段时间内的慢日志和统计报表。

（6）信息统计服务器。信息统计服务器通过 RRDtool 定期统计收集到的用户连接数、QPS 数值和 MySQL 实例的进程状态，可以在 Web 界面上直观显示统计结果，也可以把统计结果作为以后实现灵活的资源分配和 MySQL 实例自动迁移的基础。

（7）愚公系统。愚公系统是一个全量复制结合 bin-log 分析进行增量复制的工具，可以实现在不停机的情况下动态扩容、缩容和迁移。

UMP 系统依赖的开源组件包括以下几种。

（1）Mnesia。Mnesia 是一个分布式数据库管理系统。Mnesia 支持事务和透明数据分片，使用两阶段锁实现分布式事务，可以线性扩展到至少 50 个节点。Mnesia 的数据库模式（schema）可以在运行时动态重新配置，表可以迁移或复制到多个节点，以提高容错能力。Mnesia 的这些特性使得它在开发云数据库时可以用来提供分布式数据库服务。

（2）LVS。LVS（Linux virtual server，Linux 虚拟服务器）是一个虚拟服务器集群系统。UMP 系统使用 LVS 来实现集群内的负载平衡。LVS 集群采用 IP 负载均衡技术和基于内容的请求分发技术。调度器是 LVS 集群系统的唯一入口点，它具有良好的吞吐量，均衡地将请求转移到不同的服务器上执行，并自动屏蔽服务器的故障，从而将一组服务器组成高性能、高可用的虚拟服务器。整个服务器集群的结构对客户是透明的，不需要修改客户端和服务器端的程序。

（3）RabbitMQ。RabbitMQ 是工业级消息队列产品，其功能类似于 IBM 公司的消息队列产品 IBM Websphere MQ，可以作为消息传输中间件，实现可靠的消息传输。UMP 集群中节点之间的通信是通过读写队列消息实现的，不需要建立特殊的连接。

（4）ZooKeeper。ZooKeeper 是一个高效可靠的协同工作系统，提供分布式锁等基础服务，如统一命名服务、状态同步服务、集群管理、分布式应用配置项管理等，用于构建分布式应用，减轻分布式应用承担的协调任务。

在 UMP 系统中，ZooKeeper 主要发挥以下三个作用：作为全局的配置服务器；提供分布式锁（选出一个集群的"总管"）；监控所有 MySQL 实例。

3. UMP 系统功能

UMP 系统建立在一个大型集群上。通过多个组件的协作，整个系统实现了对用户透明的各种功能：容灾、读写分离、分库分表、资源管理、资源调度、资源隔离和数据安全。

1）容灾

为了实现容灾，UMP 系统会为每个用户创建两个 MySQL 实例，一个是主库，另一个是从库。主库和从库的状态是由 ZooKeeper 负责维护的，它们的切换过程如下所述。

（1）ZooKeeper 探测到主库故障，通知 Controller 服务器。

（2）当 Controller 服务器启动主从切换时，会修改"路由表"，即用户名到后端 MySQL 实例地址的映射关系。

（3）把主库标记为不可用。

（4）借助于消息中间件 RabbitMQ 通知所有 Proxy 服务器修改用户名到后端 MySQL 实例地址的映射关系。

（5）全部过程对用户透明。

宕机后的主库在进行恢复处理后需要再次上线，过程如下所述。

（1）在主库恢复时，会把从库的更新复制给自己。

（2）当主库的数据库状态快要达到和从库一致的状态时，Controller 服务器就会命令从库停止更新，进入不可写状态，禁止用户写入数据。

（3）等到主库更新到和从库完全一致的状态时，Controller 服务器就会发起主从切换操作，并在路由表中把主库标记为可用状态。

（4）通知 Proxy 服务器把写操作切回主库上，用户写操作可以继续执行，之后再把从库修改为可写状态。

2）读写分离

充分利用主从库，实现用户读写分离，实现负载均衡。

UMP 系统为用户实现了透明的读写分离功能。当整个功能开启时，负责为用户提供 MySQL 数据库服务访问权限的 Proxy 服务器会对用户发起的 SQL 语句进行解析。如果是写操作，则直接发送到主库；如果是读操作，则发送到主库和从库上，均衡执行。

3）分库分表

UMP 系统支持对用户透明的分库分表。当采用分库分表时，系统按如下方式处理用户查询：首先，Proxy 服务器解析用户的 SQL 语句，并提取重写和分发 SQL 语句所需的信息；其次，重写 SQL 语句，为对应的 MySQL 实例获取若干子语句，然后将子语句分发到对应的 MySQL 实例中执行；最后，接收并组合来自每个 MySQL 实例的 SQL 语句执行结果，得到最终结果。

4）资源管理

UMP 系统使用资源池机制来管理数据库服务器上的 CPU、内存、磁盘等计算资源。所有计算资源都放在资源池中进行统一分配。资源库是为 MySQL 实例分配资源的基本单位。

整个集群中的所有服务器将根据其型号、机房等因素划分为多个资源池，每个服务器将被添加到相应的资源池中。

对于每个特定的 MySQL 实例，管理员会根据部署应用程序的机房和所需的计算资源等因素，为 MySQL 实例指定主库和从库所在的资源库。然后系统的实例管理服务会从资源库中选择负载较轻的服务器，基于负载均衡的原则创建 MySQL 实例。

5）资源调度

UMP 系统中有三种规格的用户，分别是小规模用户、中等规模用户和需要划分数据库和表的用户。多个小规模用户可以共享同一个 MySQL 实例；对于中等规模用户，每个用户都有一个独占的 MySQL 实例；对于需要划分数据库和表的用户，会占用多个独立的 MySQL 实例。

6）资源隔离

UMP 系统采用两种资源隔离方式，见表 5.5。

表 5.5　两种资源隔离方式对比

方法	应用场合	实现方式
用 Cgroup 限制 MySQL 进程资源	适用于多个 MySQL 实例共享同一台物理机的情况	可以对用户的 MySQL 进程最大允许使用的 CPU 使用率、内存和 IOPS 等进行限制
在 Proxy 服务器端限制 QPS	适用于多个用户共享同一个 MySQL 实例的情况	Controller 服务器监测用户的 MySQL 实例的资源消耗情况，如果明显超出配额，就通知 Proxy 服务器通过增加延迟的方法去限制用户的 QPS，以减少用户对系统资源的消耗

7）数据安全

UMP 系统设计了以下多种机制来保证数据安全。

（1）SSL 数据库连接：SSL（secure sockets layer）是为网络通信提供安全保障及确保数据完整的一种安全协议，它在传输层对网络连接进行加密。Proxy 服务器实现了完整的 MySQL 客户端/服务器协议，可以与客户端之间建立 SSL 数据库连接。

（2）数据访问 IP 白名单：可以把允许访问云数据库的 IP 地址放入"白名单"。只有白名单内的 IP 地址才能访问，其他 IP 地址的访问都会被拒绝，从而达到进一步保证账户安全的目的。

（3）记录用户操作日志：用户的所有操作记录都会被记录到日志分析服务器。通过检查用户操作记录，可以发现隐藏的安全漏洞。

（4）SQL 拦截：Proxy 服务器可以根据要求拦截多种类型的 SQL 语句，比如全表扫描语句"select *"。

5.7.3　云数据库产品

表 5.6 中列出了云数据库的部分产品。

表 5.6　云数据库部分产品

企业	产品
Amazon	Amazon Dynamo、Amazon SimpleDB、Amazon RDS
Google	Google Cloud SQL
Microsoft	Microsoft SQL Azure
Oracle	Oracle Cloud
Yahoo	PNUTS
Vertica	Analytic Database v3.0 for the Cloud
EnerpriseDB	Postgres Plus in the Cloud
阿里	阿里云 RDS
百度	百度云数据库
腾讯	腾讯云数据库

1）Amazon 的云数据库产品

Amazon 是云数据库市场的先行者。Amazon 除了提供著名的 S3 存储服务和 EC2 计算服务以外，还提供基于云的数据库服务。

（1）Amazon RDS：云中的关系数据库。

（2）Amazon SimpleDB：云中的键值数据库。

（3）Amazon DynamoDB：云中的 NoSQL 数据库。

（4）Amazon Redshift：云中的数据仓库。

（5）Amazon ElastiCache：云中的分布式内存缓存。

2）Google 的云数据库产品

Google Cloud SQL 是 Google 公司推出的基于 MySQL 的云数据库。在使用 Google Cloud SQL 时，所有交易都在云中，由 Google 管理，用户不需要配置或排除错误。Google 还提供导入或导出服务，使用户可以轻松地将数据库带入或带出云。Google 采用用户非常熟悉的、带有 JDBC 支持（适用于基于 Java 的 App Engine 应用）和 DB−API 支持（适用于基于 Python 的 App Engine 应用）的传统 MySQL 数据库环境。因此，大多数应用程序无须过多调试即可运行，数据格式也是大多数开发人员和管理员所熟悉的。Google Cloud SQL 的另一个优点是它可与 Google App Engine 集成。

3）Microsoft 的云数据库产品

其产品 Microsoft SQL Azure 具有以下特性。

（1）属于关系数据库：支持使用 TSQL 来管理、创建和操作云数据库。

（2）支持存储过程：它的数据类型和存储过程类似于传统的 SQL Server，所以应用可以在本地开发，然后部署在云平台上。

（3）支持大量数据类型：几乎包含了所有典型的 SQL Server 2008 的数据类型。

（4）支持云中的事务：支持本地事务，但是不支持分布式事务。

第 6 章　大数据的应用与展望

　　随着大数据技术在各个行业的逐步应用，基于行业的大数据分析的应用需求也在不断增加。未来几年，针对特定行业和业务流程的分析应用将以预打包的形式出现，这将为大数据技术供应商打开新的市场。这些分析应用还会覆盖很多行业的专业知识，也会吸引大量的行业软件开发投资。

　　大数据的应用分布如图 6.1 所示。根据调查，前三位分别是丰富的挖掘模型、实时分析和精准的特定目的分析，百分比分别为 27.22%、19.88% 和 19.11%。其次是社交网络分析、云端服务、移动 BI。由此可见，大数据技术在商业的智能应用有着极大的潜力。

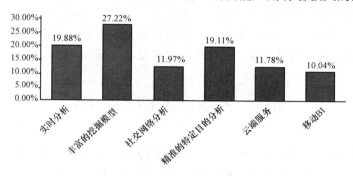

图 6.1　大数据的应用分布

　　由上述趋势不难看出，在如今的大数据时代，专注于能够快速改变现状的颠覆性技术，如大数据存储与计算、数据挖掘与分析、商业智能等，都有着巨大的应用前景。

6.1　大数据的应用方向

1. 大数据细分市场

　　大数据相关技术的发展会创造一些新的子市场，比如：以数据分析处理为重点的高级数据服务，会有把数据分析当作服务产品；集成和管理各种信息，创建一个能够统一访问和分析大数据的组件产品；基于社会网络的社会大数据分析；与大数据技能相关的培训市场，教授人们数据分析课程。

2. 大数据推动企业发展

　　大数据涵盖广泛，包括非结构化数据从存储、处理到应用的各个方面。在大数据领域相关的软件企业很多，但是一个企业很难涵盖大数据的方方面面。因此，未来几年内，大型的 IT 企业会进行并购以提升自己的大数据产品线。除此之外，还将会出现一些分析软件企业，预测分析和数据展示企业。

3. 大数据分析的新方法出现

大数据分析会出现新的方法。就像计算机和互联网一样，大数据是新一波的技术革命。现有的很多算法和基础理论都会产生新的突破和进步。

4. 大数据与云计算高度融合

大数据处理离不开云计算。云计算为大数据提供了灵活可扩展的基础设施支撑环境和高效的数据服务模式，而大数据为云计算提供了新的商业价值。大数据技术和云计算在将来会有更完美的结合。同样，云计算、物联网、移动互联网等新兴计算形式不仅仅是大数据产生的地方，更是需要大数据分析方法的领域。大数据是云计算的延伸。

5. 大数据一体设备陆续出现

云计算和人类数据出现后，集成的软硬件设备层出不穷。未来几年，数据仓库一体机、NoSQL 一体机等多种集成设备将进一步得以快速发展。

6. 大数据安全日益重视

随着数据量的增加，对数据存储物理安全性的要求会越来越高，从而对数据的多副本和容错机制提出了更高的要求。网络和数字生活使犯罪分子更容易获得他人的有关信息，拥有更多不易被追踪和防范的犯罪手段，这可能导致更复杂的骗局。

6.2 大数据的成功应用

大数据的成功应用将产生重大价值，目前，大数据应用的研究主要集中在国计民生科学决策、疾病预防、灾害预测与控制、食品安全与群体性事件等方面。

1. 判断大数据应用成功的指标

1）创造价值

大数据技术的应用应该能够创造有形的价值。据初步统计，大数据在医疗、零售和制造行业有数万亿的潜在价值。大数据应用的成功实施需要考虑它在几个方面的价值，如附加收益、提高客户满意度和降低成本等。因此，判断大数据应用成功与否的主要指标是它是否创造价值。

2）有本质提高

从模式上看，大数据应用不仅是商业模式上的逐步转变，而且在本质上更是一种跨越式的突破。例如，对于初创企业，为了发现数据之间的关系，可以使用机器学习技术进行系统调查。社会化推荐系统可以实时向用户推荐有价值的位置信息，并使用一种新的商业模式来驱动位置信息类型的业务。

3）具备高速度

使用传统的数据库技术会大大降低大数据技术的性能，而且往往也比较烦琐。对于成功的大数据应用，其工具集和数据库技术必须满足数据规模和多样性的双重要求。Hadoop 集群可以在几个小时内构建完成，并在构建完成后提供快速的数据分析。事实上，大部分大数据技术都是开源的，这表明可以根据需求添加支持和服务，同时可以完成快速部署。

4）能完成以前不能做的事情

在大数据技术出现前，有很多需求无法实现，比如限时抢购。原因是发布限时抢购的网站每天需要处理几千万用户的记录，这会导致服务器的峰值负载非常高。而目前，这种商业模式可以通过高性能和快速扩展的大数据技术来实现。

总而言之，大数据应用的关键不在于系统每秒能处理多少数据，而在于大数据应用后能够创造多少价值，业务能否有突破性的提升。专注于合适的业务类型，选用适合用户业务的工具集是需要重点关注的领域。

2. 大数据的成功应用领域

1）医疗领域

利用医疗保健内容分析预测技术可以找到大量患者相关的临床医疗信息，通过大数据处理，能够更好地分析患者的信息。

大数据为医学影像分析提供了极大方便。过去，放射科医生需要单独查看每一个检查结果，不但造成工作量巨大，同时也可能耽误患者最佳治疗时间。使用大数据可以将数十万张图像构建一个识别图像模型，模型能够形成一个编号系统，帮助医生做出诊断，其处理图像数量远远超出人类大脑。

2）能源领域

随着能源行业科技化和信息化程度的加深，以及各种监测设备和智能传感器的普及，大量涉及石油、煤炭、太阳能、风能等的数据信息得以产生并被存储下来。这就为构建实时、准确、高效的综合能源管理系统提供了数据源，可以让能源大数据发挥作用。另外，能源行业基础设施的建设和运营涉及大量工程和多个环节的海量信息，而大数据技术能够对海量信息进行分析，帮助提高能源设施利用效率，降低经济和环境成本。最终在实时监控能源动态的基础上，利用大数据预测模型，可以解决能源消费不合理的问题，促进传统能源管理模式的变革，合理配置能源，提升能源预测能力，这将会为社会带来更多的价值。

3）通信领域

利用预测分析软件，可以预测客户的行为，发现行为趋势，并找出存在缺陷的环节，从而帮助公司及时采取措施，保留客户，降低客户流失率。

电信业者透过数以千万计的客户资料，能分析出多种使用者行为和趋势，从而卖给需要的企业，这是全新的资料经济。通过大数据分析，可以对企业运营的全业务进行有针对性的监控、预警、跟踪。系统在第一时间自动捕捉市场变化，再以最快捷的方式推送给指定负责人，使其在最短时间内获知市场行情。

移动运营商可在多 IT 系统中整合大数据应用，对客户交易和互动数据进行综合分析，更准确地预测客户流失率。通过将社交媒体数据与 CRM（客户关系管理系统）和计费系统中的交易数据进行综合分析，可明显降低客户流失率。

4）交通运输领域

运输公司可通过部署一系列的运输大数据应用，采集上千种数据类型，从油耗、胎压、卡车引擎运行状况到 GPS 信息等，并通过分析这些数据来优化车队管理、提高生产力、降低油耗，每年可节省大量的运营成本。

利用大数据技术可缓解停车难问题。利用智能手机能够跟踪入网城市的停车位，用户只需要输入地址或者在地图中选定地点，就能看到附近可用的车库或停车位，以及价格和时间区间。此外，利用大数据技术能够做到实时跟踪停车位的数量变化，并实时监控多个城市的停车位。

利用大数据技术有助于建立缓解道路拥堵的系统方案，可基于实时交通报告来预测拥堵。当交通管理人员发现某地即将发生交通拥堵时，可以及时调整信号灯使车流以最高效率运行。这种技术对于突发事件也很有用，如帮助救护车尽快到达医院。而且随着运行时间的积累，该技术还能够学习过去的成功处置方案，并运用到未来预测中。

5）零售领域

大数据应用的必要条件在于 IT 与经营的融合，经营可以小至一个零售门店的经营，大至一个城市的经营。

例如，收集社交信息可以更深入地理解化妆品的营销模式，以便认识并保留有价值的客户：高消费者和高影响者。通过各种服务让用户进行口碑宣传，这是交易数据与交互数据的完美结合，为业务挑战提供解决方案。零售商可用社交平台上的数据充实客户主数据，使其业务服务更具有目标性。零售商也可关注客户在店内的走动情况及其与商品的互动。将这些数据与交易记录相结合并展开分析，从而在销售哪些商品、如何摆放商品及何时调整售价上给出意见。此类方法已经帮助某领先零售企业减少了 17% 的存货，同时在保持市场份额的前提下，增加了高利润率自有品牌商品的比例。

又比如，对零售商来说，孕妇是个极具购买力的顾客群体。从顾客数据分析可以发现，孕妇一般在怀孕第三个月的时候会购买很多无香乳液。几个月后，她们会购买镁、钙、锌等营养补充剂。根据数据分析所提供的模型，零售商可以制订全新的广告营销方案，在客户孕期的每个阶段给其寄送相应的优惠券，可使孕妇用品的销售呈现爆炸式的增长，显示出大数据的巨大威力。

再比如，商家通过大数据处理发现，如果一个人在下午 4 点左右给汽车加油的话，他很可能在接下来的一个小时内要去购物或者吃饭，而这一个小时的花费大概为 150～200 元。商家正需要这样的信息，因为这样他们就能在这个时间段的加油小票背面附上加油站附近商店的优惠券。

6）金融领域

在金融领域，通过掌握企业交易数据，借助大数据技术自动分析，有助于判定是否给予企业贷款，而且全程不出现人工干预。

像 VISA 这样的信用卡发行商，其站在了信息价值链最好的位置上。VISA 的数据部门曾收集和分析了来自几百个国家的信用卡用户的几百亿条交易记录，用来预测商业发展和客户的消费趋势，然后再将其卖给其他公司。

7）使用 CRM

CRM（客户关系管理系统）是企业的一项商业策略，它按照客户细分情况有效地组织企业资源，培养以客户为中心的经营行为，以及实施以客户为中心的业务流程，并以此为手段来提高企业的获利能力及客户满意度。CRM 实现的是基于客户细分的一对一营销，所以是按照客户细分原则对企业资源的有效组织与调配；而以客户为中心即企业的经营行为和业务流程都要围绕客户，可通过 CRM 达到提高利润和客户满意度的目的。

（1）CRM 的功能指标主要包括以下几个方面。

① 客户概况分析：包括客户的层次、风险、爱好、习惯等。

② 客户忠诚度分析：指客户对某个产品或商业机构的信用程度、持久性、变动情况等。

③ 客户利润分析：指不同客户所消费的产品的边缘利润、总利润额、净利润等。

④ 客户性能分析：指不同客户所消费的产品按种类、渠道、销售地点等指标划分的销售额。

⑤ 客户未来分析：包括客户数量、类别等情况的未来发展趋势、争取客户的手段等。

⑥ 客户产品分析：包括产品设计、关联性、供应链等。

⑦ 客户促销分析：包括广告、宣传等促销活动的管理。

（2）CRM 与大数据融合。

应用大数据技术可以从各种类型的数据中快速获取有价值的信息。CRM 作为客户关系管理系统专家，可以帮助企业获得客户资源的管理平台，以便更好地面对大数据时代的到来。

（3）CRM 将带动大数据市场快速成长。

大数据应用将进入传统行业，而 CRM 将带动商业分析应用市场的快速成长。按照 CRM 的经营理念，企业应制定 CRM 战略，进行业务流程再造，才能据以实施 CRM 技术和应用系统，从而增强客户满意度，培育忠诚客户，达到实现企业经营效益最大化的目标。在企业的日常工作中，一般的客户关系管理至少要涵盖营销管理、销售管理、客户服务和技术支持四个层面的功能，以保证企业能适时地和客户密切交流，处理好人、流程、技术的关系。因此，CRM 不仅是一个管理理念，更是一套人机交互系统和解决方案，其中贯穿着系统管理、企业战略、人际关系合理利用等思想。它能帮助企业更好地吸引潜在客户和留住最有价值的客户。通过在线 CRM，企业可以迅速发现客户，并有效率地维系着客户，实现最大利益。

作为国内首家 SaaS（software as a service，软件即服务）CRM 厂商，八百客在线 CRM 具有丰富的功能模块，能全方位满足企业的管理需求。其营销管理功能可以帮助企业实现市场分析、市场预测和市场活动管理等。销售管理功能可以帮助企业增加商机数量、跟踪销售过程、提高销售成单率。客服集成呼叫中心功能可以为客户提供全天候不间断服务和多种方式的交流，并将客户的各种信息存入业务数据库，以便其他部门共同使用。

随着数据源指数级增长，信息的数量及复杂程度快速扩大，从海量数据中提取信息的能力正快速成为战略性的强制要求。可以看出，由于数据的爆发式增长，企业能够从这些烦乱的数据中快速获得战略决策信息，是制胜对手的关键。面对不断发展的数据，大数据的挖掘和分析尤为重要。而 CRM 在大数据时代正是增长期。

在蓬勃发展的中国市场环境中，大数据所带来的机遇前所未有，这将是中国市场营销者们预期取得大回报的最佳时机。这也正是 CRM 服务商发展的良机，作为数据为本、分析为先的 CRM，如此庞大的数据摆在面前势必不能放过。

面对行业发展趋势，CRM 服务商都在对行业趋势进行探索，大数据必将成为 CRM 产业的催化剂，使之成为多元化大数据时代营销者的全新利器。

6.3　大数据分析技术的应用

随着大数据的出现，大数据分析技术得到了迅速应用，下面介绍较典型的高价值大数据分析技术的应用。

1. 为客户提供服务

为客户提供服务是最典型的大数据应用领域之一。使用大数据分析技术可以使企业更好地了解客户及其行为和偏好，从而更全面地了解其客户。在大多数情况下，总体目标是创建预测模型。例如通过分析大数据，公司可以更好地预测客户流失及哪些产品将畅销，汽车保险公司能够了解其客户的驾驶水准。如果收集到这些信息并绘制出电流变化图，则可以在某个地方的变压器出现故障之前找到它。

2. 优化业务流程

大数据也越来越多地用于优化业务流程。零售商可以使用从社交媒体数据、网络搜索趋势和天气预报中提取的预测信息来优化库存。大数据分析中广泛使用的业务流程是供应链或配送路径优化。在这方面，可使用地理定位或射频识别传感器来跟踪货物或送货车辆，并通过集成实时交通数据来优化路线。除此之外，还可以通过使用大数据分析来改善人力资源业务流程，包括优化人才招聘，并使用大数据工具来衡量企业文化和人员参与程度。

3. 改善生活

大数据不仅适用于企业和政府部门，而且适用于所有人。现在，人们可以使用可穿戴智能设备（如智能手表或智能手环）生成的数据跟踪热量消耗、睡眠情况等。人们还可以使用大数据分析来找寻朋友，大多数在线交友网站都使用大数据工具和算法来帮助人们找到最合适的对象。

4. 提高医疗条件

大数据分析的计算能力能够在几分钟内对整个 DNA 进行解码，并找到新的治疗方法，从而更好地理解和预测疾病模式。正如每个人都可以从可穿戴智能设备产生的数据中受益一样，大数据也可以帮助患者更好地接受治疗。未来的临床试验将不仅限于小样本，而是将服务于所有人。大数据技术已用于监视早产儿和生病的婴儿，通过记录和分析每个心跳和呼吸模式，医生现在可以在任何身体不适症状出现前 24 小时内进行预测，这样，医生可以更早地救助生病的婴儿。

5. 提高体育成绩

现在，许多体育运动已开始使用大数据分析技术。例如，用于网球比赛的 IBM SlamTracker 工具使用视频分析来跟踪比赛中每个球员的表现，而运动器材中的传感器技术能够获取比赛数据及帮助运动员进行改善。许多精英运动队还使用智能技术跟踪运动员在比赛环境之外的活动，以跟踪其营养状况和睡眠状况，并通过社交对话来监视其情绪状况。

6. 优化机器和设备性能

大数据分析还可以使机器和设备更加智能化和自主化。例如，将大数据技术用于自动驾驶，通过配备摄像头、GPS、功能强大的计算机和传感器，可以在没有人为干预的情况下实现安全行驶。大数据技术甚至可以用来优化计算机和数据仓库的性能。

7. 改善执法过程和保护企业信息安全

大数据分析可以用于打击恐怖主义,甚至监视人们的生活;也可用于捕获罪犯,甚至预测犯罪活动并检测欺诈交易。企业可使用大数据技术来检测和预防网络攻击。

8. 改进和优化城市

大数据可用于改善城市的许多方面。例如,城市可以基于实时交通信息、社交媒体和天气数据来优化交通。许多城市都在尝试利用大数据分析技术,通过改善交通基础设施和公共设施将自己转变为智慧城市。

9. 促进金融高频交易

金融交易中的高频交易领域是大数据分析技术被广泛使用的领域,比如现在大多数股权交易是通过大数据算法完成的。大数据算法逐渐开始考虑来自社交媒体网络和新闻站点的信息,从而在几秒钟内做出买卖决定。

10. 提升电信业务质量

电信企业可以通过大数据的应用找到更多的高质量用户并降低运营成本。在电信业务的大数据分析中,需要支持快速查询、实时数据处理等一系列要求,这呈现了大数据分析和处理的复杂性。

11. 促进销售

通过客户分类、测试统计、行为建模和发布优化等功能,销售系统的自动产品推荐可以为运营客户的行为数据带来竞争优势。零售行业对数据分析的需求很大,以至于无法使用传统的数据库技术对其进行分析。因此,零售商正在转向大数据平台。同样,大数据技术给营销公司带来了革命性的变化。通过分析数据,营销公司可以帮助一些主要的消费品制造商和大型连锁超市预测消费者可能会购买哪些产品及谁会对新产品感兴趣等。

6.4 大数据挖掘技术的应用实例

1. 纸尿裤和啤酒

很多人会问,数据挖掘可以为企业做什么?下面是数据挖掘的经典示例——有关纸尿裤和啤酒的故事。

沃尔玛拥有世界上最大的数据仓库系统之一。为了准确地了解顾客在商店的购买习惯,沃尔玛通过使用购物篮的关联规则来分析顾客的购物行为,从而了解顾客经常一起购物的商品。在沃尔玛庞大的数据仓库中,它收集所有商店的详细原始交易数据。根据这些原始交易数据,沃尔玛使用数据挖掘工具来分析和挖掘这些数据,得到的出人意料的结果是:啤酒是最常和纸尿裤一起被购买的商品!这是数据挖掘技术分析历史数据的结果,反映了数据的固有规律。那么这个结果现实吗?是有用的知识吗?具有利用价值吗?

为了验证这一现象,沃尔玛派遣了市场研究人员和分析师来调查和分析结果。经过大量的实地研究,他们发现了美国消费者隐藏在"纸尿裤和啤酒"背后的行为模式。

在美国,一些年轻父亲经常下班后在超市里买纸尿裤,其中 30%~40% 的人还会为自己购买啤酒。造成这种现象的原因是，美国妻子经常告诉丈夫，下班后不要忘记为孩子购买纸尿裤，而丈夫则先购买纸尿裤，然后带回自己喜欢的啤酒。另一种情况是，丈夫在购买啤酒时突然想起自己的责任，然后又去买了纸尿裤。既然一起购买纸尿裤和啤酒的概率较大，沃尔玛就将它们并排放置在所有商店中。结果，纸尿裤和啤酒的销量都有增加。按照传统思维，纸尿裤与啤酒是毫无关系的。如果没有数据挖掘技术的帮助，沃尔玛将无法在数据中找到这一有价值的规则。

2. 淘宝数据魔方

淘宝在迅速发展的今天，不仅获得了巨大的经济价值，而且还具有不可估量的潜在价值。海量数据中隐藏的经济价值为淘宝的决策和发展提供了重要依据。在淘宝平台上，每天都有数十亿商品的浏览记录，每天都有数千万的收藏、交易和评价记录。在大数据背后的重要线索和规则的帮助下，这些海量数据可以帮助淘宝和商家开展业务，并帮助消费者做出合理的购物决策，这一点非常重要。

淘宝运用了三种数据挖掘工具：量子统计、淘宝指数、数据魔方，下面介绍数据魔方这一典型的应用案例。

通过划分数据流向，淘宝数据产品的技术框架分为五层：数据源、计算层、存储层、查询层和产品层。数据源层包括主站备库、RAC、主站日志等，这是数据产品技术的最高层。计算层计算实时流数据，然后将其存储在存储层中。用户通过搜索、查询和浏览等还可以生成一系列原始数据。通过收集和整理这些数据，数据魔方可以了解用户的喜好及购物习惯等。

3. RUWT 软件

据统计，每天有超过上百个赛事会在 8 000 多个电视频道上播出。对于体育爱好者，及时地追踪赛事播放非常困难。

针对这一问题，已有团队开发出一个可以追踪所有运动赛事的应用软件 RUWT。该软件不止可以在 iOS 设备和 Android 设备上使用，还可以在网络浏览器上使用，它可以不停地分析运动赛事的数据，以便用户知道他们想看的赛事能够在哪个电视频道上被找到。

除此之外，该软件还可以通过赛事的激烈程度对比赛进行评分排名，用户可以实时查看该排名来找到值得收看的电视频道和赛事节目。

4. IBM 医疗

Seton Healthcare 是使用 IBM 最新的沃森技术进行医疗保健方面的内容分析和预测的第一位客户。该技术使得企业可以找到大量与患者有关的临床医学信息，并通过大数据处理来更好地分析患者的信息。

在加拿大多伦多的一家医院，针对早产儿会每秒读取 3 000 多个数据。通过分析这些数据，医院可以提前知道哪些早产儿存在问题，并采取有针对性的措施来避免早产儿夭折。

大数据让更多的创业者更方便地开发产品，如通过社交网络收集数据的健康类应用程序。如今，它们收集的数据使医生对患者的诊断更加准确。未来将会实现更加智能的功能，如不是通用的成人"每日三次、一次一片"服药方式，而是先检测到人体血液中的药剂已经代谢完成，然后自动提醒再次服药。

5. 电力和风力

在欧洲，电网行业已经以智能电表的形式做到了产业终端。在德国，政府为了鼓励使用太阳能，太阳能终端被安装在个人家庭中。该装置除了用于向用户出售电力，还可以实现在有剩余太阳能时，电力公司将其购回。

采用大数据技术，电力公司每隔十分钟左右收集一次数据，这些数据可以用于预测客户的用电习惯等，从而推断出未来 2～3 个月整个电网所需的电量。根据这一预测，电力公司可以从发电或供电企业购买一定量的电力。电力能源类似于期货，如果提前购买将会更便宜，因此通过该预测可以降低购买成本。

维斯塔斯风力系统依靠 BigInsights 软件和 IBM 超级计算机分析天气数据后可以找到安装风力涡轮机和整个风电场的最佳场所。通过使用大数据，过去需要花费数周时间进行分析的工作量，现在只需不到一个小时即可完成。

6. Gracenote 音乐公司

在 2000 年时，音乐元数据公司 Gracenote 收到苹果公司让其购买更多服务器的建议，Gracenote 公司听从了该建议。然后苹果公司推出了 iTunes 平台和 iPod 设备，借此 Gracenote 成了元数据帝国。

人们在车上听的歌曲很可能反映出他们的真实偏好。Gracenote 拥有一项技术，利用这项技术，使用智能手机和平板电脑中的内置麦克风可以识别用户正在听的歌曲，检测诸如掌声或嘘声等反应，甚至还会检测用户是否有调高播放音量的行为。据此，Gracenote 研究用户真正喜欢的歌曲及喜欢何时何地收听歌曲。另外，凭借数百万首歌曲的音频和元数据，Gracenote 可以快速识别歌曲信息，并且按照音乐风格、歌手、地理位置等对其进行分类。

7. 辛辛那提动植物园与 IBM

辛辛那提动植物园在动物繁殖领域取得了杰出的成就，在全球物种保护中发挥了非常重要的作用。作为一个非营利性组织，该园的一部分预算由地方政府资助，但其年度预算的三分之二是自筹资金。为了保证良好运转，辛辛那提动植物园与 IBM 合作，通过多年以来游园客户数据的累积分析，比如日常销售的数据，商品的购买时间、购买类型及购买数量等，来了解动植物园的发展趋势，然后管理层根据这些数据去优化决策并开展运用。这使得辛辛那提动植物园的销售额得到了大幅度的提升。

总体来说，大数据的终极目标并不仅仅是改变竞争环境，而是彻底扭转整个竞争环境，并带来新机遇。企业需要应势而变，只有认识到这一点，加之使用合适的数据分析产品、智能地使用和管理数据，才能在长期竞争中成为终极赢家。

6.5　大数据的展望

与大数据有关的学科包括数据科学、数据工程、数据挖掘、信息科学、信息理论、信息工程、知识工程和知识发现等，这些学科的研究范围和重点各不相同。大数据往往以复杂关联的数据网络这样一种独特的形式存在。因此要了解大数据，有必要对大数据背后的网络进行深入的分析。从大数据中获取知识需要工程方法，例如抽象、分割、学习和概括等。数据分析的基本方法是从粗略到精细并逐层抽象。此外，还应该放宽对目标的限制，以便解决问题。一般来说，大数据是科学还是工程取决于具体的应用。大数据科学致力于从大数据中发现新知识，而大数据工程则是将大数据知识应用于构建新事物。

　　大数据是许多不同行业目前面临的新课题。大数据意味着大机遇，但同时也意味着工程技术、管理政策、人员培训等方面的巨大挑战。只有解决这些问题，才能充分利用这一大机遇，挖掘其巨大价值。

1. 资源投入

　　在不久的将来，可能会形成战略性新兴产业，例如网络数据存储和服务、数据材料和数据制药。一个国家拥有大数据的规模及使用大数据的能力将是国家竞争力的重要组成部分，我们需要高度重视大数据，特别是从决策、资源投入、人员培训等方面给予大力支持。

2. 工程技术

　　在大数据的背后，必然有着支持其研究和应用的数据科学。当前，大数据分析算法和大数据系统效率是最为重要的。因此，应该关注大数据的工程技术挑战。工程学无法解决的问题自然会成为数据科学的研究内容。大数据处理技术的进步将促进数据科学的诞生和发展。

3. 复杂网络分析

　　大数据科学的共同理论基础来自许多不同的学科，其中包括计算机科学、统计学、人工智能、社会科学等。大数据中通常存在复杂的关系。数据科学的重点是研究连接大数据的关系网络，因此对大数据所形成的复杂数据网络的特性与功能进行研究的复杂网络分析将是数据科学的重要基石。

4. 涉及众多领域

　　大数据涉及物理、生物学、脑科学、医疗、环境保护、经济、文化、安全等许多领域。网络空间中的数据是大数据的重要组成部分，与人类活动和社会科学息息相关。网络数据科学与工程是信息科学与技术和社会科学的跨学科研究领域。它在国家稳定与发展中发挥着独特的作用，应予以高度重视。

5. 构建大数据生态环境

　　为了有效应对大数据的挑战，抓住大数据的机遇，构建良好的大数据生态环境是唯一的出路。在国家政策的指导下，学术界、工业界和政府部门应共同努力，消除障碍，建立联盟，建立专业组织，以建立和谐的大数据生态系统。

第 2 篇　人工智能基础与应用

　　人工智能在新一轮科技革命及产业革命中起着重要的作用,在中国由"中国制造"向"中国智造"的产业转型升级过程中扮演着举足轻重的作用。自 20 世纪 50 年代开始至今,人工智能已经发展近 70 年,涉及生活生产中的许多领域。从目前的发展情况来看,人工智能在发展和应用过程中还有许多问题亟待解决。但毋庸置疑的是,人工智能未来拥有非常广阔的发展前景。

　　人工智能,顾名思义即由人工制造出来的系统所表现出来的智能,是认知科学、逻辑学、计算机科学等学科交叉形成的一种新型的科学技术。人工智能研究的重要目标就是使人工制造的机器能够表现出类似人类的行为,具有类似人类的智慧。

　　在人工智能发展的过程中,机器学习是行业研究的核心,也是人工智能目标实现的最根本途径,同时也是人工智能发展的主要瓶颈,它在未来的发展问题是该学科有关研究人员讨论的重点。从现阶段的发展情况来看,未来人工智能会更好地为人类服务、帮人类解决问题。人工智能是当前全世界科研的前沿技术,与信息技术、计算机技术、精密制造技术、互联网技术等都有密切的关系,对各行业、各领域的发展都有一定的影响。

第 7 章 人工智能的基本概念

人工智能（artificial intelligence，AI）是计算机学科的一个分支，与基因工程、纳米科学一起被认为是 21 世纪三大尖端技术。虽然人工智能很早就被提出来，但直到计算机技术的快速发展，在近 30 年它才得以如雨后春笋般快速发展，在很多学科领域都获得了广泛应用，并取得了丰硕的成果。如今，人工智能已逐步成为一个独立的分支，无论在理论和实践上都已自成一个系统。

人工智能的目标是研究一种方法，使计算机来模拟人的某些思维过程和智能行为，如学习、推理、思考、规划等。要使计算机可以实现智能的功能，制造类似于人脑智能的计算机，使计算机能实现更高层次的应用，将涉及计算机科学、心理学、哲学和语言学等多个学科的内容。所以人工智能也是一个交叉性很强的学科，可以说几乎和自然科学和社会科学的所有学科都相互关联，其范围已远远超出了计算机科学的范畴。人工智能与思维科学的关系是实践和理论的关系，人类将目前对自身认知水平的认知应用在技术领域，在计算机上模拟人的思维。从思维观点来看，人工智能应当不仅限于逻辑思维，要将形象思维、灵感思维引入计算机中才能使人工智能取得突破性的进展。数学是多种学科的基础科学，它已进入语言、思维领域，在标准逻辑、模糊数学等范围发挥了较大作用。它和人工智能学科相结合，将互相促进并得到更快的发展。

7.1 什么是人工智能

人类能学习、说话、思考，并且能将想法付诸行动；通过对话和行动，可以与环境（也包含其他人）进行交互，从而可以进一步学习、思考并不断成长。人类的能力在各方面都远远处于动物之上，所以我们称人是"有智慧的"。在计算机诞生的同时，人的这种智慧能力，即"智能"，就开始被列为研究对象。运用计算机进行以人类智慧的机理和实现作为研究目标的工作，是为"人工智能"。

进行人工智能研究也许不是一件容易的事情，但却是一件非常新奇的事情。人类的智慧能力，充满了神秘的魅力，引起了人们探索智能机理的强烈欲望。毫无疑问，人类具有出色的语言能力、视觉能力、听觉能力和运动能力，这些都有赖于人类强大的学习能力。特别是掌握语言的能力，这是让研究人员特别感兴趣的。人类在出生一两年后即开始说话，如果在幼儿时期从一个国家到了另一个国家，同样在一两年内就可以学会所在国的语言。而且由于人类具有记忆这种本能，所以人们会有丰富的知识和经验。人类的记忆能力，就是人们回忆起必要的事情的能力。记忆能力被认为是构成人的智慧能力的基础。相信大多数人都会有这样的体验，经过一年后再回想某个人的名字可能会变得很困难，但是必要时，人们通常会及时回忆起一些相关的记忆和发生的事件。另外，受过特别教育或训练的人，具有出色的解决问题的能力（如医生对疾病的诊断，设计师对汽车的设计等）。相信本书的大多数读者都经历过艰苦的应试奋斗历程，所以大家不仅能够记起以往求解试题的体验，而且能够运用被称为"推理"的求解试题的知识（公式和解法等）进行解题。推理能力是人类智慧的体现，学会推理是发展智慧的基础。其他如计划的设计和随机应变的实施等，均是富有智慧的行为。

以上谈到的是关于个人的智慧行为。人作为群体，也能构成智慧行为。在组织足球、篮球等比赛时，人们看到的组织策划及公司运作等，就是一些协调行动。在这些协调行动中，全体人员具有共同的目标，各个成员一方面根据预先大致确定的各自承担的任务，实施动态的最优化，另一方面采取一些独立的行动，其结果是实现作为组织整体的"智慧"行动。

下一个例子可以揭示出智能处理中包含的具体内容。当人们经常无意识地对自己的行为进行反省时，人类智能的魅力就会充分地显示出来。下面是 A 和 B 在地铁列车内，关于 C 的一段谈话。

A：你认识 C 吗？就是在走廊阅读《哥德尔、艾舍尔、巴赫：集异璧之大成》原著的那位！他 10 天就读完这本书了！

B：哎呀！C 真了不起，4 天就读完了这本书，是个怪才。

A：是的。因为那本书有 700 页，所以每天的阅读量达到了 70 页。

B：是的……（哎呀，是用了 10 天啊！我把"10 天"听成"4 天"了。）

谈话也许就这样结束了吧。在列车的噪声干扰下，B 将 10 天误听为 4 天了。因为 B 知道 C 是一位优秀又性情古怪的人，所以，如果说忙碌的 C 4 天就能读完一本名著，在谈话过程中，人们很少怀疑会有其他"可能的解释"。但是，从 A 后面的谈话可以得到下列"新信息"，即"以每天 70 页的速度阅读一本 700 页的书"，可以算出读完该书需要 10 天时间。一旦意识到这个计算结果，B 就能够想到最初听到的"4 天"其实是"10 天"。

对于人类社会来说，这种单纯依赖听觉的分析处理一般是比较容易进行的。人们希望能利用这种处理，开发出语音识别系统，从而创造出人工智能领域的奇迹。如果对新颖（困难）之处做进一步地探讨，下列这些问题将成为必须处理的关键性问题。

（1）语音识别处理。它是先将语音信号数字化，然后进行特征提取，再根据设想的识别对象（如单词等）进行预先准备好的识别处理。其原理将在第 10 章中详述。在识别处理中，有时也采用第 9 章中介绍的神经网络技术。经过多年的研究，识别技术已经取得很大进步。但是在单词（音韵）识别方面，目前仍达不到 100% 的识别率。所以，在有噪声的环境中，将"10 天"错误地听成为"4 天"是完全可能的。因此，有必要一边对发音的含义进行理解，一边对不合逻辑的单词识别结果进行剔除处理。

（2）对语音的理解。在这种特定的发音场合下，对于"4 天就读完了这本书"这句话含义的理解及对其逻辑性的评价，就成了问题的焦点。当用计算机理解自然语言文字的意义时，首先有必要使计算机具有知识。因此，"知识的表示"成了重要问题。在对含义理解结果的表示中，知识的表示也是不可缺少的。"理解"这个问题是很深奥的，从工程学的观点进行的"理解"是肤浅的。可是，对于这个例子来说，4 天读完这本书，即使是一件不太现实的事情，但是作为一种可能发生的情况，也是可以理解的。

（3）疑问点的记忆。对不能满足某个解释结果的一些事实，人们会将它们记起来，以便今后利用得到的信息对其进行正确的解释。这种处理可能被认为是一种特殊的方式，毕竟在"理解"时，它可以用已存储（已有）的知识，对待理解的对象进行说明（为判定一致性所必需的解释）。当要构造逐步输入信息的理解系统时，这种处理方式基本上是必不可少的。

（4）新信息的适当处理。这也许是最关键的问题了。因为根据新的信息推理成何种结果是完全自由的。在这个例子中，从"以每天 70 页的速度阅读 700 页的书"这个事实，可以推测到阅读速度很快，英文水平很高，属于粗略阅读等推论。其中只有一项推论为这次处理带来了重要的新信息。知识表示与推理之间存在一定关系，为了得到这里所表示的推理结果，必须准备好与其相适应的知识。

（5）利用新信息对疑问点进行排除的尝试。在这种情况下，所谓"4 天就读完一本书"这件事，存在令人感到勉强的一面。如果觉察到"4 天"一词存在可疑之处，就可以采取寻找发音与"4 天"相似的推理结果这样一种策略。当然，这时也有可能把"10 天"错误地理解成其他情况，这样就会使问题变得更加复杂。

（6）意义的一致性判定（修正误解）。一般来说，虽然利用新的信息可以消除含糊不清的东西，但是消除的方法很少是单一确定的，多数情况下存在两种以上的可能性。而且这时可以根据事先准备好的评价标准（这个标准的表示也是很重要的），从两种以上的可能性中选出看起来是最恰当的一种，然后对过去的解释做出修正。这样做的结果，就使得我们更贴近于真相的正确解释。但是仅仅做到这一步还不够，下面的后处理工作必须进行。一般情况下，结论是根据过去的解释做出的推理。但在少数情况下，一旦最终的推理结果被取为"真"，就会使部分已有结论被认为是"假"，即新推理结果与已有结论相悖。如何解决这种情况呢？这就要求在进行推理时，如果出现新信息与已有结论相悖的情况，需要修改结论，以保证推理的合理性，这种推理叫作非单调推理。

而且，在实现这个系统时，需要将其变换成人工智能语言的表达形式。关于机器学习，本例中虽然没有涉及，但是对于计算机如何从案例或者是从大量的数据中提取出适当的"知识"以实现机器"学习"的相关内容，这方面的研究工作是极为重要的，而且是非常有用的。

目前，要制作出符合要求的精度高、功能强的语言理解系统，实际上是很困难的，其中最大的障碍是不清楚应该事先准备什么样的知识，以及对这些知识应准备到何种程度。因为一面控制来自新信息的推理，一面迅速地检验出有用的推理结果，这是一件非常困难的事情。当需要应用与这些常识有关的知识时，这个问题就会像拦路虎一样阻挡在研究者面前，为研究者制造了很多困难。大多数人工智能研究的课题都还没有解决这个问题。

这个问题虽然是从工程学的立场进行处理，但是如果对它作更深入地思考会发现，这里还存在着一些根本性的问题有待解决。到底计算机是否能够真正做到所谓"理解了"这种程度？计算机具有智能这种说法到底包含什么内容？

7.2　人工智能的历史

　　人工智能的观察对象是人类的智能活动。在现今的技术发展阶段，机器模拟人类的智能行为（认识、推理、行动），是通过在计算机上建造计算过程的模型实现的。其中把重点放在观察和模型化（理解）上的研究，称为科学的人工智能；而把重点放在计算机上进行实施（开发）的研究，则称为工程学的人工智能。

　　人工智能研究的乐趣（困难），在于在模型化中可以不受方法论的约束。人脑（在生理学上）是由神经细胞网络构成的，可是在人工智能的研究方面，还不能用神经网络的结构去说明人脑进行的智能活动的全部内容。虽然希望获得这方面的知识，但是目前的科学发展水平尚不可能完全说明。例如，利用神经网络的结构可以对"学会有氧健身运动的人脑行为"进行某种程度的说明。然而，用神经网络对"在深夜里寻找复印机调色剂的人的行为"进行说明就很困难。然而，却可以推测到，"有必要为第二天早晨发表所需的资料作准备工作"，同时推测到"由于复印机调色剂没有了"，所以会有"在深夜里寻找复印机调色剂"这种行为。采取这种应用逻辑推理进行说明的方法是比较容易的。另外，在人工智能中有各种各样的模型用来描述人类的智能活动，应根据用途灵活运用。

　　是否要在所有领域都进行人工智能研究呢？实际上并不完全是这样。例如为什么人类能学会有氧健身运动，狮子就学不会呢？虽然用神经网络可以说明学会有氧健身运动时的大脑行为，但是若从神经网络的结构上说明这一点仍然是有困难的。有目标的行动称为合理的行动，在这种情况下采用逻辑的方法进行说明则比较容易。众所周知，狮子在捕食时会采取协调行动。当狮子从上风口追赶猎物时，潜藏在下风口的狮子会伏击正在逃跑的猎物，并且会在适当的时机进行协调出击，以捕获猎物。这种情况会使人们感到惊讶。狮子的协调行动，即使可以采用逻辑方法进行说明，但直觉上人们也很难想象狮子居然也会采用逻辑方法。这样看来，人工智能仍然处于发展过程中。人工智能的历史，可以说是新的模型生成和被证实的历史，同时也是一部推陈出新的历史。

　　什么样的模型才是表示智能活动的良好模型呢？实际上，目前还没有对模型的科学性及完善性进行过严密的讨论，也没有要求用心理学实验进行验证。因此，各种设想和探索都会受到欢迎。人工智能不仅要设计模型，而且还要解决在计算机上的实现问题。作为模型化的结果，在计算机上成功实现的应用系统则进一步考虑了该模型应用在有关领域的现实意义。也许正是因为如此，人工智能的研究历史，与计算机技术的进步历史是同步进行的。人工智能的发展历程如图 7.1 所示。

　　"人工智能"这一术语是在 1956 年的达特茅斯（Dartmouth）会议上由麦卡锡首先使用的。麦卡锡因开发出了函数型语言 Lisp 而闻名。在达特茅斯会议前后，人工智能的基本理论得到了广泛研究。图灵（A.M.Turing）提出了图灵测试用来判断计算机是否是智能的，并在 1965 年发布了被称为 ELIZA 的程序，在社会上产生了强烈的冲击。该程序可以通过对一篇文章进行简单的结构方面的操作就能实现自然会话。通过巧妙地借助于文章的部分内容，就可以加工出内容广泛的话题。那么，这个系统是否可以称为智能系统？

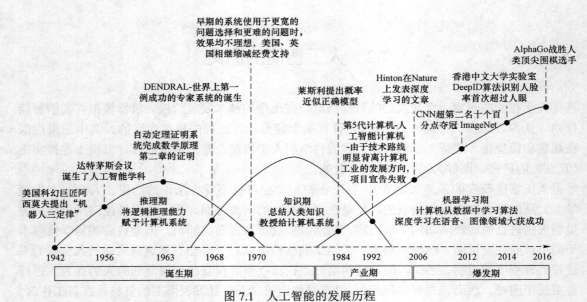

图 7.1　人工智能的发展历程

到底什么是"智能"？如果"智能"指的就是类似于人类的行为，那么 ELIZA 是有足够的智能的。但是，如果所指的智能是指产生人类合理行动的计算过程，ELIZA 是不能编排这样的计算过程的。虽然这两方面都是重要的，但是人工智能主要涉及后一种情况。

在 20 世纪 50 年代，受到计算速度和存储容量制约的计算机正处在萌芽时期，国际象棋和西洋跳棋等比赛尚未成为计算机应用的经常性对象。1950 年，奠定了信息论基础的香农（Shannon）最早写出了关于国际象棋的论文。限于计算机当时的发展水平，无法在走棋方面做到深谋远虑，所以每次观察棋盘上的局势时，都需要研究判断棋局走势的评价函数，走棋时还需要建立用数值表达棋盘局势好坏的函数。在国际象棋那种复杂的比赛中，这种做法实际上起不了多大作用。这一时期，麦卡锡在知识的表示中开始采用谓词逻辑，并根据纽厄尔和西蒙等人的提议构造了求解疑难问题用的通用问题求解器（general problem solver，GPS）。进入 20 世纪 60 年代后，罗森布拉特提出了一种类似于神经元的元素，它可以实现被称为感知器的模式识别功能。

进入 20 世纪 70 年代后，随着计算机的日渐高速化（在 50 年代到 70 年代的 20 年内，计算机的运算速度惊人地提高了 1 000 倍），国际象棋的研究工作转向了以搜索为中心的计算方面。由于坚持不懈地深入研究走棋招数，终于在把棋类专家逼入绝境之前，取得了进展。另外，在 20 世纪 80 年代，以丰富的存储容量和人机接口的进步作为背景，在对知识的处理研究方面得到了蓬勃发展。基于描述人类知识的知识表示以及对其进行高度利用的推理技术，产生出了许多专家系统。这两者近年来得到了很大发展。在日本第五代计算机的研究开发中，已着手应用逻辑型语言 Prolog。在国际象棋的程序及其定式和终盘的数据库中，庞大的数据处理已变得必不可少。1997 年，IBM 公司研制的被称为 DeepBlue 的国际象棋专用系统，终于战胜了人类社会的世界冠军。进入 21 世纪，随着计算机性能的再一次跨越，人工智能的发展迎来了又一轮高峰。

现在的人工智能研究工作主要分为两大方向。首先是以计算机的元件数量接近于人脑的细胞数量为背景的研究。它与生命科学的进展相互呼应，在神经网络、人工生命等领域被热烈地讨论。人类梦寐以求的智能机器人可以作为该方向的具体实例。丹麦的第一个机器人公民 Alpha Go 击败李世石，已成为人们议论的热门话题。

另一个研究方向是伴随着计算机网络的进步而形成的。信息网络急剧地扩大了人类社会与计算机的接触面，促进了大规模知识库的综合和再利用。在机器学习成果的基础上，对大量数据进行处理的数据开发工作也随之活跃起来。例如通过对人类基因的分析，人们试图寻找出隐藏在庞大的数据中的法则。在网络的三维假想空间中，销售新车的公司营销人员，正面带笑容地开始进行商务谈判。

在人工智能方面，迄今已经提出了许多种模型及方案，形形色色的应用系统被开发出来。这种开放性的研究工作，有时也会遭到来自计算机科学主流学派的批判。但是那些朝气蓬勃的研究人员和工程技术人员，仍然在不断地得到用户的支持与关注。他们肩负着向计算机科学的梦幻世界继续开拓的使命。

7.3　图 灵 测 试

图灵（1912—1954）是英国数学家，曾参与计算机的早期开发。他对于能否通过编程让计算机完成人类智力才能完成的任务（如下棋）进行过深入思考，并成为该领域的先驱者之一。他预见到人工智能将会给技术领域带来极大的挑战。但有观点认为，由于计算机是非生物体，不可能具备思考理解的能力。这样的观点让图灵感到十分愤怒。

1950 年，图灵在一篇极具影响力的论文中建议，人们应该将注意力从如何制造机器、机器外观如何及其内部如何运转等方面转移到可观察的外部行为上。当然，需要考虑的行为多种多样，可以将机器放在并不熟悉的新环境当中，看它做何反应。比如要求它辨认猫的照片，或研究它如何处理撒满调料的热狗。图灵提出的想法是让机器与询问者进行一次不受束缚、毫无保留的对话。

以下是他所谓的"模仿游戏"（2014 年的电影《模仿游戏》中也有相关描述），即"图灵测试"，如图 7.2 所示。这个游戏的原理是设置一个询问者和两个隐藏测试对象，一个是人，另一个是计算机。人和计算机与询问者通过打字进行对话。谈话要自然流畅，可以涉及任何话题。不管谈话进行了多久，只要询问者分辨不出测试对象中哪个是人哪个是计算机，就可以认为该计算机通过了图灵测试。

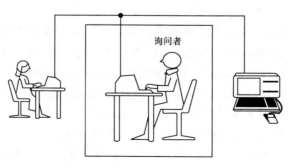

图 7.2　图灵测试

对于图灵测试，非常重要的一点是对话可以涉及任何话题。以下就是图灵在论文中想象出的一段经典对话。

询问者：在莎士比亚十四行诗的第一行，写着"我能否将你比作夏日？"在这里如果用"春日"来代替"夏日"，岂不是更好？

计算机：那不押韵。

询问者：那用"冬日"怎么样？这可以押韵了吧？

计算机：是的，但是没人愿意被比作冬日。

询问者：是匹克威克先生提醒你圣诞节到了吗？

计算机：某种程度上，是的。

询问者：但圣诞节是在冬日，我觉得匹克威克先生不会介意这么对比。

计算机：我认为你是在开玩笑，冬日的意思是冬天里普通的一天，而不是圣诞节这样特殊的日子。

我们当然不会像计算机程序一样进行这样的对话，但我们是否有理由相信我们永远无法编写出这样的程序呢？这正是图灵建议我们应该关注的地方。

图灵的观点可以这样理解：诸如"聪明""思维""理解"等心理术语实在太过模糊，且非常情绪化，难以让人信服。如果坚持在科学的语境中使用这些术语，我们应该说，一台能够通过相应行为测试的计算机，具有与人类一样的质疑能力。可以想象，如果将电影《阿甘正传》中的标志性格言"傻人做傻事"改编一下，图灵会说成"聪明人做聪明事"。所以换句话说，我们应该问的问题是"机器能像具有思考能力的人一样思考吗？"而不是问"机器能思考吗？"

7.4　中文屋理论

不言而喻，图灵当时提出的观点就是强调可观察的外部行为是所有人工智能研究的核心。我们有理由怀疑使用非正式对话的形式进行智力测试的效果。尽管如此，仍然出现了批评的声音。

20 世纪 80 年代，哲学家约翰·瑟尔提出，理解（思维或智能）的内涵远大于可观察的外部行为，即便这种行为可以与所谓的模仿游戏一样涉及范围较广。以下就是他的论据（稍有修改）。

假设现有一款计算机程序能够通过图灵测试，即可以完全不受任何限制地进行人机对话。并假设这次对话使用的语言不是英语，而是汉语。根据模仿游戏的规则，汉字（通过某种编码的形式）被输入该程序，随后该程序能够用汉语（以某种编码的形式）应答并输出。即使是精通汉语的人，仍然长期无法分辨输出信息的是机器还是人。

假设瑟尔不懂汉语，但是精通计算机编程（实际上他并不精通，但没关系）。他拿着一本小册子藏在一个房间里，这本手册里涵盖了该计算机程序的全部文本。房间外有人递给他一张纸，上面写着汉字，他虽然不明白纸上写的是什么，但是可以模拟计算机程序对此类情况的应对方法。瑟尔根据这本程序手册，跟踪观察程序如何应对这种情况，并将程序输出的应答写在一张纸上，交还给房间外的人，而他在整个过程中根本不明白纸上写的是什么意思。中文屋实验如图 7.3 所示。

图 7.3　中文屋实验

简而言之，有个名叫瑟尔的人，他藏在房间里接收汉语信息，然后通过这本计算机程序手册（假定该计算机程序已通过图灵测试），用汉语回复这些信息，其回复与母语是汉语的人毫无差别。换句话说，在瑟尔身上，可观察的外部行为是完美的，但他却根本不懂汉语！因此瑟尔的结论是：仅确保行为正确是远远不够的，因此图灵的观点是错误的。

对此，反对意见认为，这种行为并非出自瑟尔本身，而是瑟尔与这本写有计算机程序的手册共同创造的结果。虽然瑟尔不懂汉语，但这个由瑟尔和这本手册一起组成的系统是懂汉语的，因此图灵的观点并没有错。对于上述异议，瑟尔的应答可谓简明扼要：假设他先把这本手册的内容记下，然后将手册销毁，那么就不存在所谓系统了，存在的只有瑟尔。因此，图灵的观点是错误的。

这就是中文屋理论的大概内容。

就这类思想实验本身而言，还有一点需要考虑：如何能够确定，瑟尔没有通过记下这本手册的方式来掌握汉语？如果他以这种方式掌握了汉语，那么不懂汉语也能通过图灵测试的说法就站不住脚。因此必须要问：为什么要相信存在这样一本手册能够想瑟尔之所想，让他只需记下该手册的内容就不用学会汉语？

如果不深入了解手册中所谈到的这款程序，就很难对上述问题做出回答。在此先介绍一种更为简单的行为模式，即数字求和。

可以做如下设想。假设行为测试不要求能说汉语，而是要求将 20 个 10 位数字求和。如果一本手册中列出了 20 个 10 位数字及它们求和的所有可能的组合形式，有了这个，即便是不会算术的人也能在行为测试中得到正确答案。每当有人问到总和是多少时，都可以在手册中找到正确答案，就像瑟尔用汉语回答问题一样。

但是，值得注意的是不可能存在这种手册。如果要满足所有数字组合，就需要包含 10 200 个不同的条目，而我们的整个物质世界当中只有约 10 100 个原子。

要通过测试，一本介绍加法运算表的小册子就堪当此任：首先做一个 10×10 的个位数加法表，然后进行两位数加法运算（可进位数），最后是多位数加法运算。这样的小册子绝对可以存在，而且只需几页纸就能说明问题。这种小册子的意义在于，对任何不会加法运算的人来说，只要能够记住小册子中的说明就能学会！

而这也足以让我们对瑟尔的中文屋理论产生怀疑。如果根本不存在这样简单到不用教人算术（具体来说就是 20 个 10 位数字的求和）就能对数字求和的手册，我们就不得不怀疑上文提到的汉语人机对话的说法了。但是，这依然无法驳倒瑟尔。到最后，我们还是不知道如果真正背下手册的瑟尔会怎样，因为我们也不知道让不懂汉语的人用汉语进行人机对话会是什么样。所以，唯一可行的办法就是按照图灵所说，解决这些技术难题。

7.5　人工智能的未来

在 2017 年底的网络峰会上，传奇物理学家斯蒂芬·霍金就人工智能的未来发表了自己的看法。一方面，他希望这项技术能够超越人类智能。这可能意味着许多可怕的疾病将被治愈，也许还会有办法解决环境问题，包括气候变化。

但另一方面，霍金也谈到这项技术有可能成为"我们文明史上最糟糕的事件"。例如会导致大规模失业，甚至出现威胁人类生命的机器人。正因为如此，他敦促寻找控制人工智能的方法。霍金的想法当然不是唯一的。埃隆·马斯克和比尔·盖茨等知名科技企业家也表达了对人工智能的深切担忧。

然而，有许多人对此持乐观态度。孙正义是软银集团首席执行官，也是 1 000 亿美元 Vision 风险基金的经理，他的基金主要投资领域是人工智能方向。在接受 CNBC 采访时，他宣称，在 30 年内，我们将拥有会飞的汽车，人们将活得更长，我们将能治愈许多疾病。

那么，谁是对的呢？未来会是反乌托邦还是乌托邦？众所周知，预测新技术是非常困难的，几乎是不可能的。以下是一些预测偏差很大的例子：

（1）托马斯·爱迪生宣称交流电将会失效；

（2）比尔·盖茨在他的书《前方之路》中没有提到互联网；

（3）2007 年，黑莓设备的创造者、RIM 公司联合首席执行官吉姆·巴尔西利说，iPhone 不会有什么吸引力；

（4）在 1982 年上映、背景设定为 2019 年的标志性科幻电影《银翼杀手》中，有许多预测是错误的，比如电话亭里有视频电话和机器人（或称"复制者"），几乎无法与人类区分开来。

尽管如此，有一件事是肯定的：在未来几年，我们将看到人工智能带来的大量创新和变革。这似乎是不可避免的，特别是在该行业持续保有巨额投资的情况下。

下面讨论人工智能可能会对社会的哪些领域产生重大的影响。

1. 自动驾驶汽车

人工智能影响最深远的领域之一是自动驾驶汽车。非常有趣的是，这一领域几十年来一直是许多科幻故事的标志内容！但一段时间以来，已经有很多现实生活中的创新例子。

（1）斯坦福大车：它的开发始于 20 世纪 60 年代初，最初的目标是创造一种用于月球任务的遥控飞行器。但研究人员最终改变了他们的关注点，开发了一种基本的自动驾驶汽车。

它使用摄像头和人工智能进行导航。虽然这称得上是当时的杰出成就，但它并不实用，因为计划任何动作都需要 10 多分钟！

（2）恩斯特·迪克曼是一位才华横溢的德国航空工程师，在 20 世纪 80 年代中期，他产生了将一辆梅赛德斯面包车改装成自动驾驶汽车的想法。他用电线把相机、传感器和计算机连在一起。他在如何使用软件方面也很有创意，比如只把图形处理集中在重要的视觉细节上，以节省电力。通过这一切，他开发出了一种控制汽车方向盘、油门踏板和刹车的系统。1994年，他在巴黎的一条高速公路上测试了梅赛德斯车。它的行驶里程超过了 960 km，速度高达130 km/h。然而，因为还远不清楚是否能及时商业化，研究资金被取消了。

（3）百度无人驾驶汽车近几年在国内掀起了不小的风波。该项目由百度的深度学习研究院负责，于 2014 年立项，到 2015 年在国内首次实现城市、环路及高速公路混合路况下的全自动驾驶。百度公布的路测路线显示，百度无人驾驶车从位于北京中关村软件园的百度大厦附近出发，驶入 G7 京新高速公路，经五环路抵达奥林匹克森林公园，随后按原路线返回。百度无人驾驶车往返全程均实现自动驾驶，并实现了多次跟车减速、变道、超车、上下匝道、调头等复杂驾驶动作，完成了进入高速（汇入车流）到驶出高速（离开车流）的不同道路场景的切换。测试时最高速度达到 100 km/h。2018 年 2 月 15 日，百度 Apollo 无人车亮相央视春晚，在港珠澳大桥开跑，并在无人驾驶模式下完成"8"字交叉跑的高难度动作。

自动驾驶车辆通常有如下的关键组件。

（1）传感器：包括雷达和超声波系统，可以检测车辆和其他障碍物，如路缘。

（2）摄像机：可以检测路标、红绿灯和行人。

（3）LIDAR（光探测和测距）：通常位于自动驾驶汽车的顶部。它发射激光束来测量周围环境，然后将数据集成到现有地图中。

（4）计算机：控制汽车，包括转向、加速和刹车。该系统利用人工智能进行学习，但也有内置的避让对象、遵守法律等规则。

自动驾驶汽车包含五个级别的自主性。

（1）0 级：人类要控制车辆的所有功能。

（2）1 级：计算机可以进行巡航控制或刹车等有限的功能——而且一次只能控制一个功能。

（3）2 级：汽车可以自动执行两项功能。

（4）3 级：汽车可以自动执行所有安全功能。但如果出了问题，司机可以进行干预。

（5）4 级：汽车通常可以自动驾驶。但在某些情况下，人类必须参与其中。

（6）5 级：这就是最终的目标了，汽车是完全自动驾驶的。

汽车行业是全球最大的市场之一，要想使智能汽车成为行业的主流，仍有很多工作要做。我们距离使用不需要方向盘的汽车可能只需要几年的时间，但汽车仍然需要投保、维修和保养，以及很多配套的相关行业。

除此之外，还有许多其他因素需要注意。毕竟，实际情况下开车仍然是一件很复杂的事情，特别是在城市和郊区。如果交通标志被更改，甚至被操纵怎么办？如果一辆自动驾驶汽车必须处理两难境地，比如在不得不决定是撞上迎面而来的汽车，还是撞上可能有行人的路缘时，这种情况应该怎么办？

但技术问题只是自动驾驶汽车面临的挑战之一。以下还有其他一些需要考虑的问题。

（1）基础设施：我们的城镇都是为传统汽车而建的，但混合自动驾驶汽车可能会出现许多后勤问题。汽车如何预测人类驾驶员的行为？实际上，可能需要在道路旁安装传感器，或者为自动驾驶车辆提供单独的道路。政府可能还需要改变驾驶教育，提供如何在路上与自动驾驶汽车互动的指导。

（2）国家政策：这是一个很大的未知数。在很大程度上，这可能是最大的障碍。因为政府往往在一个新技术大规模应用之前，要对该技术对社会、经济等多方面的影响进行综合考虑。这不仅需要很长一段时间，国家政策的导向还可能会成为行业发展的限制因素。

（3）人们的态度：自动驾驶汽车可能不便宜，因为像激光雷达这样的系统很昂贵。这将会是一个限制因素。另外也有迹象表明，普通公众对该新技术的安全性持怀疑态度。根据一项调查，约71%的受访者表示，他们害怕乘坐自动驾驶汽车。

考虑到这些情况，自动驾驶汽车的应用范围最初可能是在受控情况下，或者是在某些可控的场景中，比如卡车运输、采矿、码头、快递仓库等。例如，在上海洋山深水港，自动引导运输车在码头上穿梭不停。该运输车根据实时情况规划路线，将集装箱不停地运输到需要停靠的位置，实现了整个码头的无人化。

滴滴打车、美团外卖提供了另一种发展思路。他们利用人工智能对司机的路线进行规划，提供用时最短、最合理的路线。这些服务设计合理，更易推广应用。

2. 技术性失业

技术性失业的概念在大萧条期间由著名经济学家约翰·梅纳德·凯恩斯提出，它解释了创新是如何导致长期失业的。然而，这方面的证据一直难以确认。尽管自动化对制造业等行业产生了严重影响，但随着人们的不断适应，劳动力往往会发生转变。

人工智能已经或将要对人们的就业产生较大的影响。例如，加利福尼亚州州长加文·纽瑟姆担心，他所在的州可能会在卡车运输和仓储等领域出现大规模失业。Croo Robotics 制造了一款名为 Harv 的机器人。它可以采摘草莓和其他食物，而不会造成果实瘀伤。预计一个机器人将完成 30 个人的工作。而且，机器人不需要支付工资，也不会承担劳动责任。

人工智能可能不仅仅意味着取代低技能的工作。已经有迹象表明，这项技术可能会对白领职业产生重大影响。

然而，我们还是可以采取一些行动的。首先，各国政府可以寻求提供教育和过渡援助。随着当今世界的变化速度，大多数人都需要不断更新技能。IBM 首席执行官金尼·罗睿兰指出，人工智能将在未来 5～10 年内改变所有工作。她的公司因为自动化的普及，人力资源部的员工数量减少了 30%。此外，还有一些人主张增加基本收入，这可以为每个人提供最低限度的补偿，将会缓和一些不平等现象。最后，甚至有人建议收取某种类型的人工智能税。这将会从那些受益于这项技术的公司手中夺回巨大的收益。考虑到这些公司的权利，这种类型的立法可能很难通过。

3. 人工智能的武器化

美国空军研究实验室正在研究一种名为 Skyborg 的机器人原型。它的灵感出自电影《星球大战》。可以把 Skyborg 想象成 R2-D2，它充当战斗机的人工智能助手，帮助识别目标和威胁。如果飞行员丧失能力或分心，人工智能机器人也能够控制飞机。空军甚至正在考虑使用这项技术来操作无人机。但有一个主要问题：通过使用人工智能，在战场上需要作出决定的生死攸关的时刻，人类最终是否会被排除在决策权之外？这最终是否会导致更严重的流血事件？机器会作出错误的决定造成更多的问题吗？

许多人工智能研究人员和企业家都感到十分担忧。为此，2 400 多人签署了一项声明，呼吁禁止研究所谓的机器人杀手。联合国也在探索该种类型的禁令。但美国、澳大利亚、以色列、英国和俄罗斯一起抵制了这一举措。因此，可能会出现一场真正的人工智能军备竞赛。

根据兰德公司的一篇论文，预计到 2040 年，这项技术甚至有可能导致核战争。作者指出，人工智能可能会使瞄准潜艇和移动导弹系统变得更容易。研究表明，各国可能会忍不住追求先发制人的能力，以此作为对竞争对手讨价还价的手段，即使他们无意发动攻击。

在短期内，人工智能可能会对信息战产生巨大的影响，随着人工智能变得更强大，成本更低廉，我们很可能会看到它为信息战提供便利。这仍然是极具破坏性的。例如，深度假冒系统可以很容易地创建栩栩如生的人类照片和视频，这些照片和视频可以用来快速传播恶意信息。

4. 药物发现

人类现在已经治愈了像丙型肝炎这样的难治性疾病，并继续在无数种癌症的治疗上大踏步前进。但由于传统药物开发经常涉及大量试验和错误，导致耗时又耗力。越来越多的研究人员向人工智能寻求帮助。各种专注于这个机会的初创公司如雨后春笋般涌现。

最典型的是因西特罗（Insitro）药物发现初创公司。该公司成立于 2019 年，在首轮融资中毫不费力地筹集了惊人的 1 亿美元。尽管这个团队相对较小，只有大约 30 名员工，但他们都是出色的研究人员，横跨数据科学、深度学习、软件工程、生物工程和化学等领域。首席执行官兼创始人达芙妮·科勒领导过 Google 的医疗保健业务 Calico。她罕见地将高级计算机科学和健康科学的经验融合在了一起。

作为 Insitro 实力的证明，该公司已经与大型制药运营商 Gilead 达成了合作伙伴关系。它涉及超过 10 亿美元的非酒精性脂肪性肝炎（NASH）的研究。此前，Gilead 的一种 NASH 疗法 selonsertib 在临床试验中失败了，但该公司已收集了大量的试验数据。他们希望借助于 Insitro 公司的人工智能技术来加快药物研发的进程。因为深度学习可以识别更复杂的模式，这项技术也可能有助于开发个性化的治疗方法——例如针对个人的基因诊疗方案——这可能是治疗某些疾病的关键。

但对人工智能的期望也不应太高。首先，无论是对医疗设备进行更新使其可以使用人工智能，还是使医护人员学会使用人工智能，这都需要时间，而且可能还会遇到阻力。除此之外，人工智能的安全性也有待论证。当我们想要了解人工智能的真正工作原理时，我们会发现深度学习通常是一个"黑匣子"，这可能会使人工智能研发的新药很难获得监管部门的批准。最后，人体是高度复杂的，我们尚在学习人体工作的奥秘，而要让人们接受人工智能对人体的学习成果，恐怕也是相当困难的，毕竟理解新的事物通常需要相当长的时间。

5. 道德问题

2019 年 4 月，彭博社（Bloomberg.com）的一篇文章引起了很大轰动。它描述了 Amazon 如何在幕后管理其 Alexa 扬声器人工智能系统。虽然其中大部分是基于算法的内容，但也有数千人分析语音片段，以帮助改善结果。通常，分析的重点是处理俚语和地区方言的细微差别，这对于深度学习算法来说一直是困难的。

同时，人们也会担忧：我的智能扬声器真的在听我说话吗？我的对话是私密的吗？

Amazon 随后指出，该系统遵守严格的规则和要求。但即便如此，这也引发了更多的担忧！据彭博社报道，人工智能审查者有时会听到涉及潜在犯罪活动的片段，比如性侵犯内容。但 Amazon 显然有不干涉的政策。

随着人工智能变得更加普及，将会出现更多类似的情况。例如，Amazon Rekognition 是在执法中引发争议的人脸识别产品。另一个是以 COMPAS 为代表的犯罪预测系统，它使用风险评分来衡量某人犯罪的可能性，并经常作为量刑辅助系统使用。但最大的问题是：因为人工智能确实存在不正确或歧视的风险，这是否会违反一个人正当的宪法权利？实际上，就目前而言，几乎没有什么好的答案。但考虑到人工智能算法将在我们的司法系统中发挥重要作用，也许制定新法律是一个不错的方法。

6. 强人工智能（AGI）

在很大程度上，我们正处于弱人工智能阶段，在这个阶段，这项技术被用于狭义的类别。而强大的人工智能是关于终极的，机器与人类抗衡的能力。这也被称为人工通用智能或强人工智能（AGI）。实现这一目标可能需要很多年的时间，也许要到下个世纪，甚至永远也看不到。

当然，也有很多优秀的研究人员相信 AGI 会很快到来，雷·库兹韦尔就是其中之一。他是一位发明家、未来学家、畅销书作家，也是 Google 的工程总监。库兹韦尔认为，AGI 将在 2021 年发生——其中图灵测试将被破解——到 2045 年，将会出现奇点。即我们将会有一个混合人的世界：一半是生物人，另一半是机器人。听起来有点疯狂？但库兹韦尔确实有很多狂热的追随者。

但要到达 AGI，还有很多重要工作要做。即使深度学习有了长足的进步，它仍然需要大量的数据和强大的计算能力。另外，AGI 将需要新的方法，例如使用无监督学习的能力。迁移学习也很关键。如前所述，人工智能已经能够在围棋等游戏中实现超人能力，迁移学习将意味着这个系统将能够利用这些知识来运行其他游戏或学习其他领域的技能。

此外，AGI 还需要具备常识、抽象、好奇心和寻找因果关系的能力，而不仅仅是相关性。这种能力在目前的计算机上已被证明是极其困难的。要使计算机达到 AGI 的水平，那就需要在硬件和芯片技术方面取得突破。这是世界顶尖人工智能研究人员之一、Facebook 首席人工智能科学家严乐村的观点。

另一件至关重要的事情是：人工智能领域内应该存在更多的多样性。根据 AI Now 研究所的一份报告，大约 80%的 AI 教授是男性。在 Facebook 和 Google 的 AI 研究人员中，女性分别占 15%和 10%。这种不平衡意味着研究可能更容易受到偏见的影响，从而缺少更广泛的观点和见解的支持。

7. 社会福利

管理咨询公司麦肯锡公司撰写了一份研究报告《将人工智能应用于社会公益》。它展示了人工智能是如何被用来处理贫困、自然灾害和改善教育等问题的。这项研究大约有 160 个用例，这里列举几个方面的内容。

（1）对社交媒体平台的分析可以帮助跟踪疾病的暴发。

（2）一家名为 Rainforest Connection 的非营利性组织使用 TensorFlow 创建了基于音频数

据的人工智能模型，以定位非法伐木行为。

（3）研究人员已经建立了一个神经网络，它是根据非洲偷猎者的视频进行训练的。有了这一工具，无人机就可以飞越该地区，通过使用热红外图像来检测违规者。

（4）人工智能正在被用来分析弗林特市 55 893 个地块的数据，以寻找铅中毒的证据。该系统主要依赖于贝叶斯模型。该模型允许对毒性进行更复杂的预测，这意味着如果城市出现任何问题，卫生工作者可以更快地采取行动，有可能拯救更多的生命。

无论如何，人工智能真的有希望为世界带来变革。有很多相关人员正专注于让这成为现实。

第8章 特征提取

不管是机器学习还是神经网络，都需要根据要实现的目标把对象的特征提取出来，才能对其进行学习及其他处理。本章将介绍特征提取的各个方面。

8.1 特征提取基础

1. 预测建模

本节涉及预测建模或有监督的机器学习问题。后者是指计算机科学的一个分支，它对利用计算机程序再现人类学习能力感兴趣。机器学习一词最早是在20世纪50年代由塞缪尔创造的，其含义涵盖许多可以从人类转移到机器的智能活动。术语"机器"应该以抽象的方式理解：不是作为物理实例化的机器，而是包括可以以软件形式实现的自动化系统。自从20世纪50年代以来，机器学习的研究主要集中在寻找数据中的关系并分析提取这种关系的过程，而不是构建真正的"智能系统"。

当通过一系列案例或示例而不是通过预定义规则定义任务时，就会出现机器学习问题。从机器人技术和模式识别的工程应用程序（语音、手写、面部识别）到Internet应用程序（文本分类）及医学应用程序（诊断、预后、药物发现），在广泛的应用领域中都发现了此类问题。给定许多与期望结果相关的"训练"示例（也称为数据点、样本、模式或观察值），机器学习过程包括仅使用训练示例来找到模式与结果之间的关系。

这与人类学习有很多共同之处。在人类学习中，人类会获得关于正确与不正确的例子，并且必须推断出哪个规则是决定的基础。具体而言，请考虑以下示例：数据点或示例是患者的临床观察数据，结果是健康状况：健康或不健康。目标是预测新"测试"示例的未知结果，例如新患者的健康状况。测试数据的性能称为"一般化"。要执行此任务，必须建立一个预测模型或预测器，该模型通常具有可调参数的功能，称为"学习机"。训练示例用于选择最佳参数集。但是，在进行建模之前，必须选择数据表示，详见8.2节内容。

2. 特征构建

在本书中，数据由固定数量的特征表示，这些特征可以是二进制的、分类的或连续的。特征是输入变量或属性的同义词。良好的数据表示形式是与特定领域相关的，并且与可用的度量有关。在医学诊断示例中，特征可能是症状，即一组将患者的健康状况分类的变量（如血糖水平等）。

将"原始"数据转换为一组有用功能的专业知识可以通过自动功能构建方法来完成。在某些方法中，特征构建被集成到建模过程中。例如，人工神经网络的"隐藏单元"计算类似于构造特征的内部表示。在其他方法中，特征构建即预处理转换。为了描述预处理步骤，下面介绍一些符号。

令 x 为尺寸为 n 的图案矢量，$x = [x_1, x_2, \cdots, x_n]$。该向量的分量 x_i 是原始特征。我们称 x' 为尺寸为 n' 的变换特征的向量。

预处理转换可能包括以下内容。

（1）标准化：虽然要素引用了可比较的对象，但是要素可以具有不同的比例。例如，考虑模式 $x = [x_1, x_2]$，其中 x_1 是以 m 为单位的宽度，x_2 是以 cm 为单位的高度。两者都可以进行比较，相加或相减，但是在适当的归一化之前这样做是不合理的。通常使用以下经典的数据居中和缩放比例：$x_i' = (x_i - \mu_i) / \sigma_i$，其中 μ_i 和 σ_i 是训练示例中特征 x_i 的均值和标准偏差。

（2）规范化：假如 x 是一幅图像，x_i' 是具有颜色 i 的像素的数目，通过将其除以总数的计数来编码分布并消除对图像大小的依赖性，使 x 规范化是有意义的。转化公式为：$x' = x / \|x\|$。

（3）信号增强：信噪比可通过应用信号或图像处理滤波器来提高。这些操作包括基线或背景去除、降噪、平滑或锐化。傅立叶变换和小波变换是流行的方法。

（4）局部特征的提取：对于顺序、空间或其他结构化数据使用特定技术，如使用手工内核的卷积方法、句法和结构方法。这些技术将特定于问题的知识编码成特征。

（5）线性和非线性空间嵌入方法：当数据的维数很高时，可以使用某些技术将数据投影到或嵌入较低维的空间中，同时保留尽可能多的信息。可使用的技术主要有主成分分析（PCA）技术和多维标度（MDS）技术。较低维空间中数据点的坐标可以用作要素，也可以仅用作数据可视化的手段。

（6）非线性扩展：虽然在谈到复杂数据时通常会要求降维，但有时增加维数会更好。当问题非常复杂，一阶相互作用不足以得出好的结果时，就会发生这种情况。这包括在原始特征 x_i 的计算产品中创建单项式 $x_{k1}, x_{k2}, \cdots, x_{kp}$。

（7）特征离散化：一些算法不能很好地处理连续数据，将连续值离散化为有限离散集是有意义的。此步骤不仅方便了某些算法的使用，而且可以简化数据描述并提高对数据的理解。

一些方法不会改变空间维数（如信号增强、标准化、归一化），而另一些方法则可以扩大空间维数（如非线性扩展、特征离散化）或减小空间维数（如空间嵌入方法）或可以在任一方向上起作用（提取局部特征）。

特征构建是数据分析过程中的关键步骤之一，很大程度上决定了后续统计或机器学习的成功。特别要注意的是，在要素构建阶段不要丢失信息。建议将原始特征添加到预处理的数据中，或者将使用至少两种表示形式获得的性能进行比较。过于包容而不是冒着风险将有用信息抛弃，这是更好的选择，医学诊断可以说明这一点。许多因素可能会影响患者的健康状况。对于通常的临床变量（温度、血压、葡萄糖水平、体重、身高等），人们可能希望添加饮食信息（低脂肪、低碳酸盐等）、家族病史甚至天气状况。添加所有这些功能似乎是合理的，但这是有代价的：增加了图案的维数，从而将相关信息浸入了可能不相关、嘈杂或多余的功能中。如何知道某个功能是相关的或有用的？这就是"功能选择"的含义。

3. 特征选择

尽管特征选择主要是为了选择相关的和有用的特征，但它可能具有其他动机，包括以下内容：

（1）常规数据缩减，以限制存储需求并提高算法速度；

（2）减少功能集，以节省下一轮数据收集或使用期间的资源；

（3）提高性能，以提高预测的准确性；

（4）理解数据，以获取有关生成数据过程的知识或简单地将数据可视化。

过滤器通常被识别为特征排序方法，此类方法使用相关性索引提供特征的完整顺序。用于计算排名指数的方法包括评估各个变量与结果（或目标）的依存程度的相关系数，也包括各种其他统计信息，还包括经典的测试统计信息（T检验、F检验、卡方检验等）。更一般地，在不优化预测器性能的情况下选择特征的方法称为"过滤器"。

这些方法将预测变量作为选择过程的一部分。包装器将学习机用作"黑匣子"，以根据特征的预测能力对特征子集进行评分。嵌入式方法在训练过程中执行特征选择，通常特定于给定的学习机。

4. 方法论

下面简单介绍一下特征选择的方法。特征提取有以下四个方面：

（1）特征构建；

（2）特征子集生成（或搜索策略）；

（3）评估标准定义（如相关性指标或预测能力）；

（4）评估标准评估（或评估方法）。

最后三个方面与特征选择有关，特征选择的主要方法有过滤器和包装器。过滤器和包装器的主要区别在于评估标准。通常可以理解为，过滤器使用的标准不涉及任何学习机器，例如基于相关系数或测试统计数据的相关性索引。而包装器则通过给定特征子集训练学习机的性能。

过滤器和包装器方法都可以利用搜索策略来探索所有可能的特征组合的空间，这些组合通常太大而无法被详尽地探索。然而，过滤器有时也被等同于特征子集的特征排序方法，因为仅评估单个特征，特征子集的生成十分简单。还可使用混合方法，使用多个过滤器来生成特征的分级列表。根据定义的顺序，由学习机产生并计算特征的嵌套子集，即遵循包装方法。另一类嵌入式方法在训练算法中结合了特征子集的生成和评估。

要克服的困难是必须从有限数量的训练数据中估计定义的标准（相关性指标或学习机的性能），针对此困难有两种可行的策略："样本内"或"样本外"。

第一种是"古典统计"方法，它指的是使用所有训练数据来计算经验估计值。然后，该估计值将通过统计测试评估其重要性，或者使用性能界限来提供有保证的估计值。第二种策略是"机器学习"方法，它是指将训练数据分为用于估计预测模型（学习机）参数的训练集和用于估计学习机预测性能的验证集。通常，将多次拆分（或"交叉验证"）的结果取平均值可减少估计量的方差。

8.2 数学方法入门

由于方法众多，刚踏入本领域的读者可能会迷失。本节介绍基本概念并简要描述简单而有效的方法，并利用小的二维分类问题来说明一些特殊情况。

特征选择的一种方法是根据特征的个体相关性对其进行排名。这种特征排序方法被认为是快速有效的，尤其是在特征数量较大且可用的训练示例数量相对较小（例如 10 000 个特征和 100 个示例）的情况下，尝试广泛搜索特征子集的空间以获得最佳预测的方法可能会慢得多，并且容易出现"过度拟合"（对训练数据可以实现完美的预测，但是对测试数据的预测能力可能会很低）。

但是，在其他一些示例中将会看到，由于"单变量"方法所做的基本特征独立性假设，单个特征排名存在两个方面的局限性：一是与个人无关的事物可能与其他事物相关；二是由于可能存在冗余，因此个别相关的功能可能并非全部有用。

所谓的"多变量"方法考虑了特征依赖性。多元方法可能会取得更好的结果，因为它们没有简化变量/功能独立性的假设。

1. 单独相关性排名

在图 8.1 特征相关性示例中，用圆圈或星星代表每一类：一类用圆圈表示，另一类用星星表示。将类在轴上的投影显示为叠加的圆和星。水平轴表示一个特征，垂直轴表示另一个特征。在图 8.1（g）和（h）中有第三个特征。

图 8.1（a）显示了特征相关性的一种情况，其中一个特征（x_1）单独相关，而另一个（x_2）则无法提供更好的类别分离。在这种情况下，单独的特征排序效果很好：本身提供良好类分离的特征将排名较高，因此将被选择。

皮尔逊相关系数是用于单个特征排名的经典相关指数。用 $\boldsymbol{x}_j$ 表示包含所有训练示例第 j 个特征的所有值的 m 维向量，用 $\boldsymbol{y}$ 表示包含所有目标值的 m 维向量。皮尔逊相关系数定义为：

$$C(j) = \frac{\left| \sum_{i=1}^{m} (\boldsymbol{x}_{i,j} - \overline{\boldsymbol{x}}_j)(\boldsymbol{y}_i - \overline{\boldsymbol{y}}) \right|}{\sqrt{\sum_{i=1}^{m} (\boldsymbol{x}_{i,j} - \overline{\boldsymbol{x}}_j)^2 \sum_{i=1}^{m} (\boldsymbol{y}_i - \overline{\boldsymbol{y}})^2}}$$

条形符号表示索引 i 的平均值。该系数也是向量 $\boldsymbol{x}_i$ 和 $\boldsymbol{y}$ 归一化后（减去它们的平均值）两者之间余弦的绝对值。皮尔逊相关系数可用于回归和二元分类问题。对于多元分类问题，可以改用紧密相关的费舍尔系数。皮尔逊相关系数还与 T 检验统计量和朴素贝叶斯排名指数密切相关。

特征空间中的旋转通常会简化特征选择。图 8.1（a）是通过旋转 45 度从图 8.1（d）获得的。可以注意到，要实现相同的分离，图 8.1（d）中需要两个功能，而图 8.1（a）中仅需要一个功能。旋转是一个简单的线性变换。几种预处理方法（如主成分分析）执行此类线性变换，从而可以减小空间尺寸并展现出更好的功能。

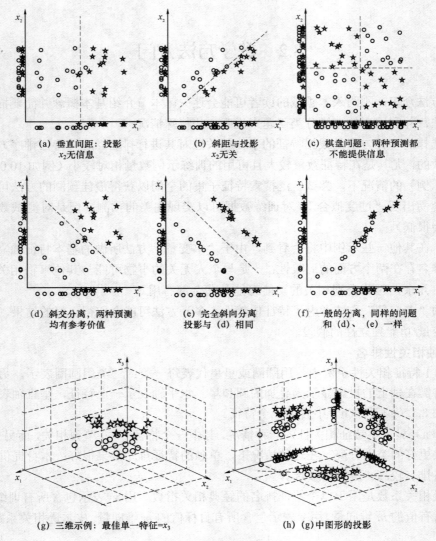

(a) 垂直间距：投影 x_2 无信息

(b) 斜距与投影 x_2 无关

(c) 棋盘问题：两种预测都 不能提供信息

(d) 斜交分离，两种预测 均有参考价值

(e) 完全斜向分离 投影与 (d) 相同

(f) 一般的分离，同样的问题 和 (d)、(e) 一样

(g) 三维示例：最佳单一特征=x_3

(h) (g)中图形的投影

图 8.1　特征相关性示例

相关性概念与所追求的目标有关。与分类无关的特征可能与预测类条件概率有关。图 8.1 （a）中特征 x_2 就是这种情况。这两个类别的示例均来自重叠的高斯分布，其类别中心与轴 x_1 对齐。因此，$P(y|x)$ 并不独立于 x_2，但是无论特征 x_2 是保留还是丢弃，最佳贝叶斯分类器的错误率都是相同的。这表明密度估计是一个比分类更难的问题，并且通常需要更多的功能。

2. 单独不相关的相关特征

以下内容将证明使用多元方法是合理的，该方法利用了联合考虑而非独立考虑的特征的预测能力。

一个有用的功能本身可能是无关紧要的。多变量方法的一个理由是，当组合使用时，单独不相关的特征可能会变得相关。图 8.1（b）给出了线性分隔的示例，其中单独无关的特征在与另一特征一起使用时有助于获得更好的分隔。这种情况发生在真实世界的示例中：特征 x_1 可能表示图像中被局部背景变化随机偏移的测量；特征 x_2 可能正在测量这样的局部偏移，其本身并不具有信息性。因此，如果从特征 x_1 中减去特征 x_2，则特征 x_2 可能与目标完全不相关，并且仍然改善了特征 x_1 的可分离性。

当组合使用时，两个单独无关的特征可能会变得相关。图 8.1（c）中的"棋盘问题"说明了这种情况。在特征选择挑战中提出了一个问题，将这种情况推广到更高维空间，例如 Madelon 数据集是由放置在五维超立方体顶点上的群集构建的，并随机标记。

救济方法是多元过滤器的经典示例。大多数多变量方法对特征的子集进行排名，而不是对单个特征进行排名。但是，仍然存在多变量相关性标准，可以根据各个要素在其他要素中的相关性对各个要素进行排名。为了说明这个概念，举例说明从救济算法得出的分类问题的排名指数

$$C(j) = \frac{\sum_{i=1}^{m}\sum_{k=1}^{K}\left|x_{i,j}-x_{M_k(i),j}\right|}{\sum_{i=1}^{m}\sum_{k=1}^{K}\left|x_{i,j}-x_{H_k(i),j}\right|}$$

现在对符号进行解释。该算法使用一种基于 K 近邻算法的方法。为了评估索引，首先在原始特征空间中为每个示例 x_i 标识相同类别 $\{x_{H_k}(i)\}$ 的 K 个最近示例，$k=1$，…，K（最近命中）和不同类别 $\{x_{M_k}(i)\}$（最近未命中）的 K 个最近示例。然后，在特征 j 的投影中，将示例与其最近未命中之间的距离之和与其最近命中的距离之和进行比较，并使用这两个量的比值来创建独立于特征比例变化的索引。救济方法适用于多类问题。

3. 冗余特征

采用多变量方法的另一个理由是它们考虑了特征冗余并能产生更紧凑的特征子集。检测冗余不能像单变量方法那样仅通过分析特征投影来完成。下面的示例说明了这一点。

可以利用具有相同投影分布的特征来实现降噪。在图 8.1（d）中，如果比较它们的投影分布，这两个特征看起来很相似。然而，它们并不是完全冗余的：二维分布显示出比使用这两个特性都可以实现的类分离更好的类分离。在此示例中，两个类别的数据点由具有相等方差 σ^2 的高斯分布生成。在对任一特征的投影中，两个类别之间的距离 d 是相同的。

因此，每个单独特征的信噪比为 d/σ。在第一对角线上的投影中，两类之间的距离为 $d\sqrt{2}$，因此信噪比提高了 $\sqrt{2}$。增加 n 个具有这种类条件独立性的特征将使信噪比提高 $\sqrt{n}$。

关联并不意味着冗余。图 8.1（e）和图 8.1（f）显示了更明显的例子，其中特征投影与图 8.1（d）中的相同。通常认为特征相关（或负相关）意味着特征冗余。在图 8.1（f）中，功能是相关的，而且确实是冗余的：使用两个功能而不是一个功能并不能显著改善类分离。但是在图 8.1（e）中，尽管有两个特征具有相似的投影并且是负相关的，它们根本不是冗余的：使用这两个特征可以实现完美的分离，而每个单独的特征提供较差的分离。

4. 前向和后向过程

认识到在其他特征的上下文中选择特征和消除冗余的必要性，则有各种各样的算法可供

选择。在包装器和嵌入式方法中，贪婪方法（前向选择或后向选择）最受欢迎。在前向选择方法中，从空集开始，并逐渐地添加特征，从而导致性能指标的改善。在后向消除过程中，从所有特征开始，然后逐步消除最无用的特征。这两个程序都相当快，而且不会过度安装。这两个过程都提供嵌套的特征子集。然而，它们可能会导致不同的子集，并且根据应用程序和目标的不同，一种方法可能比另一种方法更可取。下面用算法的例子来说明每种类型的过程。

在图 8.1（g）和 8.1（h）中，我们以三维方式展示了一个示例，说明了前向和后向选择过程的不同之处。在此示例中，前向选择方法将首先选择 x_3，然后选择另外两个特征中的一个，从而屈服于排序 x_3、x_1、x_2 或 x_3、x_2、x_1 中的一个。后向选择方法将首先消除 x_3，然后消除另外两个特征之一，得到排序 x_1、x_2、x_3 或 x_2、x_1、x_3 中的一个。事实上，在图 8.1（h）中，我们看到特征 x_1 和 x_2 中的前投影给出了类似于图 8.1（e）的图形。最后一个特征 x_3 本身可以很好地分离，比单独使用 x_1 或 x_2 更好。但是，与 x_1 或 x_2 组合，它不能提供像 $\{x_1, x_2\}$ 对那样好的间隔。因此，如果最终选择单个特征（排名最高的 x_3），则前向选择排序产生更好的选择。但是如果最终选择两个特征（排名最高的 x_1 和 x_2），则后向选择方法将产生更好的结果。后向消除过程可能会产生更好的性能，代价是可能会有更大的特征集。但是，如果功能集缩减得太多，性能可能会突然下降。在前面的示例中，通过后向选择方法选择排名靠前的特性将比通过前向选择 x_3 差得多。

现在提供前向选择算法示例。Gram-Schmidt 正交化过程是前向选择方法的一个简单示例。第一个选定的特征与目标的余弦最大。对于居中的特征，这相当于首先选择与目标最相关的特征。按如下方法迭代选择后续特征：首先将剩余的特征和目标投影到已经选择的特征的零空间上；然后与该投影中的目标具有最大余弦的特征被添加到所选特征。该过程选择能最大限度地减小线性预测器的最小二乘误差的特征。可以使用统计检验或交叉验证来停止该过程。这个过程的优点是只需用几行代码来描述，并且在实践中执行得很好。

前向选择方法的另一个更高级的例子是"随机森林"（RF）。决策树的集成（如随机森林）在构建分类或回归树的过程中选择特征。

现在提供后向选择算法示例。递归特征消除支持向量机（RFE-SVM）是后向选择法的一个简单例子。对于决策函数为 $f(x) = w \cdot x + b$ 的线性支持向量机，该方法归结为简单地迭代去除绝对值 $|w_i|$ 中具有最小权重的特征 x_i，并重新训练模型。以牺牲一些次优性为代价，通过在每次迭代中一次去除几个特征可以加快该方法的速度。该方法还可以推广到非线性支持向量机。

RFE（递归特征消除）是一种根据目标函数变化最小的权值剪枝方法。它遵循与最优脑损伤过程（OBD）相同的范式。OBD 用于修剪神经网络中的权重，并可用于特征选择。OBD 还与竞赛获胜者使用的自动相关性确定（ARD）贝叶斯方法有相似之处。

综上所述，常用的特征选择方法总结如下。

（1）单变量方法。使变量之间具有独立性。特征选择：用皮尔逊相关系数排序。分类器：贝叶斯。

（2）线性多元方法。特征选择：Gram-Schmidt 正向选择或带有线性 SVM 的 RFE。分类器：线性 SVM 或线性正则化最小二乘模型（RLSQ）。

（3）非线性多元方法。特征选择：浮雕，RFE，OBD 或 ARD 与非线性模型结合使用。分类器：最近邻域法，非线性 SVM 或 RLSQ，神经网络，RF。

根据实现的不同，计算复杂度会有很大不同，应该谨慎对待。表 8.1 总结了本节中提到的方法。建议按计算复杂度递增的顺序尝试这些方法。其中，m 为训练样本数，n 为特征数，t 是树分类器的个数。表中增加了特征选择过程的计算复杂度的几个数量级，这不包括评估部分确定要选择的最佳特征数量。

表 8.1　常用的特征选择方法

特征选择	匹配分类器	计算复杂度
皮尔逊法	贝叶斯	nm
救济法	最近邻域法	nm^2
Gram−Schmidt	线性 RLSQ	$f(n,m)$
RFE−SVM	非线性 SVM	$\max\{n,m\}\cdot m^2$
OBD/ARD	神经网络	$\min\{n,m\}\cdot mn$
RF	RF	$\sqrt{nm}\cdot\log m$

8.3　特征选择方法的开放性问题

令人惊讶的是，虽然目前存在大量的特征选择方法可供使用，但似乎没有最优方法。首先，关于特征选择问题有多种说法。其次，某些方法专用于特定情况（例如二进制输入或输出）；某些方法在计算上效率低下，因此只能用于少量特征；某些方法易于"过拟合"，因此只能用于大量特征的情况。这使得在改进现有技术和巩固理论上面临着一定的挑战。发明新算法是解决这些问题的好方法。但是已经存在如此多的算法，如果不按照一定的原则或方法进行操作，就很难在现有技术上进行重大改进。本节提出了一些可以建立新理论的形式化数学陈述。

下面首先介绍一些公式。模式是特征向量 $x=[x_1, x_2, \cdots, x_n]$，它是随机向量 $X=[X_1, X_2, \cdots, X_n]$ 的实例。对于每个值分配，都有一个概率 $P(X=x)$。为了简化符号，假设这些值是离散的。目标是取值为 y 的随机变量 Y。X 和 Y 之间的相关性由分布 $P(X=x, Y=y)=P(Y=y|X=x)P(X=x)$ 决定。当 $P(X, Y)=P(Y|X)P(X)$ 时，意味着对所有随机变量取的值均等。令 V 为 X 的某个子集。令 X_i 为除 x_i 的 X 的子集，而 V^i 为 X_i 的某个子集。

1. 相关特性

下面从相关特性的概念开始讨论。首先将不相关性定义为随机变量独立性的结果，然后通过对比定义相关性。首先，假设已知数据分布的知识（实际上是未知的）。然后讨论有限样本的情况。

定义 1（完全无关特征） 特征 X_i 肯定是不相关的，且对于包括 X^{-i} 的所有特征子集 V^{-i}

$$P(X_i, Y | V^{-i}) = P(X_i | V^{-i})P(Y | V^{-i}).$$

由于几乎不考虑以零概率或小概率发生的情况，因此测量概率无关性似乎很自然，例如 $P(X_i, Y | V^{-i})$ 和 $P(X_i | V^{-i}) P(Y | V^{-i})$ 之间具有 KullbackLeibler 散度

$$\mathrm{MI}(X_i, Y | V^{-i}) = \sum_{\{X_i, Y\}} P(X_i, Y | V^{-i}) \log \frac{P(X_i, Y | V^{-i})}{P(X_i | V^{-i})P(Y | V^{-i})}$$

总和遍历随机变量 X_i 和 Y 的所有可能值，我们注意到，获得的表达式是条件互信息。因此，它是 $n-1$ 个变量的函数。为了得出一个分数（该分数概括了特征 X_i 的相关性），对 V^{-i} 的所有值求平均值

$$\mathrm{EMI}(X_i, Y) = \sum_{V^{-i}} P(V^{-i})\mathrm{MI}(V_i, Y | V^{-i})$$

定义 2（近似无关特征） 对于特征 V^{-i} 的所有子集，包括 X_i，特征 X_i 近似无关。

$$\mathrm{EMI}(X_i, Y) \leqslant \varepsilon$$

当 $\varepsilon = 0$ 时，几乎肯定无关的功能将被调用。

有了这个陈述，有条件的互信息就成为自然的相关性排名指数，可以通过与无关性对比来定义相关性。该定义用于执行特征选择的实际使用时计算代价较大，因为它需要考虑特征 V^{-i} 的所有子集并对 V^{-i} 的所有值求和。但是，如果假设所有 $i = j$ 的特征 X_i 和 X_j 是独立的，则平均条件互信息与 X_i 和 Y 之间的互信息相同

$$\mathrm{EMI}(X_i, Y) = \mathrm{MI}(X_i, Y)$$

这激发了以下定义。

定义 3（单独无关特征） 如果某个相关性阈值 $\varepsilon \geqslant 0$，则特征 X_i 单独无关

$$\mathrm{MI}(X_i, Y) \leqslant \varepsilon$$

该定义的推导证明了将互信息用作特征排名索引的合理性。现在讨论有限样本的情况。在实际情况下，无法访问概率分布 $P(X)$ 和 $P(Y | X)$，但是可以从这些分布中提取训练示例。下面定义一个可能的近似无关的新概念。同时，在定义中用通用非负索引 $C(i)$ 代替标准 EMI (X_i, Y) 或 MI (X_i, Y)，对于无关的特征其期望值为零。将索引写为 $C(i, m)$，以强调它是根据 m 个训练示例计算得出的经验指标。

定义 4（可能近似无关特征） 特征 i 可能与用 m 个示例估计的指数 C 近似无关，其中近似级别 $\varepsilon \geqslant 0$，风险 $\delta \geqslant 0$，且

$$P\big(C(i, m) > \varepsilon(\delta, m)\big) \leqslant \delta$$

显然，对于相关的特征，不知道 $C(i, m)$ 在大小为 m 的训练集的不同图形上的概率分布，然而，也许能够对无关特征的 C 分布做出一些假设。

按照假设检验的范式，将无关特征的 C 分布称为"零"分布。对于给定的候选特征 i，

零假设即该特征是无关的。如果 $C(i, m)$ 明显偏离零，将拒绝这个零假设。使用"空"分布和选择的风险 δ，可以计算重要性阈值（δ，m）。

有关文献中已经提供了许多相关性的定义。Kohavi 和 John 区分了强相关特征和弱相关特征。

特征 X_i 是强相关的，当且仅当存在一些值 x_i，y 和 v_i，其中 $P(X_i=x_i, X^{-i}=v_i)>0$ 使得 $P(Y=y|X_i=x_i, X^{-i}=v_i)=P(Y=y|X^{-i}=v_i)$。特征 X_i 弱相关的充要条件是它不是强相关的，并且如果存在对于值 x_i、y 和 v_i 存在的特征子集 V^{-i}，并且 $P(X_i=x_i, V_i=v_i)>0$，使得 $P(Y=y|X_i=x_i, V_i=v_i)=P(Y=y|V_i=v_i)$。

对相关性的渐近定义同样是基于条件性的。Kohavi 和 John 引入强相关性和弱相关性似乎是出于考虑冗余的需要：强相关性特征本身需要并且不能删除，弱相关性特征与其他相关特征是冗余的，因此如果保留相似的特征则可以省略。本书的方法将冗余的概念与相关性的概念分开：如果一个特征包含一些关于目标的信息，那么它就是相关的。由于对相关性的定义不太具体，下面将引入足够特征子集的概念。这是一个提取相关特征的最小子集的概念，因此在需要时排除冗余。

2. 足够的特征子集

前面已经为特征相关性的概念提供了正式定义。按相关性排序的特征不允许提取足以做出最佳预测的最小特征子集。下面提出一些特征子集充分性的形式化定义。为子集引入额外的符号 V，它补充了 X 中的一组特征 V：$X=[V, \bar{V}]$。

定义 5（完全充分特征子集）　特征子集 V 肯定是充分的，且对其互补子集 $\bar{V}$ 的所有赋值

$$P(Y|V) = P(Y|X)$$

就像特征相关性的定义一样，因为不关心以零或小概率发生的情况，所以在概率上衡量充分性似乎是很自然的。定义一个新数量

$$\mathrm{DMI}(V) = \sum_{\{v, \bar{v}, y\}} P(X=[v, \bar{v}], Y=y) \log \frac{P(Y=y|X=[v, \bar{v}])}{P(Y=y|V=v)}$$

这个量是在第十三届机器学习国际会议中引入的，它是 $P(Y|X)$ 和 $P(Y|V)$ 之间的 Kullback−Leibler 散度在 $P(X)$ 上的期望值。

可以证明

$$\mathrm{DMI}(V) = \mathrm{MI}(X, Y) - \mathrm{MI}(V, Y)$$

定义 6（近似充分特征子集）　特征子集 V 近似足够，近似水平 $\varepsilon \geq 0$，或 ε 充分，且
$$\mathrm{DMI}(V) \leq \varepsilon$$

如果 $\varepsilon = 0$，子集 V 被称为几乎完全充分。

定义 7（最小近似充分特征子集）　特征子集 V 是极小近似充分的，逼近级别 $\varepsilon \geq 0$，当它是 ε 充分的，并且不存在较小尺寸的其他充分子集。

根据定义，最小近似充分特征子集是优化问题的解（可能不是唯一的）

$$\min_V \|V\|_0 \text{ such that } \mathrm{DMI}(V) \leqslant \varepsilon$$

其中，V_0 表示所选要素的数量。这种优化问题可以通过使用拉格朗日乘数 $\lambda > 0$ 转换为

$$\min_V \|V\|_0 + \lambda \, \mathrm{DMI}(V)$$

请注意，$MI\,(X,\ Y)$ 是常量，这等同于

$$\min_V \|V\|_0 - \lambda \, \mathrm{MI}(V, Y)$$

至此恢复了特征选择问题：寻找使特征子集与目标之间的互信息最大化的最小可能特征子集。显然，数量 V_0 是离散的，因此很难优化。

如前文所述，后验概率的预测比分类或回归更难。因此，可以用最小化给定的风险泛函（例如分类错误率）来代替最大化互信息的问题。"零范数"特征选择方法的表述遵循了这一思路。

3. 特征子集选择方差

如果数据具有冗余特征，则不同的特征子集可以同等有效。对于某些应用程序，可能需要有目的地生成可供后续处理阶段使用的替代子集。尽管如此，人们可能会发现这种方差是不可取的。首先，方差通常不能很好地推断模型不好的症状；其次，结果是不可重现的；最后，一个子集未能捕捉到"全部情况"。

"稳定"变量选择的方法是使用集合方法。特征选择过程可以用训练数据的子样本重复。所选特征子集的并集可以被视为最终的"稳定"子集。可以考虑各个特征在所选子集中出现的频率来创建各个特征的相关性索引。

这种方法具有很好的前景，但值得一提的是：当一个本身高度相关的特征被许多具有弱个体相关性的可选特征补充时，引入高度相关的特征将很容易从该过程中出现，而弱特征将很难与不相关的特征区分开来。这可能会削弱训练数据的性能。

4. 建议的问题

下面讨论几个值得关注的研究方向。

（1）理论上更扎根的算法。许多流行的算法没有原则，很难理解它们想要解决什么问题，以及它们如何以最优的方式解决。重要的是要从所解决问题的清晰的数学描述开始。应该清楚地表明，所选择的方法如何以最佳方式解决了所述问题。最后，应解释为解决所述优化问题而做出的最终近似算法。一个有意义的研究主题将是在理论框架中"改造"成功的启发式算法。

（2）更好地估计计算负担。计算方面的考虑是相当容易理解的。但是，即使计算机速度的不断提高降低了算法效率的重要性，估计特征选择问题算法的计算负担仍然是必不可少的。计算时间本质上是由搜索策略和评价标准决定的。几种特征选择方法需要检查非常大量的特征子集，并且可能需要检查所有特征子集，即 $2n$ 个子集。贪婪方法通常成本更低，并且只访问 n 或 n^2 个子集的数量级。评估标准也可能成本很高，因为它可能涉及训练分类器或比较每对示例或特征。此外，评估标准可能涉及一个或多个嵌套的交叉验证循环。最后，集成方法以额外的计算量为代价提高了性能。

（3）更好的特征选择性能评估。另一个需要解决的重要问题是统计性质的：一些方法需

要比其他方法更多的训练示例来选择相关特征和/或获得良好的预测性能。"过度拟合"的危险在于找到"很好地解释"训练数据，但没有真正相关性或没有预测能力的特征。对"解决"特征选择问题所需的样本数量进行理论预测，对于选择合适的特征选择方法和规划未来的数据采集都是至关重要的。解决这个问题的初步方法可以在 Andrew 的《特征选择：以指数多个无关特征作为训练样本进行学习》中找到。

　　读者可能已经注意到，在前文中没有针对"足够的特征子集"处理有限样本的情况。本书认为，在有限样本的情况下，不充分的特征子集可能比足够的子集（即使它们是最小的并且不包含无关的特征）具有更好的性能，因为进一步降低空间维数可能有助于降低过拟合的风险。根据"包装器"方法，有必要引入"有效特征子集"的概念：当用有限数量 m 个示例训练学习机时，提供最佳风险期望值的子集。一个中心问题是设计表征有效特征子集的性能界限。

　　（4）其他挑战。虽然本书已经努力涵盖了大量与特征提取相关的主题，但并没有穷尽所有主题，下面简要列出了一些其他值得感兴趣的内容。

　　① 无监督变量选择。已有研究尝试执行用于集群应用的特征选择。对于有监督的学习任务，人们可能想要相对于不使用 y 的标准来预过滤一组最重要的变量，以减少过拟合问题。

　　② 实例选择。特征选择/构造的双重问题是实例选择/构造问题。错误标注的示例可能会导致错误变量的选择，因此联合执行变量和示例的选择可能更可取。

　　③ 对系统进行反向工程。本书的内容集中在构建和选择对构建良好预测器有用的特征的问题上。解开变量之间的因果依赖关系和对产生数据的系统进行反向工程是一项更具挑战性的任务。

8.4　图　像　特　征

1. 形状特征

1）简介

如今，图像被应用于时尚、工程设计和建筑、广告、娱乐、新闻等领域。视觉信息在我们的社会中扮演着重要的角色，并且显得越来越重要，而保存这些信息源的需求也越来越大。

鉴于图像的实际应用和日益增长的应用需求，对图像进行探索和恢复的能力是一个至关重要的问题，这就要求建立图像检索系统。图像检索（IR）是一种实用的图像恢复和浏览海量图像记录的方法。基于自动提取特征的图像恢复过程是近年来研究的热点。典型的基于内容的图像检索和分析系统的输入是包含感兴趣对象的场景的灰度图像。

为了理解场景的内容，必须识别场景中的对象。物体的形状用二值图像表示，二值图像代表物体的范围。形状可以假设为物体的轮廓（如通过使用自然远光源来显示物体）。有许多成像应用可以将图像分析最小化到对形状的分析（如机器零件、器官、字符、细胞）。

用形状分析方法分析场景中的对象可以从形状表示和形状分析两方面进行讨论。形状表示方法导致对原始形状（如图形）的非数字描述，因此形状的重要特征得到了很好的保留。这里的"重要"一词在各种应用中通常有不同的含义。形状表示之后的步骤是形状描述，它指的是生成形状的数字描述符的方法。形状描述技术从指定的形状生成形状描述符向量（也称为特征向量）。描述的目的是利用形状描述子向量唯一的描述形状。形状分析算法的输入是形状（即二进制图像）。

从灰度图像中获取二值形状图像有很多种方法（如图像分割）。其中一种技术是连通域标记。像素的邻域是与之接触的像素组，因此，一个像素的邻域最多可以有 8 个像素（图像始终被视为 2D）。图 8.2 显示了像素 P 的邻域（灰色单元格），有不同类型的社区，描述如下。

（1）4−邻域。4−邻域仅包含直接接触的像素。图 8.3 显示特定像素 P 的 4−邻域的上、下、左、右像素。

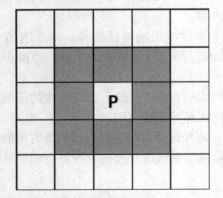
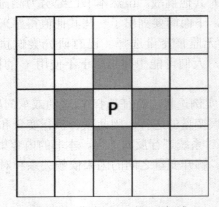

图 8.2　灰色像素构成像素"P"的邻域　　　图 8.3　像素"P"的 4−邻域

（2）d−邻域。这个邻域由那些不接触的像素组成，它们与角点接触。也就是指对角线像素。如图 8.4 所示。

（3）8−邻域。这是 4−邻域和 d−邻域的结合。如图 8.5 所示，这是像素可能拥有的最大可能邻域。

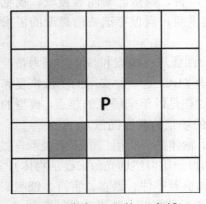
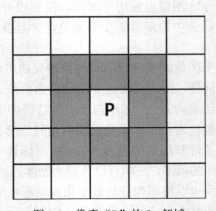

图 8.4　像素"P"的 d−邻域　　　图 8.5　像素"P"的 8−邻域

（4）连通性。如果两个像素属于图8.6所示的邻域，则认为它们是"连通的"。

整个灰色像素"连接"到"P"或它们8连接到"P"。因此，只有深灰色的与"P"4相连，浅灰色的与"P"d相连。

如果有多个像素，若任何两个像素之间存在某种"连接链"，则称它们是"连通的"，如图8.7所示。

这里，假设白色像素被视为前景像素集或形状像素。然后，连接像素 P_2 和 P_3。存在一个互相连接的像素链。但是，像素 P_1 和 P_2 没有连接。黑色像素（不在前景像素集中）阻止了连接。

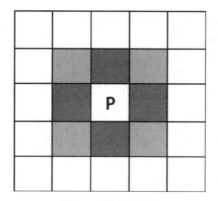

图8.6　像素连通性

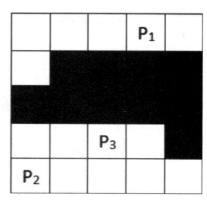

图8.7　区域连通性

（5）连通域。由连通性的思想，产生连通域的思想。图8.8显示了一个最有助于阐明这一观点的图形。图8.9显示了连通域的标记示例。每个连通区域只有一个值（标记）。

形状可以用笛卡尔坐标或极坐标表示。笛卡尔坐标（见图8.10（a））是简单的 x-y 坐标，在极坐标（见图8.10（b））中，形状元素表示为 r-θ。

图8.8　连通部件

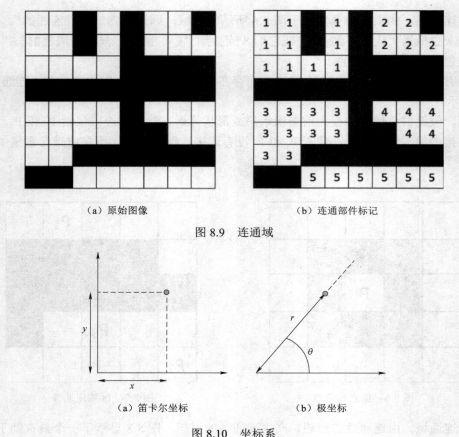

（a）原始图像   （b）连通部件标记

图 8.9   连通域

（a）笛卡尔坐标   （b）极坐标

图 8.10   坐标系

2）形状特征的重要性

形状识别或匹配是指形状比较的方法。它被用于基于模型的目标识别，其中一组已知的模型对象等同于图像中的未识别对象。为此，采用形状描述方案来确定场景中每个模型形状和未识别形状的形状描述符向量。通过使用度量将形状描述符向量相等，将未识别的形状匹配到其中一个模型形状。形状表示如图 8.11 所示。其中，图 8.11（a）显示的是原始图像，图 8.11（b）显示了原始图像的灰度图像，图 8.11（c）显示了树叶的整体形状，而边界形状和内部细节如图 8.11（d）所示。

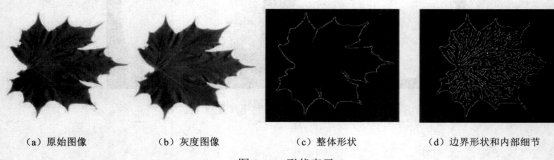

（a）原始图像   （b）灰度图像   （c）整体形状   （d）边界形状和内部细节

图 8.11   形状表示

图 8.12 说明了简单形状示例的基本思想。图 8.12（a）～（c）中的形状是旋转对称的，通过这一特性，它们可以与图 8.12（d）和（e）中的形状区分开来。

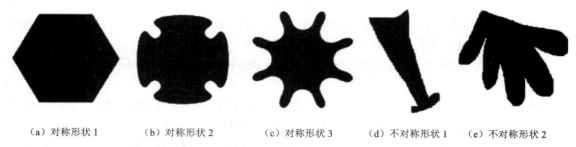

（a）对称形状 1　　　（b）对称形状 2　　　（c）对称形状 3　　　（d）不对称形状 1　　　（e）不对称形状 2

图 8.12　形状示例

假设形状函数 S_1 被定义为"对称性"度量。由于 S_1 不区分图 8.12（a）～（c）中的形状，应测量另一个形状描述符。观察到图 8.12（a）中的形状是凸的，并且图 8.12（b）中的形状比图 8.12（c）中的形状"更凸"，所以考虑"凸性"度量（即另一个形状函数）S_2。S_2 可能为凸面形状指定 1，为"较少凸面"形状指定较小的值（例如，图 8.12（b）中的形状为 0.92，图 8.12（c）中的形状为 0.75）。这样的划分函数可以区分图 8.12（d）和（e）中的形状，但不清楚它是否能够区分图 8.12（b）和（d）中的形状。很难判断哪一个"更凸"。为了克服这个问题，可以使用另一个描述符（如形状"线性"度量）。

线性度量 S_3 应为图 8.12（d）中的形状分配一个较高的值（假设为 0.9），并为其余形状分配较小的相似值（如所有值接近 0.1）。

这是使用形状描述符和等效度量来区分形状/对象的基本过程。在大多数情况下，一个度量值和一个描述符是不够的，有时应该将它们结合起来。例如，图 8.12（e）中的形状可以与其他形状区分为具有较小 S_1 和 S_3 值的形状（即对称性和线性度量值均较低）。

形状特征的提取和描述在以下应用中具有重要作用。

（1）形状恢复：从具有可比形状的大型数据库中查找与查询形状最相似的形状。

（2）形状分类和识别：定义指定形状是否满足最相似的模型或典型类别。

（3）形状注册和对齐：转换或转换一个形状以与另一个形状部分或整体相匹配。

（4）形状简化和近似：创建一个包含少量元素（三角形、点、线段等）的形状，该形状仍然与原始形状等效。

3）有效形状特征的属性

形状描述符可用于从数据库中有效地发现相似形状，即使它们是相似的改变形状，如平移、旋转、翻转、缩放等。该形状描述符还可用于有效地搜索不完美形状及受噪声影响的形状，对人类所能容忍的形状进行比较和恢复。这被认为是健壮性的需要。形状描述符应该能够完成对最大类别形状的图像检索，而不仅仅只对某些类型的形状。因此，它应该是独立于应用程序的。形状描述符的一个重要特性是计算复杂度低。通过在计算过程中包含较少的图像属性，可以减少计算量，降低计算复杂度，并使形状描述符具有鲁棒性。在这里，低计算复杂度意味着清晰和稳定。

有效的形状特征必须包含以下重要特性。

（1）可识别性：人类感知到的相似形状必须具有不同于其他形状的相同特征。

（2）旋转不变性：对象的方向不会影响其形状。因此，形状描述符可能会为以形状 S 和角度 θ 即 (S,θ) 为参数定向的相似形状生成相同的度量。

（3）平移不变性：物体的形状与所使用的坐标轴无关。因此，预计形状描述符应生成形状的相似度量，而不管其在坐标平面中的位置如何。

（4）尺度不变性：由于物体的形状与其描述无关，因此物体的尺度不应影响形状描述符生成的度量。

（5）仿射不变性：仿射变换实现了从二维坐标到其他二维坐标的线性投影，保持了直线的平行度和直线度。仿射不变特征可以利用比例、方向、平移和剪切排列来创建。

（6）抗噪性：特性应尽可能可靠地抵抗噪声。即在影响图案的给定范围内，它们必须与抗噪性相同。

（7）掩蔽不变性：当某些形状部分被其他形状所遮挡时，残余部分的特征不得改变为与原始形状相同。

（8）统计独立性：一个形状的两个特征在统计上不能相互依赖。这是表示紧凑性的需要。

（9）可靠：提取的特征必须保持相似性，以便处理相似的模式。

（10）定义合适的范围：了解形状描述符形成的值的范围对于理解描述符所形成的值的含义非常重要。另外，在设计应用程序时，了解描述符所形成的范围可能是有益的。

形状描述符通常是一组值，用于指代形状的指定特征。描述者试图以一种与人的感知相一致的方式来测量一个形状。

良好的检索识别率需要一个能够有效地从数据库中找到可比较形状的形状特征。特征通常以向量的形式出现。形状特征还应满足以下需求。

（1）其应足够完整，以正确描述形状。

（2）它应该被有效地表示和存储，这样描述符向量的大小就不会变得非常大。

（3）描述符之间距离的计算应该很容易，否则需要大量的时间来实现。

4）形状特征的类型

已经为形状检索应用建立了几种形状解释和描述方法。根据形状特征是从轮廓中提取还是从整个形状区域提取，形状解释和描述方法分为两类：基于轮廓的方法和基于区域的方法。

每种技术又分为两种方法：结构方法和全局方法。这两种方法都是建立在观察形状是否具有分段特征或整体特征的基础上的。

（1）基于轮廓的形状表示和描述技术。利用基于轮廓的方法提取边界或轮廓信息。其中，全局方法不将形状分割成子部分，而是利用整个边界信息来生成特征向量和进行匹配，因此这也被认为是连续的方法。结构方法将形状边界信息划分为若干段或子部分，称为基元，因此这种方法也被认为是离散方法。通常，结构技术的最终表示是一个字符串或一个图（或树），它们将用于图像检索过程中的匹配。

① 全局方法。根据形状轮廓信息，生成用于匹配过程的多维数字特征向量。匹配过程是通过控制欧几里得距离或点对点匹配来完成的。

② 结构方法。轮廓信息被分割成若干段，即形状被分割成边界段（基元）。结果被编码

成一个字符串的形式，如 $S = s_1,\ s_2,\ \cdots,\ s_n$。其中，$s_i$ 可以是形状特征的一个元素，它可以包含长度、方向等特征。该字符串可以直接用来表示形状，也可以用作图像检索过程中识别系统的输入。

③ 结构方法的局限性。基元和特征的生成是结构方法的首要局限性。由于没有确定每个形状所需的基本体的数量，因此对象或形状没有适当的定义。另一个限制是其计算复杂性。这种技术并不能保证最佳匹配。

基于轮廓的方法比基于区域的方法更受欢迎，原因如下。

① 人类可以毫不费力地通过轮廓区分形状。

② 在一些应用中，形状的轮廓很重要，而不是其内部内容。

但该方法也有一些局限性。

① 基于轮廓的形状描述符对噪声和变化非常敏感，因为它们使用了形状的小部分。

② 在一些应用中，无法获得轮廓。

③ 一些应用程序更重视其内部内容。

（2）基于区域的形状表示和描述技术。基于区域的方法更健壮，可以用于一般应用程序。该方法利于对付变形。在基于区域的方法中，形状区域中的所有像素，即整个区域都被用来表示和描述形状。基于区域的方法也可以分为全局方法和结构方法，这取决于它们是否将形状划分为子部分。

① 全局方法：全局方法考虑用于形状表示和描述的整个形状区域。

② 结构方法：结构方法将形状区域划分为用于形状表示和描述的子部分。基于区域的结构方法与等高线结构方法有相似的问题。

2．纹理特征

1）简介

纹理特征用于将图像划分或分类为感兴趣的区域。它以图像的颜色或强度空间结构的形式提供数据。无法描述一个点的纹理。纹理是由邻里强度的空间分布来定义的。识别图像的分辨率定义了纹理的感知尺度。例如，在分析瓷砖地板的大距离图像时，通过放置瓷砖可以观察到形成的纹理，但是瓷砖中的图案没有被感知到。当从更近的范围研究同一场景时，只有几块瓷砖位于视角范围内，并且可以感知通过放置构成每个瓷砖的详细图案而创建的纹理。因此，纹理是局部图像强度差异的重复图案，该图像太精细而无法在实验分辨率下区分为不同的对象。满足在图像区域中不断出现的指定的灰度级特性的一组相连的像素是纹理区域，例如白色背景上点的重复图案。打印在白纸上的文本也是一种纹理。在此，描述每个字符的相连像素集形成每个原始灰度级。将字符放在行上并作为页面组件结果依次放行的方法是有序纹理。在图 8.13 中，三张图像的像素分布均为 50% 白色和 50% 黑色，但纹理是不同的。

纹理有时也被称为纹理像素。可以将纹理定义为精细、平滑、粗糙、粒状等。色调基于纹理的像素强度特性，而结构则象征纹理的空间联系。如果纹理像素很小，则良好的纹理会导致纹理像素之间的色调变化。当纹理像素很大并且由几个像素组成时，会得到粗糙的纹理。

纹理分析主要有两个问题：纹理分割和纹理分类。

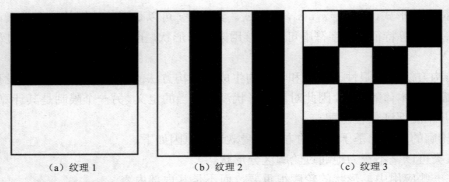

（a）纹理1　　　　　　　　（b）纹理2　　　　　　　　（c）纹理3

图8.13　三个不同的图像具有相同的强度分布（纹理不同）

在纹理分类中，问题是从一组特定的纹理类别中识别出指定的纹理区域。例如，一个特定区域的航空图像可能是农业用地、森林地区或城市地区。每个区域都有其独特的纹理特征。为了能够对这些模式进行分类，纹理分析算法从每个区域提取不同的特征。这隐含着一个假设，即在区域之间已经确定了界限。与纹理分类不同，在纹理分割中，单个均匀区域的类别标签决定使用计算的区域特征，纹理分割涉及自动评估图像中不同纹理区域之间的界限。虽然定量纹理测量有助于分割，但一旦确定，大多数用于确定纹理特征的统计方法都不能提供精确的测量，除非计算仅限于单个纹理区域。基于区域的技术和基于边界的技术都试图分割纹理图像。

这些技术与用于目标背景分离的技术相似。纹理分割仍然是一个活跃的研究领域，相关文献中已经提出了无数的技术，每一种都是为了特定目的的实现。纹理在机器视觉纹理评价技术和图像处理方法中起着重要作用。其主要特点如下。

（1）分离：明显的纹理分离。

（2）歧视：认为两个实体不一样（不同于隔离）。

（3）识别：保留一个实体作为已知的东西。

（4）分类：对与特定类别有关的实体进行分类。

对实体进行分类一般使用分段信息。主要包括两种类型的分类：监督分类和无监督的分类。

监督分类指用户可以在代表特定类别的图像中选择样本像素，然后指导图像处理软件使用这些训练站点作为参考，对图像中的所有其他像素进行分类。根据用户的理解选择培训站点（也称为测试集或输入类）。

无监督的分类结果（具有共同特征的像素簇）基于图像软件评估，而非用户提供的样本类。计算机使用某种方法来确定相关的像素并将它们分组到类中。用户可以指定软件使用的算法以及所需的输出类数量，但分类方法在其他方面没有帮助。然而，当计算机生成的具有普遍特征的像素组必须与地面上的真实特征（如森林、陆地或海洋）相联系时，用户必须了解被分类的区域。

2）纹理特征的重要性

大面积自然景物的图像完全缺乏锐利的边缘。在这些区域中，场景可以定义为具有类似于cloth纹理的连贯结构。为了分割图像并对其进行分类，可以使用图像纹理测量。纹理由忽略其颜色的相邻像素强度关系定义。在许多机器视觉功能中,如场景分类、表面检测、表面定位和形状确定,纹理都起着重要的作用。

纹理是许多待分析图像的重要参考。一般来说,它用来指出表面的固有特性,特别是那些不具有平滑变化强度的特性。有些图像特征与纹理有关,如粗糙度、深度、平滑度、规则性等。

纹理也可以通过图像描述为小区域内像素之间亮度的区域差异。纹理可以定义为数字图像区域中像素灰度级的空间排列属性。通常用粗糙度来定性地定义粗糙度,粗糙度指数与局部结构的空间重复周期有关。大周期意味着粗糙的纹理,好的纹理意味着很短的时间。纹理是图像点的邻域属性,因此,纹理测量依赖于观测的邻域大小。纹理检测在遥感、医学成像、工业检测、图像恢复等领域发挥着重要作用。

3）纹理特征的属性

纹理的主要属性是随机性、规则性和方向性。这些属性可用于确定两个对象之间的曲面差异。规则性和随机性由灰度图像在交叉对角线位置的像素强度和在轴坐标位置的像素强度来衡量。图 8.14 显示了从 Brodatz 相册采集的图像纹理样本。

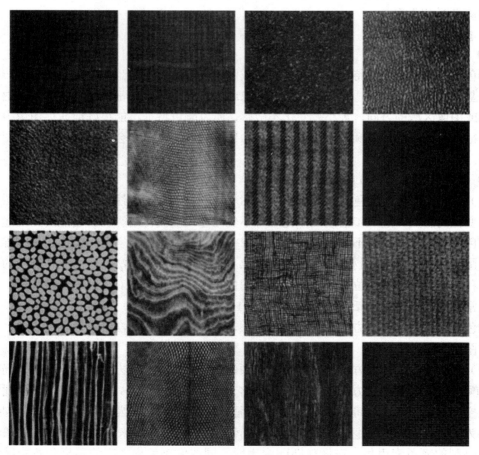

图 8.14　图像纹理样本

4）纹理特征提取方法

纹理的评估方法多种多样，用于提取纹理特征的技术也各不相同，可分为四类：统计方法、结构化方法、基于模型的方法以及基于变换的方法。

当原始纹理很小时（导致了微观纹理），统计方法尤其有用。统计纹理分析方法通过灰度直方图的高阶矩来刻画图像中的区域纹理。纹理元素的特征和定位规则描述了图像的纹理。基于模型的纹理分析方法使用邻域像素强度的加权平均值生成图像中每个像素的经验模型，利用测量的图像模型参数作为纹理特征的描述符。基于变换的纹理分析方法利用像素强度差异的空间频率特性将图像转换为原始形式。

5）总结

在许多机器视觉和图像处理算法中，对局部图像区域的强度均匀性进行了简化假设。然而，实际对象的图像通常不显示均匀的强度区域。例如，一个模糊的表面图像是不均匀的，但包含强度差异，形成了某些重复的模式，称为视觉纹理。图案可能来自物理表面特征，例如通常具有触觉质量的粗糙度或定向链，或者可能是由于反射的变化（如表面上的颜色）引起的。

3．颜色特征

1）简介

颜色特征是一种全局特征，描述了图像或图像区域所对应的景物的表面性质。一般颜色特征是基于像素点的特征，此时所有属于图像或图像区域的像素都有各自的贡献。由于颜色对图像或图像区域的方向、大小等变化不敏感，所以颜色特征不能很好地捕捉图像中对象的局部特征。另外，仅使用颜色特征查询时，如果数据库很大，常会将许多不需要的图像也检索出来。

2）常用的特征提取与匹配方法

（1）颜色直方图。颜色直方图是最常用的表达颜色特征的方法，其优点是不受图像旋转和平移变化的影响，进一步借助归一化还可不受图像尺度变化的影响。它能简单描述一幅图像中颜色的全局分布，即不同色彩在整幅图像中所占的比例，特别适用于描述那些难以自动分割的图像和不需要考虑物体空间位置的图像。其缺点在于它无法描述图像中颜色的局部分布及每种色彩所处的空间位置，即无法描述图像中的某一具体的对象或物体。

最常用的颜色空间包括 RGB 颜色空间和 HSV 颜色空间。

颜色直方图特征匹配方法有直方图相交法、距离法、中心距法、参考颜色表法、累加颜色直方图法。

（2）颜色集。颜色直方图法是一种全局颜色特征提取与匹配方法，它无法区分局部颜色信息。颜色集是对颜色直方图的一种近似，它首先将图像从 RGB 颜色空间转化成视觉均衡的颜色空间（如 HSV 空间），并将颜色空间量化成若干个柄。然后用色彩自动分割技术将图像分为若干区域，每个区域用量化颜色空间的某个颜色分量来索引，从而将图像表达为一个二进制的颜色索引集。在图像匹配中比较不同图像颜色集之间的距离和色彩区域的空间关系。

（3）颜色矩。这种方法的数学基础在于图像中任何的颜色分布均可以用它的矩来表示。

此外，由于颜色分布信息主要集中在低阶矩中，因此，仅采用颜色的一阶矩、二阶矩和三阶矩就足以表达图像的颜色分布。

（4）颜色聚合向量。其核心思想是将属于直方图每一个柄的像素分成两部分，如果该柄内的某些像素所占据的连续区域的面积大于给定的阈值，则该区域内的像素作为聚合像素，否则作为非聚合像素。

4. 空间关系特征

1）简介

空间关系是指图像中分割出来的多个目标之间的相互空间位置或相对方向关系，这些关系也可分为连接/邻接关系、交叠/重叠关系和包含/包容关系等。通常空间位置信息可以分为两类：相对空间位置信息和绝对空间位置信息。前一种关系强调的是目标之间的相对情况，如上下左右关系等；后一种关系强调的是目标之间的距离大小以及方位。显然，由绝对空间位置可推出相对空间位置，但表达相对空间位置信息比较简单。

空间关系特征的使用可加强对图像内容的描述区分能力，但空间关系特征常对图像或目标的旋转、反转、尺度变化等比较敏感。另外，实际应用中，仅仅利用空间信息往往是不够的，不能有效准确地表达场景信息。为了检索，除使用空间关系特征外，还需要其他特征来配合。

2）常用的特征提取方法

提取图像空间关系特征有两种方法：一种方法是首先对图像进行自动分割，划分出图像中所包含的对象或颜色区域，然后根据这些区域提取图像特征，并建立索引；另一种方法则简单地将图像均匀地划分为若干个规则子块，然后对每个图像子块提取特征，并建立索引。

5. 姿态估计方法

特征提取有很多方面的应用，其中，姿态估计是很常见的应用方向。

姿态估计问题就是确定某一三维目标物体的方位指向问题。姿态估计在机器人视觉、动作跟踪和单照相机定标等很多领域都有应用。在不同领域用于姿态估计的传感器是不一样的，这里主要介绍基于视觉的姿态估计。

基于视觉的姿态估计根据使用的摄像机数目又可分为单目视觉姿态估计和多目视觉姿态估计，根据算法的不同又可分为基于模型的姿态估计和基于学习的姿态估计。

1）基于模型的姿态估计方法

基于模型的方法通常利用物体的几何关系或者物体的特征点来估计。其基本思想是利用某种几何模型或结构来表示物体的结构和形状，并通过提取某些物体特征，在模型和图像之间建立起对应关系，然后通过几何或者其他方法实现物体空间姿态的估计。这里所使用的模型既可能是简单的几何形体，如平面、圆柱，也可能是某种几何结构，或是通过激光扫描或其他方法获得的三维模型。

基于模型的姿态估计方法是通过比对真实图像和合成图像，进行相似度计算更新物体姿态。目前为了避免在全局状态空间中进行优化搜索，一般都将优化问题先降解成多个局部特征的匹配问题，非常依赖于局部特征的准确检测。当噪声较大无法提取准确的局部特征时，该方法的鲁棒性受到很大影响。

2）基于学习的姿态估计方法

基于学习的方法借助于机器学习方法，从事先获取的不同姿态下的训练样本中学习二维观测与三维姿态之间的对应关系，并将学习得到的决策规则或回归函数应用于样本，所得结果作为对样本的姿态估计。

该方法源于姿态识别方法的思想。姿态识别需要预先定义多个姿态类别，每个类别包含了一定的姿态范围；然后为每个姿态类别标注若干训练样本，通过模式分类的方法训练姿态分类器以实现姿态识别。

这一类方法并不需要对物体进行建模，一般通过图像的全局特征进行匹配分析，可以有效地避免局部特征方法在复杂姿态和遮挡关系情况下出现的特征匹配歧义性问题。然而姿态识别方法只能将姿态划分到事先定义的几个姿态类别中，并不能对姿态进行连续的精确的估计。

基于学习的方法一般采用全局观测特征，不需检测或识别物体的局部特征，可以保证算法具有较好的鲁棒性。然而这一类方法的姿态估计精度在很大程度上依赖于训练的充分程度。要想比较精确地得到二维观测与三维姿态之间的对应关系，就必须获取足够密集的样本来学习决策规则和回归函数。而一般来说所需要样本的数量是随状态空间的维度指数级增加的。对于高维状态空间，事实上不可能获取进行精确估计所需要的密集采样。因此，难以保证估计的精度与连续性。

和姿态识别等典型的模式分类问题不同的是，姿态估计输出的是一个高维的姿态向量，而不是某个类别的类标。因此这一类方法需要学习的是一个从高维观测向量到高维姿态向量的映射，目前这在机器学习领域中还是一个非常困难的问题。

6. 特征提取概述

特征是描述模式的最佳方式，且通常认为特征的各个维度能够从不同的角度描述模式，在理想情况下，维度之间是互补完备的。

特征提取的主要目的是降维。特征提取的主要思想是将原始样本投影到一个低维特征空间，得到最能反映样本本质或进行样本区分的低维样本特征。

一般图像特征可以分为四类：直观性特征、灰度统计特征、变换系数特征与代数特征。

直观性特征主要指几何特征，该特征比较稳定，受人脸的姿态变化与光照条件等因素的影响小，但不易提取，而且测量精度不高，与图像处理技术密切相关。

变换系数特征指先对图像进行 Fourier 变换、小波变换等，得到系数后作为特征进行识别。

代数特征是基于统计学习方法提取的特征，具有较高的识别精度。代数特征提取方法可以分为两类：一种是线性投影特征提取方法；另一种是非线性特征提取方法。

1）线性特征提取

习惯上，将基于主分量分析和 Fisher 线性鉴别分析所获得的特征提取方法，统称为线性投影分析。

基于线性投影分析的特征提取方法，其基本思想是根据一定的性能目标来寻找线性变换，把原始信号数据压缩到一个低维子空间，使数据在子空间中的分布更加紧凑，为数据的更好描述提供手段，同时计算的复杂度大大降低。在线性投影分析中，以主成分分析（PCA，或称 K–L 变换）和 Fisher 线性鉴别分析（LDA）最具代表性，围绕这两种方法所形成的特征提取算法，已成为模式识别领域中最为经典和广泛使用的方法。

线性投影分析法的主要缺点为：需要对大量的已有样本进行学习，且对定位、光照与物体非线性形变敏感，因而采集条件对识别性能的影响较大。

2）非线性特征提取

非线性特征提取方法也是研究的热点之一。"核技巧"最早应用在支持向量机（SVM）中，核主成分分析（KPCA）是"核技巧"的推广应用。

核投影方法的基本思想是将原样本空间中的样本通过某种形式的非线性映射，变换到一个高维甚至无穷维的空间，并借助于核技巧在新的空间中应用线性的分析方法求解。由于新空间中的线性方向也对应原样本空间的非线性方向，所以基于核的投影分析得出的投影方向也对应原样本空间的非线性方向。

核投影方法也有一些弱点：几何意义不明确，无法知道样本在非线性映射后变成了什么分布模式；核函数中参数的选取没有相应的选择标准，大多数只能采取经验参数选取；不适合训练样本很多的情况，原因是经过核映射后，样本的维数等于训练样本的个数，如果训练样本数目很大，核映射后的向量维数将会很高，将遇到计算量上的难题。

就应用领域来说，KPCA 远没有 PCA 应用得广泛。如果作为一般性的降维，KPCA 确实比 PCA 效果好，特别是在特征空间不是一般的欧式空间时更为明显。PCA 可以通过大量的自然图片学习一个子空间，但是 KPCA 做不到。

7. 神经网络的特征提取

这一部分采用一个例子来进行说明：确定一幅图像里包含的是"X"还是"O"（见图 8.15）。

图 8.15　识别 X 和 O

这个例子足够说明 CNN（卷积神经网络）背后的原理，同时它足够简单，能够避免陷入不必要的细节。在 CNN 中有这样一个问题，就是每次给你一张图，你需要判断它是否含有"X"或者"O"。并且假设必须两者选其一，不是"X"就是"O"。理想的情况如图 8.16所示。

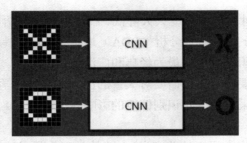

图 8.16 理想的识别效果

标准的"X"和"O"字母位于图像的正中央，并且比例合适，无变形。

对于计算机来说，只要图像稍稍有一点变化，不是标准的样子（见图 8.17），此时要解决这个问题并不是那么容易。

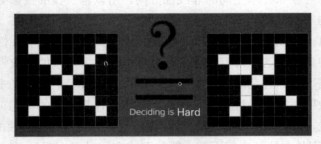

图 8.17 是否都是 X

计算机要解决上面这个问题，一个比较天真的做法就是先保存一张"X"和"O"的标准图像（就像前面给出的例子），然后将其他新给出的图像和这两张标准图像进行对比，看看到底和哪一张图更匹配，就判断为哪个字母。但是这么做其实是非常不可靠的。因为在计算机的"视觉"中，一幅图看起来就像是一个二维的像素数组（可以想象成一个棋盘），每一个位置对应一个数字。在这个例子当中，像素值"1"代表白色，像素值"−1"代表黑色（见图 8.18）。

图 8.18 图像编码

当比较两幅图的时候，如果有任何一个像素值不匹配，那么这两幅图就被判定为不匹配，至少对于计算机来说是这样的。

对于这个例子，计算机认为上述两幅图中的白色像素除了中间的 3*3 的小方格里面是相同的，其他四个角上都不同（见图 8.19）。

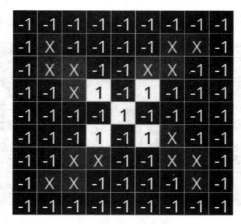

图 8.19　直接对比结果

因此，从表面上看，计算机判别右边那幅图不是"X"（见图 8.20），从而得出结论：两幅图不同。

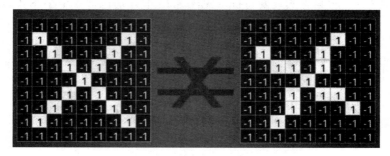

图 8.20　识别为两幅图不同

很明显这么做显得太不合理了。理想的情况下，对于那些仅仅只是做了一些像平移、缩放、旋转、微变形等简单变换的图像，我们希望计算机仍然能够识别出图中的"X"和"O"。就像图 8.21 中的这些情况，我们希望计算机依然能够很快并准确地识别出来。

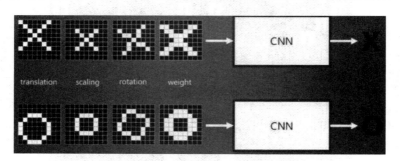

图 8.21　理想识别效果

这也就是 CNN 所要解决的问题。

对于 CNN 来说，它将图分成若干小块，然后一块一块地进行比对（见图 8.22）。它拿来比对的这个"小块"称之为 features（特征）。在两幅图中大致相同的位置找到一些粗糙的特征进行匹配。相比起传统的整幅图逐一比对的方法，CNN 能够更好地看到两幅图的相似性。

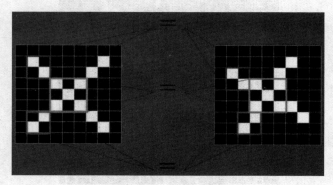

图 8.22　小块对比

每一个 feature 就像是一个小图（即一个比较小的有值的二维数组）。不同的 feature 匹配图像中不同的特征。在字母"X"的例子中，那些由对角线和交叉线组成的 features 基本上能够识别出大多数"X"所具有的重要特征（见图 8.23 中分别包含 3 个小图（a）、（b）、（c））。

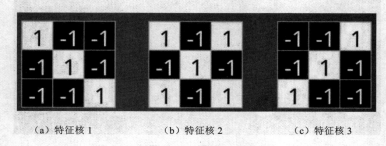

（a）特征核 1　　　　　　　（b）特征核 2　　　　　　　（c）特征核 3

图 8.23　不同特征核

观察图 8.24（a）～（c），就会发现图 8.24（a）可以匹配到"X"的左上角和右下角，图 8.24（b）可以匹配到中间交叉部位，而图 8.24（c）可以匹配到"X"的右上角和左下角。

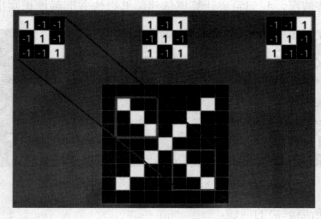

（a）匹配 1

图 8.24　特征核与原图匹配

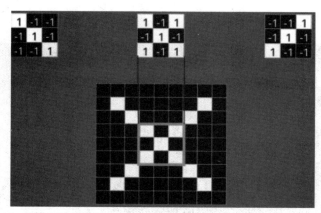

（b）匹配 2

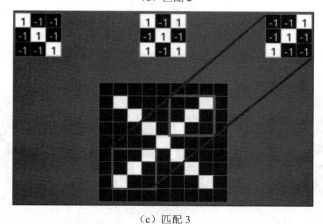

（c）匹配 3

图 8.24　特征核与原图匹配（续）

　　把上面三个小矩阵作为卷积核，每一个卷积核可以提取特定的特征。现在给出一张新的包含 "X" 的图像，CNN 并不能准确地知道这些 features 到底要匹配原图的哪些部分，所以它会在原图中每一个可能的位置进行尝试。即使用该卷积核在图像上进行滑动，每滑动一次就进行一次卷积操作，得到一个特征值（见图 8.25）。

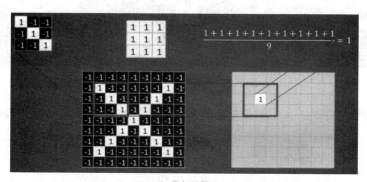

（a）卷积计算 1

图 8.25　卷积计算

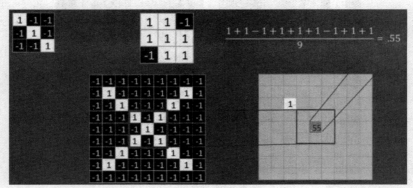

（a）卷积计算 2

图 8.25　卷积计算（续）

使用全部卷积核卷积过后，得到的结果如图 8.26 所示。

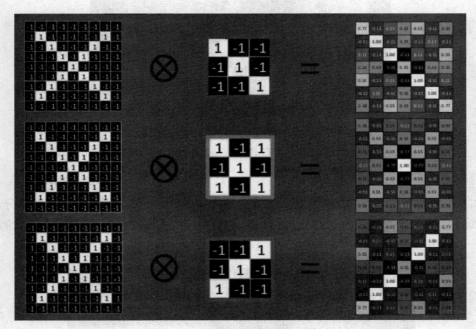

图 8.26　不同核的卷积结果

仔细观察就可以发现：其中的值越接近 1，表示对应位置和卷积核代表的特征越接近；值越是接近 −1，表示对应位置和卷积核代表的反向特征越匹配；而值接近 0 则表示对应位置没有任何匹配或者说没有什么关联。

至此，原始图经过不同特征的卷积操作就变成了一系列的特征映射。整个操作可视为一个单独的处理过程，在 CNN 中称之为卷积层。

表面上看，CNN 的操作并不复杂，但其内部的加法、乘法和除法操作的次数会增加得很快。从数学的角度来说，随着图像变大，每一个过滤器的大小和过滤器的数目呈线性增长，很容易使得这个问题的计算量变得相当的庞大。这也难怪很多微处理器制造商现在都在设计制造专业的芯片来跟上 CNN 计算的需求。

CNN 中使用的另一个有效的工具被称为"池化"。池化可以将一幅大的图像缩小，同时又保留其中的重要信息。它将输入图像进行缩小，减少像素信息，只保留重要信息。通常情况下，池化都是 2*2 大小。例如最大池化就是取输入图像中 2*2 大小块中的最大值作为结果的像素值。相当于将原始图像缩小了 4 倍。同理，平均池化就是取 2*2 大小块中的平均值作为结果的像素值。

对于上面提到的例子，池化操作具体如下（见图 8.27）。

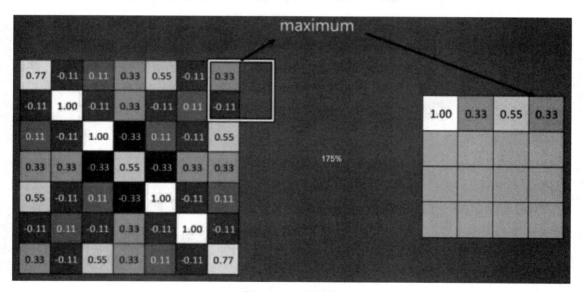

图 8.27　池化操作

因为最大池化保留了每一个小块内的最大值，所以它相当于保留了这一块最佳的匹配结果（因为值越接近 1 表示匹配越好）。这也就意味着它不会具体关注窗口内到底是哪一个地方匹配了，而只关注是不是有某个地方匹配上了。显然，CNN 能够发现图像中是否具有某种特征，而不用在意到底在哪里具有这种特征。这改善了之前提到的计算机逐一像素匹配的死板做法。

当对所有的特征映射执行池化操作之后，相当于一系列输入的大图变成了一系列小图（见图 8.28）。同样地，我们可以将这整个操作看作是一个操作，这也就是 CNN 中的池化层。

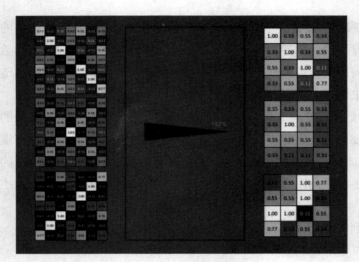

图 8.28　池化操作结果

综上所述，CNN 通过特定的卷积核得到其对应的特征映射，即卷积层。卷积核在图像上不断滑动运算，就是卷积层所要做的事情。先使用卷积层得到原始图像的特征矩阵——特征映射；同时，在卷积结果上取每一局部块的最大值就是最大池化层的操作。CNN 用卷积层和池化层实现了图片特征的提取。

第 9 章 机 器 学 习

机器学习是实现人工智能的方法之一。在计算机上设计一个系统，对该系统提供一定的训练数据，使该系统能按照一定的方式来学习；随着训练次数的增加，该系统可以不断学习和改进，提高系统的性能；最终，通过参数优化后的学习模型，能够对相关问题进行预测输出。

机器学习，字面意思上就是让机器进行学习。也就是说，希望对计算机进行编程，以便它们可以从可用的输入中"学习"。所以广义上来讲，机器学习可以定义为使用经验来提高机器性能或改进进行准确预测的计算方法。粗略地说，学习是将经验转化为专业知识的过程。学习算法的输入是代表经验的训练数据，输出是一些专业知识，通常采用可以执行某些任务的计算机程序的形式。为了对这种概念寻求形式上的数学理解，必须更明确地说明每个术语的含义：程序将访问哪些训练数据？学习过程如何实现自动化？如何评估这样一个过程的成功（即学习程序输出的质量）？

学习问题的一个例子是如何使用随机选择文档的样本，每个文档都标有一个主题，以准确地预测看不到的文档主题。显然，样本越大，任务就越容易。但是，任务的多样性还取决于分配给样本中文档的标签质量，因为标签可能并不都是正确的。另外也取决于可能的主题数量。

机器学习包括设计高效准确的预测算法。与计算机科学的其他领域一样，衡量这些算法质量的关键指标是它们的时间和空间复杂性。另外，还需要一个样本复杂度的概念评估算法学习一系列概念所需的样本量。更一般地说，算法的理论学习质量取决于所考虑的概念类的复杂性和训练样本的大小。

9.1　机器学习的基本概念

1. 什么是学习

人类学习与机器学习有很大的不同。人类学习是一个漫长的过程，而机器学习可以比人类学习快得多：人类学习不存在复制过程，比如一个诺贝尔奖获得者所具有的知识不可能复制给另外一个人，而复制工作对于计算机来说是最为方便的；人类学习可能会遗忘，而通过学习获取并保存在计算机中的知识则可以永久保存下去，除非人为地删除；人类学习是逐渐积累的过程，与人类不同，机器学习的知识素材大都是由人给予组织的，知识之间的联系基本是固定不变的，自动获取知识的能力非常有限，远没有达到人脑所积累知识的水平。

首先来看一些自然界中发生的动物学习的例子。在这些动物的身上，已经出现了机器学习中一些最基本的问题。怯饵效应——老鼠学会避免有毒的诱饵：当老鼠遇到外观或气味新颖的食物时，它们首先会少量进食，随后的进食将取决于食物的味道及其生理效果。如果食物产生不良影响，则新食物通常会与疾病相关，随后，老鼠将不再食用。显然，这里有一种学习机制——动物利用过去对某些食物的经验来获取检测这种食物安全性的专业知识。如果过去对这种食物的经验带有负面标签，则该动物预测将来遇到这种食物也会产生负面影响。

下面演示一个典型的机器学习任务。假设需要编写一个程序让机器来学习如何过滤垃圾邮件。一个简单的解决方案就是用类似于老鼠学习如何避开毒饵的方法。这台机器将简单地记忆所有以前被人类用户标记为垃圾邮件的电子邮件。当一封新的电子邮件到达时，机器就会在以前的垃圾邮件集中搜索它。如果它与其中某个邮件匹配，新邮件就会被丢弃。否则，用户就可以在自己的收件箱中看到这个新邮件。

虽然上述"通过记忆学习"的方法有时是有用的，但它缺乏学习系统的一个重要功能，即对之前没有见过的邮件进行标记。一个成功的学习算法应该能够从个别的例子发展到更普遍的情况。这被称为归纳推理。在前面介绍的怯饵效应的例子中，当老鼠遇到一种以前未见过的食物时，他们会用之前对待类似的食物的方式来看待这种新食物。为了在垃圾邮件过滤任务中实现类似的泛化，机器学习算法会扫描之前看到的垃圾电子邮件，并提取一组在电子邮件中出现的表示垃圾邮件的单词。然后，当一封新的电子邮件到达时，机器可以检查其中是否有可疑的单词出现，并据此预测其标签。这样系统就有可能正确地预测之前未见过的电子邮件是否是垃圾邮件。然而，归纳推理可能会导致错误的结论，下面也用一个动物的例子对该现象进行说明。

鸽子的迷信行为：心理学家 B. F. Skinner 曾进行过这样一项实验。他把一群饥饿的鸽子放在笼子里，笼子上安装了一个自动装置，该装置可以定期给鸽子送食物，且送食时间与鸽子的行为没有关联。饥饿的鸽子在笼子里转来转去，当第一次送食物时，他发现每只鸽子都在做某些动作（啄东西、转头等）。食物的到来加强了每只鸽子的动作，随后，每只鸽子会花更多的时间做同样的动作。这反过来又增加了下一次随机送餐时发现每只鸽子再次做同样动作的概率。结果是一系列的事件（送食物）加强了鸽子在食物的传递过程中与它们在第一次运送食物时所做的偶然行为（啄东西、转头）之间的联系。它们随后继续努力地执行同样的行为。是什么导致了迷信的学习机制与有用的学习机制之间的区别？这个问题对于自动化机器学习的发展至关重要。虽然人类学习者可以依靠常识过滤出随机无意义的学习结论，但一旦将学习任务输出到机器上，必须提供定义明确清晰的原则，以防止程序得出毫无意义或无用的结论。这些原理的发展是机器学习理论发展的中心目标。那么，是什么让老鼠的学习比鸽子的学习更成功呢？

实际上，老鼠的怯饵效应机制比人们预期的要复杂得多。Garcia 在 1996 年进行的实验中，证明了如果进食后的不良反应是由人为电击导致，那么老鼠就不会发生条件反射。即使在反复的实验中，老鼠在进食后受到电击，也不倾向于避免进食。另外，当老鼠学习到恶心不是来源于食物的特征（如味觉或气味）而是令老鼠感到不适的声音时，也会发生类似的结果。老鼠无法在食物和电击或声音之间获得条件反射。这些老鼠似乎有一些"内在"的先验知识告诉它们，虽然食物和恶心之间的时间相关性可能是因果关系，但进食与电击或声音之间不可能存在因果关系。

结论是，老鼠的怯饵效应和鸽子的迷信行为的一个共同的显著特征是融合了先验知识，使学习机制产生偏差。这也被称为感应偏差。实验中的鸽子愿意对食物的出现作出任何解释。然而，老鼠"知道"食物不会引起电击，而且噪声与食物同时出现不太可能影响食物的营养价值。老鼠的学习过程更偏向于检测某种模式，而不仅仅考虑事件发生之间的时间相关性。

结果表明，学习算法的成功离不开先验知识中引入偏差学习的过程。用程序语言来表达领域专长，将其转化为学习偏差，并量化这种偏差对学习成功的影响，是机器学习理论的中心主题。粗略地说，一个人开始学习过程的先验知识（或先验假设）越强，就越容易从进一步的例子中学习。然而，这些先前的假设越强，学习的灵活性就越差，因为它更容易受到对这些假设的约束。

2. 机器学习的应用场景

机器学习是研究怎样让机器（计算机或智能机）获取知识的问题，有以下两种定义。

一是狭义机器学习。指人们通过系统设计、程序编制和人-机交互，使机器获取知识。例如，知识工程师利用知识表达技术，建立知识库，使专家系统获取知识。也就是通过人工移植的方法，将人们的知识存储到机器中去。因此，狭义机器学习也可称为"人工知识获取"。

二是广义机器学习。除了上述人工知识获取之外，机器还可以自动或半自动地获取知识。例如，在系统调试和运行过程中通过机器学习进行知识积累，或者通过机器感知直接从外部环境获取知识，对知识库进行增删、修改、扩充和更新。因此，广义机器学习包括人工知识获取、机器自动和半自动知识获取。

根据问题的复杂性和适应性的需要，机器学习的应用场景大概可以分为以下几个方面。

（1）需要较强适应性的任务。用程序语言编程的一个限制性是程序的刚性——一旦程序被写下来并安装好，它就不会改变。但是，许多任务会随着时间的推移而改变，或者由于用户的不同程序需要完成的任务也不同。机器学习工具（最终要完成的任务与输入（训练）数据相适应的程序）就为此类问题提供了解决方案。从本质上讲，它们能够适应不同时间或者不同用户带来的交互环境的变化。在这类问题上，典型的成功应用有以下几个：解码手写文本的程序，在固定程序无法适应不同用户手写体之间的变化时，机器学习的程序可以完成；垃圾邮件检测程序，自动适应垃圾邮件性质的变化；语音识别程序等。

（2）太复杂而无法编程的任务。在平时生活和工作中，我们经常进行很多非常复杂的工作。但是由于我们对这些工作习以为常，而且对我们是如何完成这些工作的原理了解还不够深入，无法制作出一个良好的程序，例如像驾驶汽车、语音识别和图像理解这样的工作。但是，如果将机器学习应用到此类工作中，使用当前最先进的机器学习程序，让它们从之前的经验中进行学习，一旦用足够多的示例完成训练（学习），机器学习就可以在这些工作中取得令人非常满意的结果。

（3）超越人类能力的任务。随着生活越来越数字化，人类生成了大量的数据。这类数据档案中隐藏着大量有意义的信息。但这些信息对人类来说太多、太复杂，而且难以理解。由于机器学习技术的一些特性，它非常适合对复杂的庞大数据集进行分析，如天文数据、医学知识、天气预报、基因组数据、网络搜索引擎和电子商务等。因此，把机器学习应用在大型复杂数据集中，用于筛选检测有意义的信息，并用来做进一步的分析和处理，是一个很有前途的方向。机器学习程序与运行速度不断提高而且容量几乎不受限制的计算机相结合为我们解决项目问题提供了新思路、新方向。

从整体来看，目前机器学习的应用方向分为以下几种。

（1）自然语言处理（NLP）。这一领域的大多数任务，包括部分语音标记、命名实体识别、上下文无关解析或依赖关系解析，都被视为学习问题。在这些问题中，预测承认了某种结构。例如在词性标注中，一个句子的预测是一系列标注每个单词的词性标签。这些都是被称为结构化预测问题的更丰富的学习问题的实例。

（2）语音处理应用。包括语音识别、语音合成、说话人验证、说话人识别，以及语言建模和声学建模等子问题。

（3）计算机视觉应用。包括目标识别、人脸检测、光学字符识别（OCR）、基于内容的图像检索或姿势估计。

（4）计算生物学应用。包括蛋白质功能预测，关键位点的识别，以及基因和蛋白质网络的分析。

3. 机器学习的类型

学习是一个非常广泛的领域，因此，机器学习的领域已经分为几个子领域来处理不同类型的学习任务。下面给出一些粗略分类。

1）有监督与无监督

因为学习涉及学习者与环境之间的互动，可以根据这种互动的性质来划分学习任务。机器学习可由此划分为监督学习、无监督学习、半监督学习。监督学习就是学习者接收一组带标签的示例作为训练数据，并对所有看不见的点进行预测。监督学习最常见的应用场景就是分类、回归和排名等问题。无监督学习是学习者只接受未标记的训练数据，并对所有看不到的点进行预测。由于一般情况下，无监督学习没有标记的例子可用，因此很难对学习者的表现进行定量评估。无监督学习问题常见的应用场景就是聚类和降维。还有一类介于两类之间的半监督学习，学习者接收一个由标记和未标记数据组成的训练样本，并对所有看不到的点进行预测。半监督学习在很容易得到未标记的数据但标签获取成本很高的场景中很常用。应用程序中出现的包括分类、回归或排序等各种类型的问题，都可以作为半监督学习的应用场景。如何使得学习者在使用未标记数据的情况下比在监督环境下能有更好的表现，是许多现代理论和机器学习应用研究的方向。

之前提到的垃圾邮件检测问题是监督学习的一个典型例子。下面分析如何使用机器学习来完成垃圾邮件检测的任务与异常检测的任务。对于垃圾邮件检测任务，可以这样设置：学习者接收带有垃圾邮件/非垃圾邮件标签的电子邮件作为训练数据。在这种训练的基础上，学习者应该找出一个规则，为新到达的电子邮件添加标签。相比之下，对于异常检测任务，学习者在训练时得到的只是大量电子邮件（没有标签），而学习者的任务是检测"异常"消息。

抽象地说，学习可以被视为"利用经验获取专业知识"的过程。监督学习描述了这样一种场景，"经验"是一个训练示例，其中包含重要信息（如垃圾邮件/非垃圾邮件标签），这些信息在将要应用所学专业知识的看不见的"测试示例"中缺失。在这种情况下，所获得的专业知识旨在预测测试数据的缺失信息。在这种情况下，把环境看作是教师，通过提供额外的信息（标签）来"监督"学习者。然而，在无监督学习中，训练和测试数据没有区别。学习者处理输入数据的目的是得出一些摘要，或是数据的压缩版本。在半监督的情况下，虽然训练示例比测试示例包含更多的信息，但要求学习者为测试示例预测更多的信息。例如，训练这样一个值函数，它需要描述国际象棋比赛中不同棋局下棋盘中白棋的位置比黑棋的位置好的程度。然而，学习者在训练时所能获得的唯一信息是在实际的象棋比赛中出现的位置，并标明谁最终赢得了那场比赛。这种学习情景主要以强化学习为框架进行研究。

2）主动学习和被动学习

学习模式会因学习者所扮演的角色而不同，根据角色可以划分为"主动学习"和"被动学习"。主动学习者在训练时通过提出疑问或进行实验与环境进行交互，而被动学习者只观察环境（或教师）提供的信息，但不影响或指导它。可以发现，垃圾邮件过滤器的学习者通常是被动的——等待用户标记收到的电子邮件。在一个活跃的环境中，你可以想象要求用户标记学习者选择的特定电子邮件，甚至是由学习者撰写的电子邮件，以增强其对垃圾邮件的理解。

3）转化推理

在半监督的场景中，学习者接收一个带标签的训练样本和一组未标记的测试数据。然而，转化推理的目标是仅预测这些特定测试点的标签。转化推理似乎是一个更简单的任务，并且与各种现代应用中遇到的场景相匹配。然而，与在半监督环境下一样，在这种环境下如何能够获得更好的性能是尚未完全解决的问题。

4）有老师的学习

无论是家里的婴儿还是在校的学生，他们的学习过程往往涉及一个关键点因素——老师。他（她）会试图向学习者提供最有助于实现学习目标的信息，来帮助和促进学习者的学习。相反，当科学家了解自然时，扮演教师角色的就变成了环境，而这个老师是消极的——苹果掉下来，星星闪耀，雨落，这些事情都是随机发生的，而不考虑学习者的需要。可以通过假设训练数据（或学习者的经验）由随机过程生成来模拟这样的学习场景。这是"统计学习"分支的基本组成部分。另外当学习者的输入是由"敌对的"老师生成时，学习也会发生。例如垃圾邮件过滤示例（如果垃圾邮件发送者试图误导垃圾邮件过滤设计者）或学习检测欺诈行为。当不能设置积极正面的安全假设的情况下，可以使用一个敌对的教师模型作为最坏的情况。如果能在一个敌对的老师的教学下学习得很好，那同任何一个正常的老师学习就不在话下了。

5）强化学习

在强化学习中，培训和测试阶段也是混合的。为了收集信息，学习者积极地与环境互动，在某些情况下，学习者会观察环境，并对每一个行为立即给予奖励。学习者的目标是在一系列的行动和与环境的反复中获得最大的回报。然而，环境没有提供长期的奖励反馈，学习者面临着探索与开发的两难境地，因为他必须在探索未知行为以获得更多信息与利用已经收集到的信息之间做出选择。

4. 与其他领域的关系

机器学习是一个跨学科的领域，它与统计学、信息论、博弈论和最优化理论等数学领域有着共同的主线。它自然是计算机科学的一个分支，因为其目标是为机器编写程序，使它们能够学习。从某种意义上说，机器学习可以看作是人工智能的一个分支，毕竟将经验转化为专门知识或在复杂的感官数据中检测有意义的模式的能力是人类（和动物）智能的基石。然而，应该注意到，与传统的人工智能相比，机器学习并不是试图建立对智能行为的自动模仿，而是利用计算机的优势和特殊能力来补充人类的智能，以便执行远远超出人类能力的任务。例如，扫描和处理巨大数据库的能力使机器学习程序能够检测出人类感知范围之外的模式。

在机器学习中，经验或训练的组成部分通常指随机生成的数据。学习者的任务是处理这些随机产生的例子，从而得出与这些例子所处环境相适应的结论。这种对机器学习的描述突出了它与统计学的密切关系。事实上，这两个学科在目标和使用的技术方面有很多共同之处。但两者之间也存在一些显著的差异：如果医生提出吸烟与心脏病之间存在相关性的假设，统计学家的职责就是查看患者样本并检查该假设的有效性（这是假设检验的常见统计任务）；相比之下，机器学习的目的是利用从病人样本中收集的数据来描述心脏病的病因。人们希望自动化技术能够找出人类观察者可能遗漏的有意义的模式（或假设）。

与传统统计学相比，在一般的机器学习中，算法起着主要的作用。机器学习是指通过计算机进行学习，因此算法问题是关键。开发执行学习任务的算法的同时，需关注它们的计算效率。另一个不同之处在于，虽然统计学通常对渐近行为感兴趣（例如，当样本大小增长到无穷大时，基于样本的统计估计的收敛性），但机器学习理论关注的是有限样本界。也就是说，给定可用样本的大小，机器学习理论的目的是根据这些样本计算出学习者期望的准确度。

9.2 强化学习

传统的有监督和无监督学习的机器学习方案通常是非常静态的，这意味着它们遵循数据聚合、神经网络设计和训练的既定原则。无论使用什么类型的机器学习技术，系统都会接收数据并从中学习。数据可以随着时间的推移而变化，但系统本身不会生成任何数据。

强化学习改变了这一切。虽然从技术上讲，强化学习仍然是一种机器学习，但是强化学习通过添加一个"软件代理"更进一步，它可以从学习环境中获得的数据中学习，并生成自己的反馈。软件代理只是一个机器人或自主程序，它被设计成模仿人类和动物角色的代理属性。这个软件代理充当程序中的主要情报来源。代理通过模拟奖惩来学习，而不是通过分类数据得到一组正确的输出。

强化学习被认为是继有监督学习和无监督学习之后的第三种机器学习范式。因此，没有用于训练代理的数据集。相反，他们被认为是从环境和他们自己的反馈系统中学习。

想象一个可能的软件代理是一个计算机程序，任务是从方块迷宫中找到出路。面对同样的问题，计算机科学专业的学生可能会使用寻路算法来找到出口，但软件代理的操作是基于一些基本原则的。它不知道什么是迷宫，但它可能被设定为寻求奖励和避免惩罚。例如，在迷宫中，一种可能的奖赏是移动到一个以前未被发现的方块，而一种可能的惩罚是经过同样的方块。这些奖励惩罚系统允许红方块最终导航到迷宫的出口——尽管红方块仍然不明白如何从一个方块移动到另一个方块，除非它被明确编程。设计这些软件代理的一种可能形式是可以通过有限状态机（FSM）来实现。奖励和惩罚是基于机器遇到的个别状态。对于一个解决迷宫的程序来说，一个可能的消极状态就是陷入死胡同。

为了开始改变状态的过程，程序通常需要一个随机函数或随机过程来模拟未知环境下的决策。人类很少会遇到完全空白的情况。如果我们遇到迷宫，我们会凭直觉思考如何穿越它。如果我们置身于一个新的、可怕的环境中，我们会巩固以前的知识，这些知识可能会帮助我们摆脱困境。想想那些你可以和一群朋友一起解决的密室逃生难题，你必须通过解决你得到的线索来找到出路。但不管你在那种情况下做什么，你通常都有自己的目的。人类做事很少是随机的。

随机性是强化学习中的一个中心问题，因为智能应该根据目的而不是掷骰子来建模。与传统的机器学习不同，强化学习更接近于决策的研究。它借用了几个学科的概念，包括计算机科学、经济学、神经心理学和数学。

心理学中有"积极强化"的概念，正强化和负强化与强化学习相关，它们直接影响强化学习的领域。为什么动物或人类会选择做什么而不做什么？一个可能的动机是快乐或个人利益的体验。另外，避免消极结果也会加强行为。强化学习使这些概念更进一步，因为它寻求找到解决方案的最佳决策。软件代理可以访问迷宫中的每个单元，虽然也可以找到出口，但这样做既单调又低效。一个更好的解决方案是避免死胡同（消极结果或惩罚），这样代理就不会一直介入它已经访问过的单元。

由于以上这些原因，强化学习属于人工智能研究的一个子集，它寻求更简单、更一般的原则。如果智能的本质只是智能决策，那么强化学习的充分突破可能会导致第一个达到或超过人类智力的通用智能系统的诞生。强化学习是否适合这一目的还有待商榷，但它显然不同于其他类型的机器学习。但强化学习是有限的，因为神经网络及其算法的能力也是有限的。

9.3　推 荐 系 统

推荐系统已被所有主要的科技公司所使用，淘宝、抖音、网易云音乐和其他公司已积极地将之应用到产品中。用户使用这些服务的次数越多，系统就可以给用户推荐更多的可能想要的东西。

这增加了用户在公司网站或服务上花费的平均时间，使得用户免于执行搜索来寻找他们想要的东西。在使用抖音的时候，许多人将他们的抖音会话设置为仅在推荐部分中观看视频。只要用户登录账户，这些视频就可以满足用户的兴趣。即使用户尚未登录，抖音也会越来越多地使用用户的 IP 地址和其他浏览器代理的详细信息，根据用户以前的观看习惯来订制首页。推荐系统正在积极推进中，它们无须改动即可为公司增加价值，因为所有内容已经存在，这些系统只是充当这些内容盈利能力的力量倍增器。

为了使一家公司"知道"自己的用户是谁，以及用户的兴趣是什么，推荐系统使用过滤算法，并通过系统范围内的用户配置技术来比较用户。这些算法中最常见的是协作过滤和基于内容的过滤。它们实现了相似的目标，但实现方式不同。可以从两种在线音乐流媒体服务 Last.fm 和 Pandora 中理解这种差异。

　　Last.fm 生成播放列表或"电台"，使用协作过滤来查找哪些具有相似音乐品位的其他用户正在手动添加音乐到其音乐库中。Last.fm 的全新用户将仅拥有他们搜索或积极收听的内容。在听了几天甚至几小时的喜爱音乐之后，用户将收到的随机音乐插入他们的音乐库中，这是协作过滤技术的结果。通过该技术可以查找听过相同艺术家作品的其他用户，并找出他们也喜欢哪些其他音乐。如果一切按计划进行，新用户将对推荐的音乐感到满意并继续听。Pandora 则使用基于内容的过滤方法。他们从其获得专利的"音乐基因组计划"数据库中收集歌曲属性，以查找属性重叠的其他歌曲和艺术家。该数据库为每首歌曲存储了令人难以置信的 400 种不同属性。然后，用户可以制作播放列表来完善这种不同但相似的音乐的集合。他们只是简单地"不喜欢"一首歌，而算法将从歌曲选择过程中淡化歌曲的属性。用户越不喜欢，系统可以越准确地推荐他们想听的音乐。同样，如果用户"喜欢"一首歌曲，则该算法会查找具有喜欢属性的音乐。在 Pandora 看来，所有音乐都可以归结为这 400 种属性。

　　从理论上讲，推荐系统是双赢的解决方案。客户不必筛选海量的数据，也不必承受信息过多的困扰。反过来，服务提供商可以获得更多的利润。推荐系统的主要争议领域是它们可能泄露用户信息。

　　如果可以将推荐系统推广到不关注内容的领域，并将这项技术与物联网相结合，则可以为消费者创造最终的个性化氛围。推荐系统可以连接到用户的智能冰箱，并利用所有智能冰箱用户中广泛的食物偏好网络。然后，智能冰箱应用程序可以根据几个属性向用户推荐受欢迎的食品。

　　但是，推荐系统给用户带来便利的同时，也可能会带来一些负面影响。用户每天得到的信息都只是自己感兴趣的内容，这虽然可以减少用户在信息爆炸时代去搜索信息的时间，但也会导致他们缺少获取其他信息的机会。随着人们在越来越多地接受着"私人订制"的信息，人们对整个社会整体性的认知就会产生越来越多的偏差，就像是给自己编织了一个"信息茧房"。长期处在信息茧房中带来的后果是很严重的，这会导致同一个信息茧房中的人群出现群体极化，丧失正常的判断能力。所以，如何能在带来便利的同时，处理好个性服务和信息均衡的关系，也是目前需要认真考虑的问题。

9.4　神　经　网　络

　　如果人类的聪明来源于他们的大脑，而大脑是通过创造叫作突触的神经连接来工作，那么通过模拟这些连接网络来实现机器中的智能模拟不是有意义的吗？

　　这是早期人工智能研究人员的想法。大脑中大量的神经连接是人类智力的来源。人类大脑平均有 1 000 亿个神经元。这些神经元可以连接多达 7 000 个其他神经元，这意味着连接的总数是数百万亿个数量级。

1. 人工神经元

　　人工神经网络（ANN）的起源与大脑神经网络的研究是一致的。1943 年，一位名叫沃伦·麦卡洛奇的神经生理学专家与数学家沃尔特·皮茨合作，描述了大脑中神经元的工作原理。他们合著了一篇论文，在这篇论文中，他们用电路建立了一个简单的人工神经网络。他们设计的人工神经网络使用人工或逻辑神经元，称为 McCulloch–Pitts 神经元。

在大脑内部，神经元的工作原理是接收输入，处理信息，然后将其传送给其他神经元。神经元细胞是由形成细胞体的细胞核构成的。在细胞体中，被称为树突的结构像章鱼的手臂一样分叉。附着在细胞体上的是一种叫作轴突的长链状结构，用来连接其他神经元。这个连接点被称为突触，看起来像是用来连接的卷须或树枝。树突结构接收信息，细胞体处理信息。然后输出信号通过轴突被激发到突触，在那里下一个神经元接收到它。当然，这只是真实故事的简化版本，但对于理解人工神经元和人工神经网络来说，这已经足够了。

当然，McCulloch–Pitts 神经元是纯逻辑的，把神经元的某些部分当作现实生活中存在的东西来谈论是没有意义的。但是根据它们的逻辑功能来讨论这些部分是有意义的。这些人工神经元由两部分组成，简单地称之为 f 和 g。第一部分是 g，它充当树突，接收一些输入，执行一些处理，然后传递给 f。处理可以是一系列布尔运算，可以是兴奋性决策或是抑制性决策。一个抑制性的决策对神经元的放电有着更大的影响。例如，如果神经元决定是否在餐馆吃饭，那么抑制性的决策会是"我饿了吗？""很明显，如果你不饿，你就不用去餐馆吃饭。"在这个过程中不太重要的决定可能是"我想吃快餐吗？""我想出去吗？""我的车有足够的汽油吗？"等等。这些其他的兴奋性输入不会自己做出最后的决定，但它们可能会一起做出。接下来，g 获取这些输入，并使用函数对它们进行聚合。要触发 f，输入的总分数需要超过一个称为阈值参数的特定值。

更具体地说，人工神经元是一个数学函数，它有许多输入和输出。对于 McCulloch–Pitts 神经元，输入和输出都是布尔值（真或假）。它也被称为线性阈值门。人工神经元的结构允许它模拟逻辑门。为了模拟逻辑与运算，神经元接受三个输入的阈值参数。换句话说，神经元只有在三个输入都为真的情况下才会被激发。一个逻辑或运算需要三个输入，而阈值参数只是其中一个。注意，当添加抑制输入时，逻辑门可能会更复杂一些。例如，一个有两个输入的神经元可以形成和逻辑，但是如果其中一个输入是抑制性的，那么这个神经元就不会启动。但是，如果抑制输入设置为假，它将触发。NOR 和 NOT 逻辑门可以很容易地从前面的例子中推导出来。

这个方案实际上是在模拟计算机编程中的 if–else 逻辑的长链。然而，数学神经元模型可以是"学习"决策的结果，而不需要计算每个 if–else 语句。逻辑被简化为一个输出真或假的简单函数，这也被称为线性决策边界。人工神经元将输入分为两大类：阳性或阴性、激发或不激发。在具有两个输入的"与"神经元中，这意味着只有当两个输入都为真时才会出现正类。假设神经元在决定是否睡觉。第一个输入可以是"已经过了晚上 11 点了吗？"，第二个输入是"明天是工作日吗？"。如果这两种情况都是真的，那么表明是时候睡觉了。从概念上讲，神经元刚刚学会了什么是就寝时间。

McCulloch–Pitts 神经元是一个被抽象成逻辑的神经元的极其简化的版本。其他类型的人工神经元也存在。就像神经元与其他神经元连接形成突触一样，人工神经元也是如此。也就是说，每一个神经网络都会使用某种形式的神经元作为其最不可约单位。使用相同的 McCulloch–Pitts 神经元，可以想象出神经网络的样子。人工神经元被组织成不同的层，将它们的输出输入到其他神经元。

想象一下成百上千个神经元能做出什么样的行为。由于 McCulloch–Pitts 神经元只使用布尔逻辑，所以与其他人工神经元相比，它们能计算的东西稍微简化了一点。虽然它们只能将真值或假值传递给下一个神经元，但其他神经元可能会传递加权值。尽管原理不变，但神经元只有在超过某个阈值时才会触发。由于一个 ANN 可以有多个输入同时进入多个神经元，这些输入被称为在网络中传播或级联，而不是返回一个真或假值。更复杂的人工神经元可能会触发程序行为，比如将自动驾驶的车辆向左转向几度，以避免前方的坑洞。

2. 神经网络中的优化过程

人工神经网络从神经元连接中获得加权输出的过程要复杂一些。许多人工神经网络的核心算法有两种，分别称为反向传播和梯度下降。机器学习和神经网络中可行的算法来自优化的应用数学分支。数学优化的重点是从备选方案列表中选择最佳元素及选择标准。当使用监督学习训练一个神经网络时，需要使用代价函数计算神经网络的预测值和正确答案之间的错误率。代价函数实际上是单个损失函数的集合，它计算单个训练实例的错误率。这与梯度下降算法有关，该算法在神经网络的训练阶段使用。该算法的目的是找到使神经网络所用代价函数的值最小的参数值。代价函数、梯度下降和反向传播是人工神经网络机器学习的基础。没有它们，就无法证明模型正在从提供的数据中学习。

梯度下降算法在神经网络中有很重要的作用。在机器学习中，斜率越高，ANN 的学习速度就越快。如果梯度斜率为零，那么神经网络就无法学习。理解数学梯度最简单的类比事例是徒步旅行者上山。他的目标是用最少的步数到达顶点位置。峰顶相对平坦，坡度较小，但山脚坡度较大。一开始，徒步旅行者可以大步走上山坡，以减少步数，但当他接近山顶时，他会小步走，以保证他能准确到达顶点位置。

梯度下降是一个最小化算法，如果有一个具有两个参数 w 和 b 的代价函数的机器学习问题，梯度下降将试图找到这两个参数的值，从而导致代价函数的值最小。这意味着神经网络的整体错误率下降。学习率是一个衡量梯度下降速度的指标。较高的学习率意味着下降可能会大大偏离局部最小值，而较低的学习率意味着下降最终将达到局部最小值，但这将以时间和性能为代价。注意，达到最佳局部最小值意味着系统达到最佳精度。因此，较高的学习率会导致不准确的结果。一个好的方法是尝试找到一个介于快和慢之间的速率。

反向传播就是通过梯度下降法求出误差率、损失函数或代价函数，并将其应用于网络中人工神经元的权值。简单地说，反向传播是一种获取错误率并修改程序以从中学习的机制。当手写识别程序将一个看起来怪异的 0 归类为 9 时，反向传播会调整权重，以便将来看起来怪异的 0 被正确地分类为 0。实际情况会有点复杂，但大致的思路是一样的。机器学习系统只有在错误被纠正的情况下才能学习，如果没有将修正传播到神经网络中就没有学习。不管提供了多少数据，或者运行了多长时间的训练集，如果不修改神经元权重，系统永远不会产生进步。

就像有不同类型的人工神经元一样，也有不同类型的人工神经网络。每种类型都有自己的应用程序和方法来处理输入并返回各自的输出。卷积神经网络（CNN）的基础知识将在下一节中介绍，因为它们是深度学习的一部分。在另一种称为递归神经网络（RNN）的结构中，输入不直接从神经元传递到输出。相反，输入可以在神经元周围反弹，形成一种"反复"的学习模式。一种称为长短期记忆（LSTM）网络的 RNN 试图用每个逻辑神经元在给定输入的同时保留一些信息来模拟记忆。

3. 神经网络的局限性

以上算法被称为人类发明的最伟大的算法，但也许它们只是那样而已。当然，神经网络的大多数应用属于人工智能的"狭义"版本，而不是一般的版本。这主要来源于人脑的复杂性。即使是最复杂的神经网络也很难接近人脑的原始计算能力。即使它们做到了，它们也可能试图解决机器学习的五个普遍问题中的一个或多个。它们不是在试图模拟思维，也不是独自形成抽象的想法。

从纯系统的角度来看，这些系统具有数学的复杂性，但它们不能与大脑的生物复杂性相比较。如果只需要一个称职的程序员和一些开放源码的机器学习包就可以开始模拟智能，那么这显然没有复杂性。

神经网络当然有它们的用途，它们很可能是人类已知的一些最重要的算法，但其核心是简单的数学抽象。因为机器学习中最有用的问题是通过监督来解决的，有大量的预标记数据，系统可以从中学习。

相比之下，人脑可以学会在没有任何监督的情况下对事物进行分类。一个小孩子即使不知道狗是什么，即使他缺乏这方面的知识，也能很容易地辨认出一只狗。他可以在不知道父母是什么的情况下认出自己的父母。有人可能会争辩说，人类大脑总是使用一种有监督的学习方式，因为我们每天都会受到感官输入的轰炸，但这些基本上都是未经标记的数据。相当于训练一个神经网络来识别孩子一天中听到的声音，并让它识别母亲的声音。神经网络所能做的就是对相似的声音进行分类，但它不能"分辨"出什么属于什么。这是人脑在直觉水平上所做的事情。

9.5 深 度 学 习

首先要简单区别几个概念：人工智能，机器学习，深度学习，神经网络。

人工智能研究的是计算机很难解决而人类通过直觉可以解决的问题，如：自然语言理解，图像识别，语音识别等，人工智能的目的就是要解决这类问题。

机器学习是一种能够赋予机器学习的能力并以此让它完成直接编程无法完成的功能。从实践的意义上来说，机器学习是一种通过利用数据训练出模型，然后使用模型进行预测的一种方法。

深度学习的核心是自动将简单的特征组合成更加复杂的特征，并用这些特征解决问题。

神经网络最初是一个生物学的概念，一般是指大脑神经元、触点、细胞等组成的网络，用于产生意识，帮助生物思考和行动。后来人工智能受神经网络的启发，发展出了人工神经网络。

它们之间的关系如图 9.1 所示。

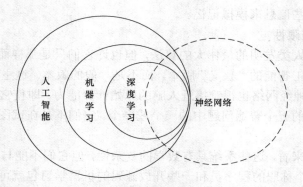

图 9.1　人工智能、机器学习、深度学习、神经网络关系图

1．深度学习概述

2006 年，Geoffrey Hinton 在科学杂志（*Science*）上发表了一篇文章，论证了两个观点：第一个是多隐层的神经网络具有优异的特征学习能力，学习得到的特征对数据有更本质的刻画，从而有利于可视化或分类；第二个是深度神经网络在训练上的难度，可以通过"逐层初始化"有效克服。

该文章不仅解决了神经网络在计算上的难度，同时也说明了深层神经网络在学习上的优异性。从此，神经网络重新成了机器学习界中的主流学习技术。

具有多个隐藏层的神经网络被称为深度神经网络，基于深度神经网络的学习研究称之为深度学习。目前业界许多图像识别技术与语音识别技术的进步都源于深度学习的发展，除了 Cortana 等语音助手，还包括一些图像识别应用，其中典型的代表是百度识图功能。

深度学习属于机器学习的子类。这种类型的系统允许处理大量数据，以找到人类通常无法检测到的关系和模式。"深度"这个词指的是神经网络中隐藏层的数量，这些隐藏层提供了很大的学习能力。

基于深度学习的发展极大地促进了机器学习地位的提高，更进一步推动了业界对机器学习父类——人工智能梦想的再次重视。人工智能在经历了一段时间的低谷之后，又迎来了发展的高潮。

当谈到 AI 话题时，深度学习处于前沿，它往往在主流媒体上产生最多的热议。前百度首席科学家、Google Brain 联合创始人吴恩达称赞深度学习是人工智能新的动力。但同样重要的是要记住，深度学习仍处于开发和商业化的早期阶段。直到 2015 年左右，Google 才开始在其搜索引擎中使用这项技术。而要让深度学习对现实世界产生影响，需要互联网等数据的惊人增长和计算能力的激增。

2．大脑与深度学习

人类的大脑重约 3.3 磅，是进化的惊人壮举。大约有 860 亿个神经元——通常被称为灰质——它们与数万亿个突触相连。神经元可以被想象成接收数据的 CPU（中央处理器）。学习是随着突触的加强或减弱而发生的。

大脑由前脑、中脑和后脑三个部分组成，不同的区域执行不同的功能，主要包括以下几个区域。

（1）海马。这是大脑储存记忆的地方。事实上，当一个人患了阿尔茨海默病，失去了形成短期记忆的能力时，这部分记忆就失效了。

（2）额叶。这个区域专注于情感、语言、创造力、判断、计划和推理。

（3）大脑皮质。这可能是人工智能最重要的部分。大脑皮质帮助思考和进行其他认知活动。根据 Suzana Herculano Houzel 的研究，智力水平与大脑这个区域的神经元数量有关。

深度学习与人脑相比有一些细微的相似之处。例如在视网膜区域，就有一个摄取数据的过程，并通过一个复杂的网络来处理它们，这个网络是基于权重分配的。这只是学习过程中的一小部分，关于人类大脑仍有许多未解之谜，当然，它并不仅限于诸如数字之类的计算，相反，它更像是一个模拟系统。随着研究的继续推进，神经科学的发现将有助于为人工智能建立新的模型。

另外，深度学习所用的神经网络正是在模拟人类神经元的基础上发展起来的。通过对人类神经元功能的归纳和简化，再用数学模型对其进行建模，从而形成了人工神经元，然后再仿照人类神经元的连接结构形成了人工神经网络。因此，人类对大脑的研究每进一步，都会给深度学习的发展带来巨大的借鉴和推动作用。

3. 人工神经网络模型

在最基本的层次上，人工神经网络（ANN）是一个包含单元（也可以称为神经元、感知器或节点）的函数。每个单元将有一个输入及其权值，权值表示相对重要性。隐藏层使用一个函数对输入进行计算，其结果成为输出。还有另一个值，称为偏差，它是一个常数，用于函数的计算。

这种模型的训练称为前馈神经网络。换句话说，它只从输入到隐藏层再到输出，不会循环回来。但它可以进入一个新的神经网络，它的输出会变成下一个神经元的输入。

图 9.2 展示了一个基本的只含有一个神经元的前馈神经网络。

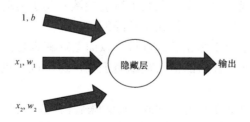

图 9.2　一个基本的前馈神经网络

下面通过一个例子来深入地讨论这个问题。假设正在创建一个模型来预测公司的股票是否会上涨，以下是变量所代表的内容及所赋的值和权重：x_1 表示收入每年至少增长 20%，其值是 2；x_2 表示利润率至少为 20%，其值是 4；w_1 是 x_1 的权重，其值是 1.9；w_2 是 x_2 的权重，其值为 9.6；b 是偏差（值为 1），它有助于平滑计算。

然后该函数将处理这些信息 Output=$x_1w_1+x_2w_2+b$。之后通常会涉及一个非线性的激活函数。这更能反映现实世界，因为数据通常不是线性的关系。

实际使用中有多种激活函数可供选择。最常见的一种是 Sigmoid 激活函数，它可以将输出值压缩到 0～1 的范围内。

Sigmoid 函数公式为

$$S(x) = \frac{1}{1 + e^{-x}}$$

它的函数图像像一个 S 形，如图 9.3 所示。

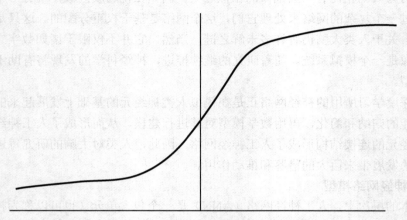

图 9.3 一个典型的 Sigmoid 激活函数

人工神经网络的一个主要缺点是，在对模型中的权值进行调整时，传统的方法（如变异算法，使用随机值）非常耗时。

考虑到这一点，研究人员开始寻找替代方法，如反向传播。这项技术从 20 世纪 70 年代就开始使用了，但由于缺乏实例，人们对它兴趣不大。但是 David Rumelhart、Geoffrey Hinton 和 Ronald Williams 意识到反向传播经改进后仍然很有潜力。1986 年，他们写了一篇题为《通过反向传播错误来学习表现》的论文，在人工智能领域引起了轰动。它清楚地表明，反向传播速度可以更快，也可以产生更强大的人工神经网络。

在反向传播中涉及很多数学知识。该过程可以简单理解为当系统发现错误时调整神经网络，然后通过神经网络再次迭代新的值。从本质上说，这个过程包含一些微小的变化，这些变化将继续优化模型。

例如，假设其中一个输入的输出是 0.6。这意味着错误是 0.4（1.0 减去 0.6），低于标准值。然后可以对输出进行反向输入，系统对错误进行反向传播后，也许新的输出会达到 0.65。这个训练会一直进行下去，直到数值更接近 1 为止。

图 9.4 说明了这个过程。首先，由于权重太大，所以错误也很大。但是通过迭代，错误会逐渐减少。然而，迭代太多可能意味着错误的增加。换句话说，反向传播的目标是找到中点，即错误最小时的权重。

综上所述，基本的前馈神经网络是相对简单的，它所能实现的功能也十分有限。为了增加更多的能力，通常需要多个隐藏层。这就产生了多层感知器（MLP）。它可以实现更丰富的功能，但同时计算也更加复杂。

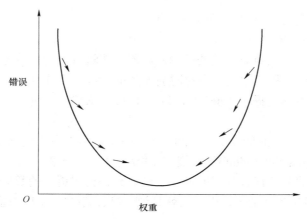

图 9.4 反向传播函数的最优值在图的底部

下面介绍几种较为复杂的神经网络。

4. 几种常用的深度学习网络

1）全连接神经网络

神经网络最基本的类型是全连接神经网络。正如它的名字所暗示的，它是所有神经元连接的地方。这种网络非常流行，因为它意味着在创建模型时需要很少的判断。

典型的全连接神经网络如图 9.5 所示，相比于图 9.2，全连接神经网络拥有更多的神经元以及更多的神经层数。之所以被称作全连接神经网络，是因为前一层所有神经元的输出都被作为后一层神经元的输入。全连接神经网络的计算过程与之前的一样，前向传播完成后，将误差进行反向传播，对权重进行优化；然后再次进行前向传播，如此迭代，直到最后结果接近于预设值。

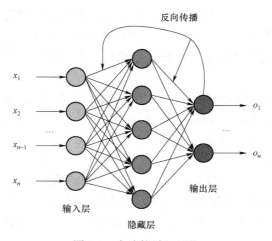

图 9.5 全连接神经网络

理论上，全连接神经网络可以模拟出任何非线性的模型。但在实际应用中，随着神经元的增加，计算量会越来越大，而且随着层数的增加还会出现梯度消失的问题，即层数增加后误差无法传播到最开始的神经层。这些都限制了全连接神经网络的性能。为了解决这些问题，研究人员又研究出了其他新型的神经网络。

2）循环神经网络（RNN）

利用循环神经网络，该函数不仅处理输入，还处理随时间变化的先前输入。这方面的一个例子是，当在消息应用程序中输入字符时会发生的情况：当你开始打字时，系统会预测单词。如果敲出"h"，电脑会提示"he""hello""here"。RNN 本质上是一串基于复杂算法相互补充的神经网络。

这个模型有很多不同的版本。一种叫作 LSTM，即长短期记忆网络。这是由 Sepp Hochreiter 教授和 Jürgen Schmidhuber 教授在 1997 年 6 月发表的一篇论文中提出的。他们提出了一种有效使用彼此分离很长时间的输入方法，允许使用更多的数据集。

RNN 的缺点是存在梯度消失问题。也就是说，随着模型的增大，精度会下降。模型也可能需要更长的时间来训练。

为了解决这个问题，Google 开发了一种名为 Transformer 的新模型，因为它是并行处理输入的，所以效率要高得多。它还可以产生更准确的结果。Google 通过其翻译应用程序获得了对 RNNs 的更多洞察力。该应用程序于 2006 年推出，最初使用的是机器学习系统。该系统每天处理 100 多种语言，超过 1 000 亿个单词。2016 年，Google 通过创建 Google 神经机器翻译转向深度学习，它带来了更高的准确率。

Google 翻译应用程序可以帮助医生与讲其他语言的病人打交道。根据加利福尼亚大学旧金山分校（UCSF）发表在《美国医学会杂志·内科学》上的一项研究，该应用程序在英语到西班牙语翻译方面的准确率为 92%，这一比例在深度学习应用之前仅为 60%。

3）卷积神经网络（CNN）

直观地看，将神经网络中的所有单元连接起来是有意义的，它可以与应用程序有序配合使用。

但在一些场景的应用未能达到最优，比如图像识别方面。想象一下，在每个像素都是一个单元的情况下，模型会有多复杂！它可能很快就会变得无法控制。还会有其他的复杂情况，比如过拟合。在这种情况下，数据不能反映正在测试的内容，或将重点放在了错误的功能上。

要处理这一切，可以使用卷积神经网络（CNN）。这可以追溯到 1998 年，当时勒昆教授发表了一篇名为《基于梯度的学习应用于文档识别》的论文。尽管它有很强的洞察力和突破性，但几乎没有什么吸引力。但随着深度学习在 2012 年开始出现重大进展，研究人员重新审视了这一模型。

勒昆的灵感来自诺贝尔奖获得者大卫·胡贝尔和托尔斯滕·威塞尔，他们研究的是视觉皮层神经元。该系统从视网膜获取图像，并对其进行不同阶段从简单到复杂的处理。每个阶段都称为卷积。例如，第一个层次是识别线条和角度；下一步，视觉皮层找到形状；然后检测对象。

这类似于以计算机为基础的 CNN 的工作方式。让我们举个例子：假设想要构建一个可以识别字母的模型。CNN 将以 3 072 像素的图像形式进行输入。每个像素都将有一个介于 0 到 255 之间的值，该值表示总体强度。通过使用 CNN，计算机将经历多种变化来识别特征。

第一层是卷积层，它是扫描图像的滤波器，这可以是 5 像素×5 像素。该过程将创建一个功能地图，它是一个很长的数字数组。接下来，模型将对图像应用更多滤镜。通过这样做，CNN 将识别出用数字表示的线条、边缘和形状。对于不同的输出层，模型将使用池将它们组合在一起生成单个输出，然后创建一个完全连接的神经网络。

CNN 肯定会变得复杂。但它能够准确地识别输入到系统中的数字。

4）生成性对抗性网络（GAN）

伊恩·古德费洛在斯坦福大学获得了计算机科学硕士学位，在蒙特利尔大学获得了机器学习博士学位后在 Google 工作。他在 20 多岁的时候与人合著了人工智能领域最顶尖的书之一——《深度学习》，还对 Google 地图进行了创新。

在 2014 年，他取得了最具影响力的突破。在蒙特利尔的一家酒吧里，他和他的一些朋友谈论深度学习如何创造照片。当时，普遍的方法是使用生成模型，但它们往往是模糊和荒谬的。古德费洛意识到一定有更好的方法，那么为什么不用博弈论呢？也就是说，让两个模型在一个紧密的反馈循环中相互竞争。这也可以使用未标记的数据来完成。以下是基本工作流程。

（1）生成器：这个神经网络创造了无数的新作品，比如照片或句子。

（2）鉴别器：这个神经网络会查看这些作品，看看哪些是真实的。

（3）调整：有了这两个结果，一个新的模型将改变创作，让它们变得尽可能逼真。经过多次迭代，将不再需要使用鉴别器。

他对这个想法感到非常兴奋，在离开酒吧后，他开始对自己的想法进行编码。结果产生了一种新的深度学习模型：生成性对抗性网络（GAN），并取得了很好的效果。

GAN 研究已经催生了 500 多篇学术论文。Facebook 等多家公司也使用了这项技术用于照片分析和处理。Facebook 首席人工智能科学家严乐村指出，GAN 是"过去 20 年来深度学习领域最酷的想法"。

GAN 也被证明有助于进行复杂的科学研究。例如，它们帮助提高了欧洲核子研究组织（CERN）大型强子对撞机中亚原子粒子行为探测的准确性。

诚然，GAN 的一些用途令人惊叹。一个示例是将其用于深造，这涉及利用神经网络创建具有误导性的图像或视频。例如，一个 GAN 可以让巴拉克·奥巴马说出你想让他说的任何话！

但是该技术存在很多风险。纽约大学和密歇根州立大学的研究人员撰写了一篇针对"DeepMasterPrints"的论文，它展示了 GAN 如何开发假指纹来解锁三种类型的智能手机！然后发生了女演员詹妮弗·劳伦斯在金球奖新闻发布会上的所谓深度假视频事件，她的脸和史蒂夫·布谢米的脸融合在一起了。

5. 深度学习的应用案例

随着资金和资源被投入到深度学习上，社会上出现了一股创新热潮。似乎每天都有一些令人惊叹的事情被宣布。以下讨论一些深度学习在医疗保健、能源甚至地震研究等领域的应用案例。

1）检测阿尔茨海默病

尽管经过几十年的研究，科学家们已经开发出延缓疾病发展的药物，但治疗阿尔茨海默病的方法仍然难以捉摸。鉴于此，早期诊断至关重要，而深度学习可能会有很大帮助。加利福尼亚大学旧金山分校放射和生物医学成像部的研究人员已经使用这项技术来分析大脑屏幕——来自阿尔茨海默病神经成像倡议公共数据集——并检测血糖水平的变化。

结果显示，该模型可以在临床诊断前长达 6 年的时间里诊断出阿尔茨海默病。其中一项测试的准确率为 92%，另一项测试的准确率为 98%。该项目虽然现在还处于开始阶段，仍需要分析更多的数据集，但到目前为止，实验的结果都非常令人鼓舞。

2）节约能源

由于其庞大的数据中心基础设施，Google 是最大的能源消费者之一。碳排放减少会带来好处，即使是效率上的一小步提高，也可能对地球产生相当大的影响。

为了实现这些目标，Google 的 DeepMind 部门一直在应用深度学习，学习如何更好地管理风力发电。尽管这是一种清洁的能源，但由于天气的变化，它可能很难使用。

但 DeepMind 的深度学习算法一直很关键。该算法应用于美国 700 兆瓦的风力发电，能够提前 36 小时对发电量做出准确的预测。到目前为止，机器学习已经将其风能价值提高了大约 20%。当然，这个深度学习系统可能不仅仅是对 Google——它可能对世界各地的能源使用会产生广泛的影响。

3）监测地震

地震是极其难以理解的，而且非常难以预测。需要评估断层、岩层和变形、电磁活动以及地下水的变化。有趣的是，有证据表明动物有感知地震的能力！

几十年来，科学家们收集了大量关于这一主题的数据，这是深度学习的一个应用。加州理工学院的地震学家，包括岳怡松，Egill Hauksson，Zachary Ross 和 Men-Andrin Meier，一直在利用卷积神经网络和递归神经网络对此进行大量的研究。他们正试图建立一个有效的预警系统。

岳怡松认为，人工智能可以比人类更快、更准确地分析地震，甚至能找到可以逃避人眼的模式。此外，待提取的模式很难被基于规则的系统充分捕获，因此现代深度学习的高级模式匹配能力可以提供比现有的自动地震监测算法更高的性能，但关键是要改善数据收集能力。这意味着需要对小地震进行更多分析（在加利福尼亚，每天平均进行 50 次）。人工智能的目标是建立一个地震目录，从而创建一个虚拟的地震学家，他能比人类更快地进行地震评估。这样可以在地震发生时缩短预警时间，从而有助于挽救生命和财产。

4）减少使用放射线

PET（正电子发射体层成像）和 MRI（磁共振成像）是令人惊叹的技术。但是患者需要在密闭空间内停留 30 分钟到一个小时。这是不舒服的，而且意味着患者要长时间暴露于射线中，这已被证明具有副作用。

斯坦福大学的 Greg Zaharchuk 和宫恩浩认为可能会有更好的方法。Zaharchuk 是医学博士，专门研究放射学。宫恩浩是深度学习和医学图像重建的电气工程博士。

2017 年，他们共同创立了 Subtle Medical 公司，并聘用了一些卓越的成像科学家、放射科医生和 AI 专家，共同面对改善 PET 扫描和 MRI 的挑战。Subtle Medical 创建了一个系统，该系统不仅可以将 MRI 和 PET 扫描的时间大幅减少，而且准确性更高。它由高端 NVIDIA GPU 提供支持。

2018 年 12 月，该系统获得了美国 FDA（食品药品监督管理局）许可并获得了面向欧洲市场的 CE 标志批准。这是有史以来首个同时获得这两个名称的基于 AI 的核医学设备。

Subtle Medical 还有更多计划将彻底改变放射学业务。截至 2019 年，该公司正在开发 SubtleMRTM 和 SubtleGADTM，该产品将比该公司以前的解决方案更强大，SubtleGADTM 将减少钆（用于核磁共振）的剂量。

6. 深度学习硬件

GPU 一直是深度学习芯片系统的首选。但随着人工智能变得更加复杂，比如 GAN 的产生，以及数据集变得更大，肯定会有更多的空间来采用新的方法。各公司也有其自定义需求，例如在功能和数据方面。毕竟，面向消费者的应用程序通常与专注于企业的应用程序有很大不同。因此，一些大型科技公司一直在开发自己的芯片组。

1）Google

2018 年夏天，该公司发布了第三版张量处理单元（TPU，第一个芯片是在 2016 年开发的）。这些芯片的功能非常强大，可以处理超过 100 千万亿次浮点运算来训练模型，因此数据中心需要液体冷却。Google 还发布了适用于设备的 TPU 版本。从本质上讲，这意味着处理延迟会更短，因为不需要访问云。

2）Amazon

2018 年，该公司宣布推出 AWS Inferentia。这项技术是在 2015 年收购 Annapurna 后产生的，它专注于处理复杂的推理操作。这是模型经过训练后的操作。

3）Facebook 和 Intel

这两家公司已经联手创造了一款人工智能芯片。Intel 还凭借一款名为 Nervana 神经网络处理器（NNP）的人工智能芯片获得了吸引力。

4）阿里巴巴

该公司已经创建了自己的人工智能芯片公司，名为平头。该公司还计划建造一个基于量子比特（代表电子和光子等亚原子粒子）的量子计算机处理器。

5）Tesla

埃隆·马斯克开发了自己的人工智能芯片。它有 60 亿个晶体管，每秒可以处理 36 万亿次运算。

也有各种初创公司正在进军人工智能芯片市场。Untether AI 是领先的公司之一，它专注于创造提高数据传输速度的芯片（这一直是人工智能中特别困难的一部分）。在该公司的一个原型中，这个过程比典型的人工智能芯片快 1 000 多倍。Intel 与其他投资者一起，在 2019 年参与了一轮 1 300 万美元的融资。

谈到 AI 芯片，目前 NVIDIA 占据主导市场份额。但由于这项技术的重要性，不可避免地将会有越来越多的产品进入市场。

7. 深度学习的缺点

考虑到所有的创新和突破，许多人认为深度学习是无所不能的：这将意味着我们不再需要开车了；这甚至可能意味着我们可以治愈癌症。但是要注意到，深度学习仍处于初级阶段，实际上仍存在许多令人困扰的问题。人们应适度降低期望值。

2018 年，加里·马库斯写了一篇题为《深度学习：批判性评估》的论文。在论文中，他指出：在语音识别、图像识别和游戏等领域取得长足进步，以及大众媒体相当热情的背景下，我提出了深度学习的十个问题，并建议如果我们要达到人工智能，深度学习必须得到其他技术的补充。他对深度学习的一些担忧包括以下方面。

1）黑匣子

深度学习模型可能很容易就有数百万个参数，涉及许多隐藏层。要对此有一个清楚的认识，这大大超出了一个人的能力范围。的确，这对于识别数据集中的猫可能不一定是问题，但这绝对可能是医学诊断或确定石油钻井平台安全性模型的问题。在这些情况下，监管机构将希望很好地了解模型的透明度。正因为如此，研究人员正着眼于创建系统来确定"可解释性"，这提供了对深度学习模型的理解。

2）数据

人脑有其缺陷，但它有一些功能非常好，比如抽象学习能力。假设五岁的简和她的家人一起去餐馆吃饭，她妈妈指着盘子里的一样东西说那是"玉米饼"。她不需要解释这件事，也不需要提供任何有关它的信息。简的大脑会立即处理这些信息，并理解整体模式。当将来她看到另一种玉米饼时（即使它有不同之处），她自然就会知道那是什么。在很大程度上，这是直观的。但不幸的是，深度学习不能通过抽象来学习"玉米饼"！系统必须处理大量信息才能识别它。当然，这对 Facebook、Google、甚至 Uber 这样的公司来说都不是问题，但许多公司的数据集要有限得多，这就导致深度学习对它们来说可能不是一个好的选择。

3）层次结构

这种组织方式在深度学习中是不存在的。正因为如此，语言理解还有很长的路要走（特别是在长时间的讨论中）。

4）开放式推理

马库斯指出，深度学习无法理解"约翰答应玛丽离开"和"约翰答应离开玛丽"之间的细微差别。更重要的是，深度学习远远不能做到以下类似事情，例如，阅读简·奥斯汀的《傲慢与偏见》，并预测伊丽莎白·贝内特的性格动机。

5）概念性思维

深度学习无法理解民主、正义或幸福等概念。它也没有想象力，没有思考新的想法或计划的能力。

6）常识

这是深度学习做不好的事情。如果说有什么不同的话，那就是模型很容易被混淆。例如，假设你问一个 AI 系统，"有没有可能用海绵做一台计算机？"在很大程度上，它可能不会知道这是一个荒谬的问题。

7）因果关系

深度学习无法确定这类关于寻找事件相关性的问题。

8）先验知识

CNN 可以帮助提供一些先验信息，但这是有限的。深度学习仍然相当独立，因为它一次只能解决一个问题。它不能接收数据并创建跨越不同领域的算法。如果数据有变化，则需要对新模型进行训练和测试。最后，深度学习不会事先理解人们本能就知道的知识，比如现实世界的基础物理知识。这是必须明确编程到人工智能系统中的知识。

9）静态

深度学习在相当简单的环境中应用效果最好。棋类游戏有一套明确的规则和边界，因此人工智能在棋类游戏中非常有效。但现实世界是混乱和不可预测的，这意味着深度学习在复杂问题上可能达不到较好的效果，即使是自动驾驶汽车也是如此。

10）资源

深度学习模式通常需要巨大的 CPU 能力，这可能会导致代价高昂。不过，还有一种选择是使用第三方云服务。

11）蝴蝶效应

由于数据、网络和连接的复杂性，微小的变化可能会对深度学习模型的结果产生重大影响。这很容易导致错误或误导性的结论。

12）过拟合

在本章早些时候解释了这个概念。

马库斯最大的担忧是，人工智能可能"陷入局部最低限度，过度停留在智力空间的错误部分，过分专注于对特定类别的可接触但有限的模型的详细探索。这些模型旨在选择局部最优的路线，而忽视了局部较差但效果更为理想的路径"。然而，他并不悲观。他认为，研究人员需要超越深度学习，寻找能够解决难题的新技术。

虽然机器学习目前仍然存在着很多问题，但这种人工智能方法仍然非常强大。在不到十年的时间里，它给科技界带来了革命性的变化，也在金融、机器人和医疗保健等领域产生了重大影响。随着大型科技公司和风投公司的投资激增，这些模式将会有进一步的创新。这也会促使更多的人选择这个方向开展进一步的研究，从而为这个行业带来更快的发展，形成一个良性的循环。

第 10 章　自然语言理解

自然语言是人类语言，主要用于人类之间的沟通交流和思维，自然语言也称为普通语言。目前常见的自然语言有英语、汉语、俄语和日语等等。自然语言是相对于构造语言、人工语言、机器语言或形式语言而言的。自然语言与形式语言和人工语言的区别是，自然语言实际上并不是以人工语言的形式构建的，也不是以形式语言的形式出现的，但是它们在原则上被视为是形式语言然后被加以研究。按照这种思维方式，在自然语言复杂而看似混乱的表面后面，存在决定其构成和功能的规则。

自然语言具有如下特点：自然语言都是传统的和武断的，遵守一定的规则，比如给特定的事物或概念指定一个特定的词，但是没有理由，这个词最初被赋予这个特定的事物或概念；自然语言都是多余的，这意味着句子中的信息以多种方式传递；自然语言都会改变，语言的变化有多种方式和原因。对于其中提到的规则，通用语法理论提出：全自然语言具有某些基本规则，这些规则可以塑造和限制任何给定语言的特定语法和结构。

随着计算机的发展，开始出现了机器语言。机器语言是能被机器直接识别和利用的语言，自然语言和它的区别就是自然语言不能被机器直接识别和利用。所以如果想要识别并利用自然语言，就要先进行自然语言处理（natural language processing，NLP）。自然语言处理也称为计算语言学，是从计算角度对语言的科学研究，重点是自然语言与计算机之间的交互。自然语言理解（natural language understanding，NLU）是自然语言处理的子主题，它将涉及的人类语言分解为机器可读格式的语言。相关的应用包括文本分类、机器翻译和问题解答。

10.1　概　　述

1. 自然语言理解的目标

现实世界中自然语言的使用并没有遵循一套完善的规则，而是表现出大量的变体、例外和特质。自然语言理解的目标是使用语法规则和通用语法重新排列非结构化数据（如语言）来理解非结构化数据中表示的概念，不仅仅是字面定义，也不是统计数据、操作等结构化数据，而是像人类一样理解书面或口头语言。自然语言理解是人工智能的一个分支，它使用计算机软件来理解文本或语音格式的句子形式的输入，能直接实现人机交互（HCI）。

自然语言处理和自然语言理解都旨在理解非结构化数据，但它们并不相同。

自然语言处理关注如何对计算机进行编程以处理语言并促进计算机与人类之间的自然相互通信。自然语言处理的目标是实现人类语言处理，将语言理解和产生理论具体化，使人们的对话、想法和情感状态被捕获、存储和处理为数据，能编写一个能够理解和产生自然语言的计算机程序。

2. 立足点

计算机科学的研究者研究自然语言理解的立足点与其他学科研究自然语言理解的立足点是不同的。传统的语言学家研究自然语言处理的立足点是从认识的语言中解释材料内容的含义，通过提炼出材料内容包含的语法等规则，验证材料内容的含义解释的合理性。而计算机科学研究自然语言的立足点是让计算机理解给定文本的含义，理解文本中每个单词的性质和结构，解决自然语言中存在的歧义问题，如词汇歧义、句法歧义、语义歧义、照应歧义等，目的是让计算机从不理解到理解。

理解和处理自然语言并不像提供大量词汇表和对机器进行训练那样简单。成功的自然语言处理必须融合来自以下领域的技术：语言、语言学、数据科学、计算机科学等。所以尽管不同学科研究的立足点不相同，但研究方法和研究结论是可以互相参考、借鉴并互相影响的。实际上，人工智能就是使机器能够像人类一样智能执行自动化任务的一种技术，使人工智能成为现实的过程就包含了自然语言理解的过程。

站在计算机学科的立足点上对短期内想要实现的目标——自然语言人机工程进行分解，建立的目标树如图 10.1 所示。

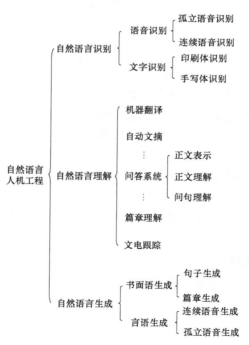

图 10.1　自然语言人机工程目标树

3. 自然语言理解的观点

第一是系统工程观点。即用系统论的观点来观察分析对象，用系统工程的观点来判断是否实用。所谓系统就是由定期相互作用或相互依存的一组项目形成的一个统一的整体。研究的系统是人工系统，人工系统是基于不表示自然关系的字符分类系统，具备整体性和有机性的特点。当把对象分解为若干个组成部分时，要密切注意它们之间的相互联系和相互制约的关系，要密切注意成员与系统的界面和系统与环境的界面。当实现对象时，要遵循系统工程的观点，对各部分进行有机的组织。因为系统中的每一个成分在系统中的形式和作用，并不等于它独立于系统之外的形式和作用，因此，系统工程的观点要求用"整体大于部分之和"的目标来组织系统，这才能做到系统是有机的整体。

第二是用层次结构观点来分析归纳语言现象。语言是一种任意的声音符号系统，社会团体可以通过该系统进行协作。以汉语为例，语言系统的第一层是以北京话中字符的发音为基础的新的罗马化系统，即拼音。现代汉语普通话有 21 个声母、39 个韵母和 4 个音调。语言系统的第二层是汉字。汉字是音义结合的，写法固定。语言系统的第三层是由多个汉字组成的词汇，能单独使用并简单表示一定的含义。语言系统的第四层是句子、段落和篇章，由单个字或词排列组合而来，能表述较多的含义，是语言系统的最高层次。

第三是层次间单向依赖观点。语言系统的各个层次间存在单向依赖关系。这是因为在语言系统中，任何一个大的语言单位的理解，必须在小的语言单位理解的基础上进行，而小的语言单位的理解，又受大的语言单位的制约。

10.2　语言认知模型

1. 人类语言的进化

人类的进化史可以说明：人类的智能是后天演变而成的，而不是想象中的智慧女神似的神秘而不可测。考古、地质等学科发现古人类从制造石器工具中开始了真正人类的物质资料生产的发展，也就发展了真正人类高级的抽象思维能力。当然，三百万年前人类的抽象思维能力不能和现代人相比，只是说明，现代人的高级抽象思维能力是从原始人的抽象思维日积月累年复一年发展而来的。

原始人在聚居中以手势语为主，辅以少量语音符号的方式交流思想。当直立人能将自己懂得的特殊语言符号转化为通用的一般性语言符号时，才能通过通用的语言符号来相互交流沟通。大约在一百万年前，人类才开始以口语为主并辅以手势语来互相交流沟通。这种通用的交流沟通语言就是自然语言。

2. 自然语言的功能模型

自然语言是一种很重要而又很复杂的社会现象，它吸引了很多专家的注意。但究其功能模型而言，不外乎有两个。

功能模型 1：

$$\text{思想（A）} \xleftrightarrow[\text{语言}]{\text{语境}} \text{思想（B）}$$

功能模型 2：

$$思想（A）\xleftrightarrow[语言]{语境}思维（A）$$

其中，语言是一种由个体特殊符号转化为群体一般符号的系统。A、B 是人类的一份子。语境是指一定的语言环境，即 A、B 共同受制约的语境。

功能模型 1 是表示人们利用自然语言交流思想和表达思维成果的模型。而功能模型 2 是表示人们利用语言进行思维和感知知识再加工的模型。

3. 言语链模型

功能模型 1 表示 A、B 二人利用语言在特定的语境下进行交流思想的模型。思想这种信息在听说之间沿着四个层次组成的言语链上传播，如图 10.2 所示。

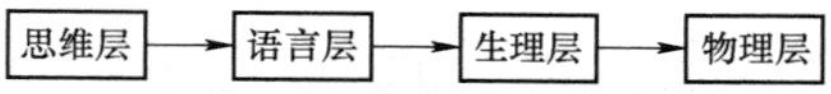

思维层 → 语言层 → 生理层 → 物理层

图 10.2　思想信息传播的言语链模型

① 思维层：人们在认知模型的基础上，展开积极的思维活动，获得客观世界的认识结果，即感知的经验知识、抽象的理论知识和想象的综合知识，以及获得这些知识的思维过程。人在这个层次上产生了思维信息，或获得了思维信息。

② 语言层：将思维层获得的思维结果变换为语言形式，就是选择适当的字、词，按照一定的规则即语序组合成短语或句子，句子再组成段落或篇章，用以表达思维结果。人在这个层次上是选择工具装载信息。

③ 生理层：在语言层的同时，大脑活动的中枢神经调动动觉神经，利用发音器官做出恰当口形、神态和手势，为把装载在工具上的信息转换为物理层上的信息做一切准备工作。人在这个层次上是装载和转换信息。

④ 物理层：发音器官做出口形、神态和手势，把装载在语言层上的信息，转换成声波、动作和表情并传播出去。人在这个层次上是把信息发布出去。

A、B 二人利用语言进行交谈时，发言方是按着言语链模型的正方向产生信息、装载信息、转换信息和发布信息；而收听方则沿着言语链模型的反方向收集信息、转换信息和理解信息，因此，对话双方的言语链过程如下：

A 思维层→A 语言层→A 生理层→A 物理层→B 生理层→B 语言层→B 思维层

4. 认知模型

人类的认识论强调了从感知到思维，思维反作用于实践的两个阶段，强调了在认识上要抓住客观事物的本质及矛盾的主导方面。我们观察事物主要是观察它相对稳定的部分，这就是事物的结构。

① 结构：是指事物的整体与部分、部分与部分之间相对稳定的结合。

② 认识：是指事物的结构形式在头脑里的反映。

③ 认识结构：感知认识、抽象认识和想象认识结构。

④ 知识结构：感知的经验知识、抽象的理论知识和想象的综合知识。

感知的经验知识是主观对客观的"直录"。抽象的理论知识是对经验知识的抽象和概括，它决定于抽象概括的方法和经验知识的数量、质量。想象的综合知识是创造性的发明，是完成的"构思"。它取决于正确的思维方法和足够的数量、质量的理论知识和经验知识。

⑤ 认识模型的层次：从信息加工角度观察可分为三个层次：感应信息处理、感知信息处理和思维信息处理。它们分别对应着感性认识、抽象认识和想象认识。这些认识的结果分别对应着感知的经验知识、抽象的理论知识和想象的综合知识。这种认知模型如图 10.3 所示。

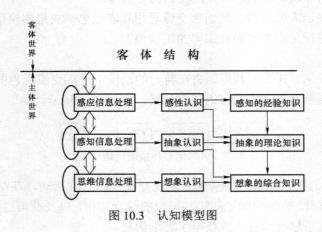

图 10.3　认知模型图

10.3　自然语言理解模型

这里叙述的自然语言理解模型，指的是站在计算机立场上的自然语言理解模型。

1. 任务模型

下面显示了两种任务模型。

模型Ⅰ　　　信息（A）←—声图文集成—→信息（计算机）

模型Ⅱ　　　思想（A）←—语言环境—→思想（计算机）

其中 A 是人或计算机。模型Ⅰ是人–机交互装置，它是一个智能接口部件，包括声音识别和理解的输入输出系统，图形、图像识别和理解的输入输出系统，语言文字的识别和理解的输入输出系统以及这三者的集成系统。模型Ⅱ是人和计算机或计算机和计算机之间交流思想的过程，通过自然语言这个工具进行，这个过程会对自然语言记载的信息进行加工处理。完成该目标需解决以下问题。

① 声、图、文信息能否在人机间进行传输？

② 计算机能否理解自然语言？

③ 计算机能否进行思考？

④ 计算机如何模拟人的思维？

只有在理论上回答了这些问题，并在实践上解决了这些问题，才算完成了自然语言理解的目标。

2. 自然语言理解的层次模型

人在理解自然语言时，往往是在自己已经理解的基础上去谈论对自然语言的相关理解。

在某些场合下，可能会陷入递归定义之中。如在《韦伯斯特大学词典》中，有关家庭亲属关系名称定义为：

子定义为人类的男性子孙；

子孙定义为动物或植物的后代；

后代定义为动物或植物的子孙。

最后这两个定义就进入了递归定义中。当计算机模型进行自然语言理解时出现递归定义，那么就会陷入无限循环然后引起混乱。对此，提出自然语言理解的层次模型遵守单向依赖关系。层次模型的基本原理是：任一较大语言单位的理解，必须在较小语言单位理解的基础上进行；而较小语言单位的理解，必须在较大语言单位制约条件的限制下获得。自然语言理解的层次模型如图 10.4 所示。

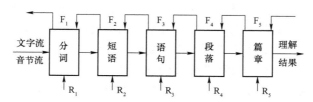

图 10.4　自然语言理解的层次模型图

在图 10.4 中，R_i 是第 i 层的规则系统，F_i 是第 i 层对 $i-1$ 层的制约条件。此模型分五个层次：分词层、短语层、语句层、段落层和篇章层。分词层是把彼此间没有符号隔开的文字流（书面语言）或音节流（口头语言）在规则 R_1 的作用下，变为一个个词组成的词序列（或称词串），而词序列的正确性受到下一层的制约条件 F_2 的限制。短语层是把彼此孤立的词串在规则 R_2 的作用下，变为由一个个短语组成的短语序列（或称词组串）。依次类推，把第 $i-1$ 层的输出，作为第 i 层的输入，通过第 i 层的规则将 i 层的输入变换为 i 层的输出。而输出的正确性则受到第 $i+1$ 层的制约条件 F_{i+1} 的限制。如图 10.5 所示。

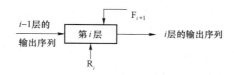

图 10.5　输出的制约条件

10.4　语言及汉语的特点

语言和思维都是一种群体性现象，它们都是在群体长期的历史演变中产生的，也都是在长期的历史演变中才得以发展。这两个古老的命题，引起了许多学科的兴趣，都试图对他们的机理加以说明。本章从计算机的角度出发，对自然语言理解所涉及的思维、语言及其规律进行说明。提出存在的问题，以期通过实践工作逐步地去解决。目前，有些问题虽正在解决之中，但离最终解决还相差甚远。

从自然语言的功能模型可以看出，语言既是交际的工具，又是思维的工具。这个工具触摸不到，而且也无法直接展示，只能在说话者的肢体表达或书面语言表达中，不完全地表露出来。双方运用自如地使用这个工具来表达及交流思想。因此，语言具有它独特的特点。

1. 自然语言的基本特征

（1）任何自然语言都是简约性和复杂性的统一体。

自然语言是一种复杂的符号系统（或结构）。它的特定符号与特定的概念（或"意义"）相对应，从而使符号与概念联系在一起。语言有两个基本展现形态，即书面语言和口头语言。它用来表达自然现象和社会现象，从而达到交流思想的目的。现象的复杂性决定了表达现象的语言的复杂性。语言既可以描述一维的线性的现象，也可以描述多维的立体的现象。语言是由相互依赖的各成分组成的系统，也可以说是符号及符号之间的诸多关系而构成的结构，因此，语言是个复杂的系统。同时，任何自然语言还具有简约性。复杂的语言系统可以用最简单的规则粗略地解释，最基本的语言知识几乎轻易地就能掌握，这就保证了本民族的成员都能掌握该民族的语言。因此语言是复杂性和简约性的统一体。

（2）任何自然语言都是稳固性和变化性的统一体。

语言的稳固性是由其作为交流思想的工具这一特性决定的。语言如果经常发生变化，人与人之间就无法用它来交流和沟通思想。但是从另一方面来看，语言是一种群体性现象，它会随着群体社会的发展而发展。旧的东西逐渐消失，新的东西不断产生。

语言的稳固性要比变化性突出得多。正因为稳固性突出，任何人都不能随便改变语言。但语言又有变化性，我们也就无权批评一些新生的语言现象。

（3）任何自然语言都是统一性和差异性的统一体。

矛盾的普遍性寓于特殊性之中。世界上原本没有"汉语"这门语言，只有"东北话""北京话""山东话"等这些具有差异的语言。由于我们找到了它们的统一性，才将其概括为"汉语"。

地域不同是一种差异，行业不同也是一种差异。差异是允许存在的，但差异只能存在于一些次要的方面。在基本词汇和基本的语法规则方面却不能存在差异。

所以，从自然语言这些基本特征来看，简约性、稳固性和统一性是语言主要的一面，而复杂性、变化性和差异性是它次要的一面。这就决定了语言存在简约的、稳固的和统一的语言规律，这正是计算机理解自然语言的着眼点。

2. 汉语的特点

每个民族或国家的语言都有其各自的特点。汉语指的是汉族中多种方言综合起来的具有共性的那部分语言，是以普通话为标准的语言。语言具有多个层次，包括字、词、短语、句、段落和篇章，汉语在这几个层次上还具有独特之处。

（1）汉语普通话是一种以单音节构字为基础的语言，每个音节由声母、韵母和声调这三部分组成。遵照声韵的拼合规律，汉语对应的音节大概有400个，考虑上四个声调，也只有1 300个左右。

（2）汉字是汉语的书面表示的文字符号系统，它随着社会的演变在不断地变化。殷商时代的甲骨文约有4 000多个不同的符号，东汉的《说文解字》收录了9 353个字，宋朝的《广韵》收进26 194个字，清朝的《康熙字典》则增到47 035个字，现在共有五万多汉字。但是，除去死字、罕用字和异体字，现在社会上通用的字有一万个左右。而常用字并不很多。汉字使用频率统计表明，常用汉字的数量一般为 3 000～4 000 个，通常汉字的数量为 7 000 余个。为使计算机进行中文信息处理，我国颁布了国标 GB 2312—1980 汉字库，包括一级字库 3 755 个字，二级字库 3 008 个字，合计为 6 763 个字。

（3）由前两个特点看出，字和音节不能一一对应，出现了一个音节（或音调）对应多个汉字（一音多字），或一个汉字对应多个音节（一字多音），这为汉字处理带来一些困难。以"ji"这个音为例，就有 137 个字（见新华字典）与之对应。加上四个声调则分别为 47、33、12 和 45 个字。

（4）从使用角度来看，在国标一级字库中，使用频率最高的前 163 个字，在文章中的覆盖率超过 50%，前 1 200 个字的覆盖率已达 93.39%，前 2 400 个字则达到 98.89%。

（5）词是语言中的一个独立层次。它是具有固定语音形式并能独立运用的最小结构意义的单位。固定的语音形式是词的外部特征，而词的意义是它的内在特征。汉语的词有单音节词、双音节词、三音节词、四音节词、五音节词、六音节词和七音节词。据统计，现代汉语中双音节词占据了大半部分，约占 73%，单音节词占一小部分，占了 9.4%，三音节词占 17%，四音节以上的词占得最少，仅占 0.5%。在一句话中，词与词之间紧挨着排列，无间隔标志。自然语言处理的第一个步骤就是把完整的文字序列切分成单个的词序列。同样，当人们用口语表达自己的思想时，需要把完整的语音流切分成单个的词序列。

（6）短语层比词层高一个层次，它是对词的意义的进一步限定或扩大。各国对概念的限制或扩大遵循的规律是一样的。如概念的限制就是通过增加内涵，从而使一个外延较大的属概念过渡到一个外延较小的种概念。而概念的扩大是通过减少概念的内涵，从而使一个外延较小的种概念，过渡到一个外延较大的属概念。然而在语言的表达方法上，各国的语言仍有所不同。汉语对概念的限制或扩大一律采用前置法。

（7）句子的定义无统一的规定。只要在交流中能独立成话并传达一定意思的，就是句子。然而句子的表现形式在各国的语言中是有所不同的。如英语句子必须有一个限制性的动词，但汉语就和英语不同，汉语不仅可以在句子中有多个动词，还可以没有动词出现。如汉语中的连动句或非主谓句（如"今天星期三""它五十千克""那个人黄头发""今天天气很热"等）。

10.5　思维及思维规律的特点

思维与语言一样，为各门学科所研究。哲学、语言学、心理学、逻辑学、生理学、思维科学以及人工智能等各学科领域，都有部分学者在专心研究以挖掘其含义价值。

现代人的抽象思维能力来源于日积月累年复一年的发展。人类对思维的长期观察、探索、研究、认识所积累的知识与经验也已到了系统总结和整理成果的时候。为此，钱学森提出建立思维科学，不仅顺应了历史潮流，而且也非常符合当前形势发展的需要。

1. 思维

高士其对思维的作用描述得极其精彩，他说："思维着的精神使人类的主观能动性衍射出一系列的光辉成就，这些成就不仅推动了当时的社会发展，而且也为未来的全新创造打下了一个升华的基础，我们今天本身就是处在前人思维的恩惠之中，包括思维本身也不例外。"

思维顺应了历史潮流和社会需要，就能推动社会向前飞跃发展。思维符合了客观自然界的规律，就能推动自然科学向前飞跃发展。

1）思维有规律吗？

钱学森认为，从唯物主义的思想讲，思维是有规律的。因为思维也是一种客观现象，而一切客观的东西及其运动都有自己的规律，思维当然也不例外。

思维是人的中枢神经系统（尤其是大脑）受外界各种刺激而引起的。从这一点来看，外界各种刺激又是客观世界变化和运动的产物。这些运动和变化是遵循客观世界规律的，即自然界的规律和社会的规律。所以外界各种刺激也有它们自己的规律，而不是无缘无故、无章可循的。因此，人的中枢神经系统、大脑的活动也就当然有规律，人的思维也有规律。

人脑毕竟是亿万年生长进化的结果，遗传是起作用的。从根本上说人脑的结构是完全相同的（不见得一模一样），人脑受相同的生活经验或相同的社会实践所引起的适应、发展和调整也是相同的。这就从人脑的微观结构方面保证了人的思维的规律性。

2）思维有结构吗？

思维是客观现象。一切客观的东西都具有其自身结构。人类是一个大系统，思维是它的一个子系统。因此，要从整体上、系统上去考虑思维的结构。

下面介绍几种有关思维结构的观点。苏联心理学家鲁宾斯坦认为，思维的结构就是思维的基本过程。思维过程主要是由"分析和综合"组成的，分析和综合在思维中主要表现为抽象和概括。思维有心理结构和逻辑结构。瑞士心理学家皮亚杰提出了发生认识论，强调图式概念。强调对结构的感知和描绘。他认为思维结构有三性：整体性、转换性和自我调节性。结构的整体性是说结构具有内部的连贯性，各成分在结构中的安排是有机联系的，而不是独立成分的混合，整体与各成分都由一个内在规律所决定；结构的转换性是指结构不是静止的，内在规律控制结构的运动发展，从而使结构不仅形成结构，而且还起构成作用；结构的调节性是指结构为了有效地进行转换，不向自身以外求援，所以结构是自调的、封闭的。美国心理学家吉尔福特提出智力三维结构模型，他认为：智力在内容维上分图形、符号、语义和行为四项；在成果维上分含义、变换、体系、关系、分类和单位六项；在操作维上分认识、记忆、求异、求同和评价五项。共组成 120 种独特的智力因素。

可见，思维的研究逐步走向可操作性是一种趋势，思维的结构就是向可操作迈进了一大步。思维结构有以下几方面的特点。

（1）思维的目的性。人类都具有生存的趋利避害本能，这种本能决定了人类活动的目的性。人类在长期的实践中，区别出主客体，通过识别和判断客观的属性，达到趋利避害的目的。人类能根据已有的经验自觉地能动地预见未来，计划未来，并且能有意识地改造自然环境，同时也影响了自身。因此，人类的思维具有目的性。

（2）思维的整体性。思维结构是一个整体，一个系统。它由各个独立部分组成，且是受一套内在的规律支配的有机整体。各部分之间的关系和部分与整体间的关系，以及整体与环境间的关系，决定了事物的属性。

（3）思维的过程性。人类思维是在感性认识的基础上形成的理性认识。理性认识的可操作性表现在三个方面：分析综合过程、抽象概括过程和比较分类过程。分析综合过程导致人类对客体的感性认识更为清晰和全面。分析是将客体分解为部分，分解出部分与整体，从而对部分有了清晰的认识，但具有片面性；综合就是将分析的结果汇总为客体，清晰地认识到客体的部分与整体之间的关系和各部分之间的关系，因而具有了全面性。分析综合阶段是对感性认识的信息进行筛选、认定和加工，从而获得清晰而又全面的认识。抽象概括过程是导致人类对客体的感性认识走向理性认识的前提。抽象是从复杂的客体中提取出较稳定的部分与整体之间的关系和各部分之间的关系，即客体的本质特征，而舍弃非本质特征；概括是从众多客体中分出一般的、共同的属性或特征的类，使认识从个别走向一般。抽象概括阶段是对数量众多的客体进行筛选，对认定的信息进行分析，去异求同，形成类和概念，即得出客体的因果关系而进入抽象思维阶段。比较分类过程导致人类对客体的感性认识走向理性认识。比较是确定这一客体与另一客体，或者这一特征与另一特征的相同和不相同的过程。只要进行比较，客体就会存在差异。人们把这种差异叫作客体的个性。同时，客体又会存在相同的联系。人们把这种客体间的相同的联系叫作客体的共性。分类是通过比较客体的特征，按照客体的异同程度在思想上加以分门别类的过程。比较分类阶段是对众多客体的概念进行分门别类，即得出客体的共性关系和相似关系，进入抽象思维的概念、判断阶段，从而为解决问题（推理）打下基础。

（4）思维的材料或结果。思维的材料分为两类：一类是感性材料，另一类是理性材料。人类思维就是一个信息加工系统。其输入信息就是思维的材料。感性材料如感觉、知觉、表象等，是人类通过实践而获得的。理性材料主要是概念、判断和推理。前者也可称为直接知识，后者称为间接知识。输入信息经过思维过程的加工而获得思维的效果，又形成了新的概念、新的判断并进行新的推理，得到新的结论，所以概念、判断和推理既是输入材料的形式，又是输出信息的形式。

2. 思维的规律

研究思维规律，必须通过语言这个思维的载体来实现，因为自然语言是交流思想和进行思维的工具。在这个意义下，才说"语言是思维的外壳"和"思维是语言的内容"。公元前238 年的荀况就精辟地指出，"实不喻然后命，命不喻然后期，期不喻然后说，说不喻然后辩。"这段话可以解释为："以实示人"尚不使人知，则"以名举实"，即列举和模拟事物而使人知；"以名举实"尚不使人知，则"以辞抒意"，即兼异实之名以论一意也；"以辞抒意"尚不使人知，则"以说出故"，即用少量字把事物的原因和论证的根据标出；"以说出故"尚不使人知，则"辩则尽故"，即把各方面的理由尽可能全面地列举出来。这一段言词，也说明了词（概念）、句（判断）、段（推理）和篇章（多方推理）都是为了表达一个意义的语言形式。

推理是指根据判断，推出一个新的判断的思维形式。下面仅对自然语言中的两种简单的推理规则进行讨论，以说明思维的规律性。

1）直言推理

直言推理是指以一个性质判断为前提，推出一个新的性质判断的过程。

性质判断可分六种，单称肯定判断、单称否定判断、全称肯定判断、全称否定判断、特称肯定判断和特称否定判断。当这些判断与事实相符时，则其值为真，否则为假。一般而言，陈述句是直接表达判断的，而疑问句、祈使句和感叹句，一般不表示判断。但是，当这些句子隐含有判定的意思时，也可表达断定。如："办企业难道不讲经济效益吗？"其实，这种反问句是无疑而问的疑问句，它只是用反问的方式表达对事物的断定。就孤立的一个句子而言，一种判断可以用不同形式来断定，即存在同义句。如"我吃了三个苹果"和"我把三个苹果吃了"是一个意思。同样一个语句又可表达多个断定，即存在多义句。如"小王去理发了"，既可表示小王给他人理发，又可表示小王请别人为自己理发。

一个直言判断由四项组成，主项 S 即句子主语，谓项 P 是主谓句的宾语，联项是句子的谓语动词，而第四项是量词，即句子主语的量词。一般形式为：

$$(\forall x \mid \exists x)(S)(联词)(P)$$

我们将六种判断合为四种判断后，分别称为 I 判断（特称肯定判断和单称肯定判断），O 判断（特称否定判断和单称否定判断），A 判断（全称肯定判断）和 E 判断（全称否定判断）。它们的形式为：SAP、SEP、SIP 和 SOP。

通过改变原判断的联项，或改变原判断的主项和谓项的位置，或既改变联项又改变主谓项的位置，从而改变原判断形式的推理。这种推理有三种方法：

（1）换质法。换质法就是改变判断的质，即原判断由肯定变为否定，或由否定变为肯定。从而形成一个新判断。保持同义句的变换规则为：

① 改变判断的联项；

② 将判断的谓项改成它的矛盾概念，即改成它的否定形式。

如全称肯定判断的"一切客观的东西都是有结构的"可推出全称否定判断的"一切客观的东西都不是无结构的"。全称否定判断的"一切敌我矛盾都不是人民内部矛盾"可推出全称肯定判断的"一切敌我矛盾都是非人民内部矛盾"。特称肯定判断的"有些亚洲国家是第三世界国家"可推出特称否定判断的"有些亚洲国家不是非第三世界国家"。特称否定判断的"有些药物不是无害的"可推出特称肯定判断的"有些药物是有害的"。换质法推理可归结为

$$\left.\begin{array}{c} SAP \to SE\overline{P} \\ SEP \to SA\overline{P} \\ SIP \to SO\overline{P} \\ SOP \to SI\overline{P} \end{array}\right\} 从不同角度对同一对象作断定$$

（2）换位法。换位法是指从一个语法范畴转移到另一个语法范畴而不改变文本意思的翻译方法，这种翻译方法会使语法结构发生变化。通常做法有改变判断的主谓项的位置、引入语义变化或视角来改变文本的形式。原判断的质不变，从而得到一个新判断的推理。保持同义句的变换规则为：

① 原判断和新判断的质不变；

② 原判断中不周延项，在新判断中仍不周延。

所谓周延性，是描述一个概念的外延。当一个概念指它的全部外延，则称周延；否则称不周延。用换位法得到的同义句，在周延性上要受到制约。A、E、I、O 判断的周延情况如表 10.1 所示。

表 10.1　周延性示例

判断	主项	谓项
SAP	周	不周
SEP	周	周
SIP	不周	不周
SOP	不周	周

SAP→PIS

所有知识分子都是脑力劳动者→有些脑力劳动者是知识分子

SEP→PES

所有的人民内部矛盾都不是敌我矛盾→所有的敌我矛盾都不是人民内部矛盾

SIP→PIS

有些亚洲国家是第三世界国家→有些第三世界国家是亚洲国家

SOP 不能换位，因为 SOP→POS 使 S 周延了。

（3）换质法和换位法。换质位法是根据换质、换位的规则，将换质、换位结合起来进行判断的变形的推理。

$SAP \rightarrow SE\overline{P} \rightarrow \overline{P}ES$

凡正确的推理都是形式正确的推理→凡正确的推理都不是形式不正确的推理→形式不正确的推理都不是正确的推理

$SEP \rightarrow SA\overline{P} \rightarrow \overline{P}IS$

宗教不是科学→宗教是非科学→有些非科学是宗教

$SOP \rightarrow SI\overline{P} \rightarrow \overline{P}IS$

有些药物不是无害的→有些药物是有害的→有些有害的是药物

SIP 不能换质位。

2）直言三段论推理

三段论是由三个范畴命题组成的演绎论证，前两个被称为前提，第三个被称为结论。直言三段论就是从两个前提中推断出结论的演绎论证。

例　正义事业是不可战胜的，

社会主义事业是正义事业，

所以，社会主义事业是不可战胜的。

（1）直言三段论的结构形式。

所有 M 都是 P——大前提，

所有 S 都是 M——小前提，

所以，所有 S 都是 P——结论。

直言三段论的两个前提中有三个概念，S、M、P。其中 M 包含在两个前提中，是共有项，称为中项；P 出现在前提中，且在结论的谓项中，称为大项，具有大项的前提称为大前提；S 出现在结论的主项中，且在前提的主项中，称为小前提。

推理的正确性：三段论推理是必然性推理，因为，一类事物 M 的全体都包含在 P 类中，而 S 类的全体又包含在 M 类中，由于"包含"关系具有传递性，所以 S 类的全体也包含在 P 类中。当然，正确的推理要求前提是正确的，还要求推理的形式是正确的，这样才能获得真实的结论。

（2）三段论正确性规则。任意给定的两个前提要推出的结论，必须要遵守以下七条规则。

① 有且仅有三个概念。中项这个概念特别重要，通过它上联大项下联小项，即中项在两个前提中各出现一次，切不要因中项采用语词的二义性手法，推出错误的结论。如：

中国人是勤劳的，

张三是中国人，

张三是勤劳的。

这个结论不是必然性的。其原因是"中国人"这个概念出现了一词多义的现象。大前提中的"中国人"指的是一个群体性的概念，而小前提中的"中国人"是个非群体性的概念。同一语词表示不同概念，导致了概念错误。诡辩者往往善于采用这种偷梁换柱的手法。

② 中项在前提中至少要周延一次。

③ 在前提中不周延的项，在结论中也不周延。

④ 从两个否定前提推不出必然结论。

⑤ 两个前提中有一个是否定判断，则结论必为否定判断。

⑥ 两个特称前提，不能得结论。

⑦ 前提中有一个是特称判断，则结论必为特称。

上述七条规则是三段论的普遍规则，三条是关于词项的，四条是关于前提的。

（3）三段论的格及其规则。由于三段论中的中项位置不同，而形成的三段论的不同组合形式，叫作三段论的格。三段论共有四格，各格又有各自的规则。

第一格：中间项是大前提中的主项，是小前提中的谓项，其结构为

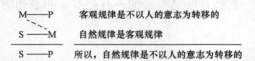

第一格为典型格，它根据一般原理，解决特殊问题。识别第一格的特殊规则有两条：第一条是大前提必全称；第二条是小前提必肯定。

第二格：中项在大小前提中都是谓项，其结构为

$$
\begin{array}{ll}
P \text{——} M & \text{凡是正确的思想都是如实反映客观实际的} \\
S \text{——} M & \text{有些人的思想不是如实反映客观实际的} \\
\hline
S \text{——} P & \text{所以，有些人的思想不是正确的思想}
\end{array}
$$

第二格为区别格，它的结论是否定的。它常被用来说明某一事物或某一些事物不属于某一类，用来反驳某一肯定的思想。识别第二格有两条规则：第一条是两前提中必有一个是否定的；第二条是大前提必全称。

第三格：中项在大小前提中都是主项，其结构为

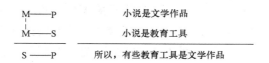

　　第三格为反驳格或特称格。利用例外情况来反驳一般情况，常使用这一格。识别第三格的规则有两条：第一条小前提必肯定；第二条结论必特称。

　　第四格：中项是大前提中的谓项，是小前提中的主项，其结构为

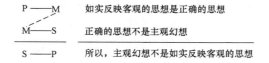

　　第四格为不自然格或不完善格。人们在实际思维中很少用到它。识别第四格有三条规则：第一条是前提中有一为否定，则大前提必全称；第二条是小前提是肯定，则结论必特称；第三条是大前提为肯定，则小前提必全称。

　　二、三、四格都可以通过直言推理的换质、换位法化为第一格。

　　（4）三段论的式。三段论的式就是 A、E、I、O 四种判断在前提、结论中的各种不同的组合形式。如大前提为 A 判断，小前提也是 A 判断，结论也是 A 判断，则简记为 AAA 式。每一格由三个性质判断组成，每一个性质判断具有四种形式，即 A、E、I、O，则每一格具有 64 式，四格共有 256 式。但是，根据每一格的规则及三段论的共性规则的制约，使 256 式简化为 24 式，列举如下。

　　第一格：AAA、AII、EAE、EIO、（AAI）、（EAO）。

　　第二格：AEE、EAE、EIO、AOO、（AEO）、（EAO）。

　　第三格：AAI、AII、EAO、EIO、IAI、OAO。

　　第四格：AAI、AEE、EAO、EIO、IAI、（AEO）。

　　带有括号的五个式，叫弱式。所谓弱式，就是由两个全称判断构成的前提，推出一个特称结论。弱式本身没有错，但就推理而言，它没有把全部推出的东西显示出来，因此，弱式是一个不完备的推理。如果将它从正确式中除去，就剩下 19 个完全的正确式了。

　　以上两种简单的思维规则仅是人类思维规律的一小点，但就这一小点而言，尚有一些要进一步形式化的研究。

10.6　什么是自然语言理解

　　自然语言理解是指计算机理解自然语言。因此，自然语言理解分成两个方面：书面语言的理解和口头语言的理解。所谓书面语言理解，是指将文字输入计算机，计算机识别和理解文字、词、短语、句子、段落和篇章，使计算机"看懂"输入的文字，并按照指定的目标作

出相应的回答或反应。所谓口头语言理解，是指用口语对计算机讲话，计算机识别和理解语音输入，把语音的音节流变换为文字流，然后再按照书面语言理解，计算机"看懂"输入的文字并做出相应的回答或反应，最后，利用声音合成将问答转换成声音输出。这就要求计算机具有"听懂""看懂""说话"这三种本领。由此可见，要回答什么是自然语言理解，就不是件容易的事情了。

1. 关于理解

应该说各门学科都对自然语言理解感兴趣，并经过长期研究，站在本学科的角度对其作出解释。就"理解"而言，从事不同学科研究的学者，就有不同的说法。如哲学家认为，理解是"认识或揭露事物中本质的东西"；心理学家认为，理解是"任何一个阶段或环节中紧张的思维活动的结果"；而逻辑学家认为，理解是"把新的知识、经验纳入已有的认识结构而产生的，它是旧的思维系统的应用，也是新的思维系统的建立"。在日常生活或实践活动中，理解的对象是"事物的因果性，内容、形式或结构"。所有这些解释尽管说法不一，但都是为了弄清理解的机理和过程。

计算机学者、人工智能学者或者智能工程人员认为，理解是属于行为或功能的刺激——反应论，由刺激而激发起系统的加工活动，最后的反应是输出一种行为或一种功能。只要行为或功能正确，就是正确的理解，否则，就是错误的理解。因此，美国认知心理学家G.M.Olson 曾提出四条语理理解的标志：

（1）能成功地问答输入语料中的有关问题；

（2）在接受一批语料之后，有就此给出摘要的能力；

（3）能用不同的词语复述所输入的语料；

（4）有从一种语言转换成另一种语言的能力。

只要达到上述标志之一，计算机就实现了自然语言理解。这四个标志就是指，人－机问答系统、自动文摘系统、同义复述系统和机器翻译系统，完成这四类系统就是自然语言理解了。

根据自然语言理解功能模型的定义，自然语言理解是指实现自然语理理解模型Ⅰ和/或模型Ⅱ的系统。当然，根据言语链模型和自然语言理解层次模型以及单向依赖关系，将模型Ⅰ和/或Ⅱ分解成各子系统，完成每一个子系统也属于自然语言理解的范畴。不能将某一子任务的完成等同于自然语言理解的完成。

2. 自然语言理解的难点

自然科学研究和发现自然现象的规律，社会科学研究和发现社会现象的规律，而思维科学只研究思维的规律和方法，不研究思维的内容，内容的研究是其他学科的事。因此，宇宙中的一切（包括人本身在内）事物，都包含在自然科学、社会科学和思维科学之中，其他各具体学科都隶属于这三大领域。如形式逻辑只研究思维形式的结构及其规律、规则，以及思维过程中经常使用的一些逻辑方法，不研究思维领域的其他内容。当然，自然语言理解尚不能成为一门学科，它隶属于人工智能这一工程技术。它研究的领域涉及面较广，不仅要研究语言的规律、交际的规律，也要研究思维的规律和规则，以及它在语音形式中的反映，还要涉及用语言描述的具体内容的某些规律。因此,自然语言理解是一个很难的课题。它的难点主要表现在以下几个方面。

1) 语言规律难

"熟知非真知"是黑格尔的名言。"语言"符合这句名言。语言人人会用。自古以来,学者们奋起研究,如东汉的王充,梁代的刘思和元朝的程瑞礼,从近代的《马氏文通》到各种新颖文法,从小单位的字的研究《说文解字》,到大单位的篇章的研究《文心雕龙·句篇》,从传统文法到生成文法,研究范围甚广。特别是计算机问世后提出了"自然语言理解"的课题,其研究范围已超出了语言界。其中研究兴趣之一是语言规律问题。

语言难是众所周知的。冯·诺依曼曾指出:人脑的语言不是数学的语言,思想和语言存在不确切性。也就是说,人的思维和语言不是一个形式系统。美国学者德雷福斯断言:自然语言理解根本不可能实现。乔姆斯基认为:每个句子的长度及其基本结构成分是有限的,一切口头形式的或书面形式的自然语言,都是这一意义上的语言。或者说:语法就是生成符合语法序列而不生成不符合它的语法序列的一种手段。而今,人们深感不仅要研究语法,同时要研究语用和语义,也就是说,语法、语义和语用要三位一体来研究。现在沿着这条路,已经能够用计算机进行所谓自然语言的分析了。较实用的机器翻译系统和自然语言人-机问答系统在不断出现,给人以希望,但尚未成为现实。语言难点极多,从语言学角度要研究的内容主要有以下几个方面。

① 性质判断的联项一般不能省去,然而,从语言形式上看,有时可以省去。如:这个孩子是聪明过人的→这个孩子聪明过人;劳动是创造世界的→劳动创造世界。

② 量词的表示形式。逻辑学中量词只分两类:存在量词和全称量词。自然语言中的量词大于这两种。如单称量词的语词形式有:这个、那个、你、我、他、一个以及专有名词或数量为单数的名词;特称量词有:有些、一些、某些、部分等词,以及非单数的量词短语;全称量词有:全部、一切、每一个、各个等表示论域中的每一个的词语形式。

③ 除了特称量词外,有些量词在哪些语境下可以省去。

④ 对概念外延进行限制的短语中,量词和其他限制词的排序规律。

⑤ 性质判断由肯定进入否定时,否定词"不""非""无"等的选定规则,概念变为矛盾概念的否定词的选定规则,以及这些否定词与动词或名词前的其他词排序的规律,都需深入研究。

2) 思维规律难

语言难,思维更难。在某种情况下,二者是不可分割的。自然语言理解中研究思维规律是紧密结合语言的。如判断、推理是思维规律,仅对演绎推理就有:联言推理、直言推理、直言三段论推理、假言推理、选言推理和两难推理等。

"我们是马克思主义者,我们要实事求是。""马克思主义是真理,因此,它是不怕批评的。""既然真理是不怕批评的,所以,马克思主义是不怕批评的。""马克思主义是真理,而真理是不怕批评的。"上面这些例子都是直言三段论推理,只不过都是各自在一定制约条件下的省略三段论形式。在自然语言中,完整的三段论形式是少有的,不完整的三段论形式是常见的。因此，需要研究三段论的语用规则：在什么情况下，可省去大前提，或省去小前提，或省去结论等。

3）内容难

自然语言理解要研究语言规律，要研究与语言结合在一起的思维规律，同时，也涉及用自然语言按一定的思维方式描述的客观内容。它不是要去研究、发现这些内容的规律，而是涉及它们在口语或书面语中的表现形式。或者说内容就是论域的知识。自然语言理解不仅要掌握语言已表达的显式知识，还要掌握语言未表达的隐式知识。例如，上例中的三段论推理中的省略知识，要将它们恢复成完整的三段论推理形式，即成为：

"马克思主义者要实事求是，我们是马克思主义者，所以，我们要实事求是。"

"马克思主义是真理，真理是不怕批评的，因此，马克思主义是不怕批评的。"

这种恢复技能，不仅仅要有语言知识、思维知识，同时，也涉及其他各领域的有关知识。

10.7　计算机识字和理解

计算机理解书面语言的第一个难关，就是识字或认字。中文信息处理的第一关也是这个问题。计算机识字问题一天得不到解决，中文计算机或中文信息处理的普及就不可能达到。目前，为了发展中文信息，出现了许多代替计算机识字的权宜之计。如：汉字拼音输入法，包括双拼、简拼和全拼；五笔字型输入法；五笔画输入法；各种专业输入法，包括电报码、速记法等。

这些方法的共同特点是把"计算机识字"转化为"先由人认出字的特征，按特征编出相应的码（数、音、形），再用计算机能识别的特征码代替汉字输入"。这种转换为特征码问题的输入法，把汉字识别的难点由计算机转嫁到人，要求人（专业人员）熟记大量规则。这样，又引申出另一个难题："重码字"的问题。如 CCDOS 上的汉字输入，要求人来选择同音字之一来解决重码问题。我们研制的语句级汉字输入法，就是由计算机来解决同音字的问题。

1. 人类识字的模型

1）模板匹配法

人类识字若是用模板匹配，则每个字都有一个模板。认字就是把外部信号与内部模板加以匹配。最合适的模板就是当前待识的字。由于字型的大小不同，要求有庞大的模板库，这就使该匹配系统不能实用化。为达到实用，必须做如下改进：在进行模板匹配之前把字摆正，使其呈垂直方向；而后再调整大小，使之和模板的高度和宽度合适；最后使预处理过的信号与标准板匹配。显然，这样识字的系统有局限性。

2）特征分析法

表 10.2 为英文字母特征分析。

表 10.2　英文字母特征分析

字母	垂直线	水平线	斜线	直角	锐角	连续曲线	非连续曲线
A		1	2		3		
B	1	3		4			2
C							1
D	1	2		2			1
E	1	3		4			
F	1	2		3			
G	1	1		1			1
H	2	1		4			
I	1	2		4			
J	1						1
K	1		2	1	2		
L	1	1		1			
M	2		2		3		
N	2		1		2		
O						1	
P	1	2		3			1
Q			1		2	1	
R	1	2	1	3			1
S							2
T	1	1		2			
U	2						1
V			2		1		
W			4		3		
X			2		2		
Y	1		2		1		
Z		2	1		2		

　　使用特征分析法识字是一种可行的方法，现以识别 26 个英文字母为例来说明。对 26 个英文字母进行特征分析，可分解出七种特征，如表 10.2 中所示的垂直线、水平线、斜线、直角、锐角、连续曲线和非连续曲线。特征集大小的选择，以能区分出各个字母为准。如欲想识别字母 R，则提取出 R 的特征如下：垂直线一条，水平线二条，斜线一条，直角三个，非连续曲线一条。表中具有一条垂直线这个特征的字母集有 13 个（B、D、E、F、G、I、J、K、L、P、R、T、Y），具有第二个特征（二条水平线）的字母集有 6 个（D、F、I、P、R、Z），以上两个字母集的交集为（D、F、I、P、R）；具有第三个特征（一条斜线）的字母集为（N、Q、R、Z）；后两个集合的交集是单个元素 R 的集合。由此，R 就被识别出来了。

　　认知心理学发现，人对英语单词的识别还具有如下规则：

　　① 有经验的读者似乎都是将某些单词作为整体而不是一个字母一个字母地阅读；介于

字母和单词之间常见的字母组合，如语言学中的双连符号（ie，re，th，st，er，te，of 以及 ar）、三连符号（ent，ing，dis，ant，ion，ate，pro，…），这些字母组合有利于识别；

② 单词的熟习度与单词识别有关，熟习度有利于识别；

③ 单词的识别可在几个层次上进行：特征级、单个字母级、字母组合级、单词级，以及更大的单位，如短语、句子等。

2. 汉字的模式识别

1）当前水平和存在的问题

当前，计算机识字这一目标可分解为：① 联机手写体汉字识别；② 单印刷体汉字识别；③ 多印刷体汉字识别；④ 手写印刷体汉字识别；⑤ 确定人手写汉字识别。

通常认为印刷体汉字的计算机识别已经解决，其根据有两个。第一个根据是自 1987 年以来所鉴定的印刷体汉字识别系统，其技术指标为：多种字体、一级字库或二级字库，样张识别率达 98%～99.5%。第二个根据是印刷体汉字识别系统主要产品的指标为：多种字体 3 755～4 500 字，汉字识别率已达到 95%～99%，识别速度已达到 20 字/s，在 PC 机上都可使用了。虽然确实是达到了这些指标，然而达到这些指标的前提条件是严格的，即那是在实验室条件下达到，而不是在真正实用的条件下达到。

2）汉字识别的过程

汉字识别是个很复杂的过程，它涉及输入部分、加工部分和输出部分。这也是任何信息处理过程的三要素。

汉字识别的输入部分涉及：将印刷（写）在纸上的汉字，经过光电扫描产生模拟信号，再通过模数转换为带灰度的数字信号输入计算机。

汉字识别的加工部分又可分为两部分：预处理部分和识别部分。预处理部分一般包括行、列切分、二值化、细化或抽取轮廓、平滑和规范化（文字尺寸、位置和笔画粗细等规范）等。经过预处理后的信息是一种规范化的二值数字点阵信息。其中有"1"的部分表示汉字的笔画，而有"0"的部分表示汉字的空白背景。识别部分是对二值化汉字点阵抽取出一系列特征，然后和机器中已事先贮好的汉字模板特征集做比较，找出最适合的汉字模板，即两个汉字特征差最小者，作为待识别的未知汉字。而抽取待识汉字点阵的特征有两类方法：统计方法和句法结构方法。

输出部分一般包括后处理部分和识别结果显示部分。后处理部分一般分两步处理：由候选集中选择汉字和校对部分（后文详述）。显示部分就是将待识别汉字的结果输出。

3）难点

这里叙述一下上述全过程中的难点部分。

（1）输入部分。

① 纸张与识别系统的关系：纸张分类繁多，有 50 g、60 g、70 g 直至 120 g 等。纸质不同，纸的底色就不同；新纸与旧纸不同，纸色也不一样，这些都和识别系统有关系。

② 字与识别系统的关系（手写体汉字识别系统尤为严重）：就印刷体而论，激光照排印刷体、铅印印刷体、计算机打印印刷体、传真而获得的印刷体，以及油墨的深淡、油墨的颜色不同，都与识别系统有关系。

③ 输入的设备与识别系统的关系：使用的设备不同，也会影响系统的识别率。

（2）加工部分。

① 图形分割与识别系统的关系：分割的对象是纯色纸上的字，还是带不同样式的格子纸；分割对象间（如行间）是无标志的，还是有标志的，如手写稿纸中的增删改标志及其内容，印刷体材料中行间带有污点等，都会严重影响识别系统的正确率。

② 字符混排与识别系统的关系：如今的识别系统适应单纯的汉字、数字或英文字符。若将汉字、英文和 14 种标点符号混合在一起，各种不同符号排版的宽度不一，这时识别系统的识别率会急剧下降。

③ 提取特征的数量与识别系统的关系：一个系统的成功，必然存在一个系统与环境的边界条件。系统内部也必然存在一个部分与另一个部分之间的关系和条件。贸然地增加新的条件，就必然会打破原系统的平衡条件。如今的识别系统，尤其是手写体汉字识别系统提取的特征向量，其分量的个数少则十多个，多则几十个。个数少了就不足以区别对象，而个数太多则会影响系统的正确率。

（3）输出部分。

① 后处理与识别系统的关系：识别系统所选中的汉字，需借助于模板特征 D 和待识汉字特征 X 间的距离判定函数 $d_i(D, X)$。当 $d_i(D, X) < \delta$ 时，则认为 D 对应的汉字为待识的未知汉字。若 $i=1$，比较理想。当 $i = 2$，3，4，…时，按照字的使用频率来定夺不失为一个较合理的方法。

② 校对系统与识别系统的关系：识别系统，特别是手写汉字识别系统，要求达到100%的正确识别率是有点苛求了。然而，不达到这个指标，用户又不同意。因此必须研究校对系统，将剩余的百分之几的错误校正过来，这是有希望做到的。因为人工语言中的查错系统，能指出错误类型和出错位置。而功能更强的 Ada 语言，不仅能查错，同时对有限范围的局部性质的错误，系统也有能力将它校正过来。对于自然语言的识别，其查错和校错比人工语言难得多，但也不是没有希望做到的。

（4）影响识别率的两个关系。

① 白箱方法与识别系统的关系。

② 系统性能互补与识别系统的关系。

目前，识别系统是用黑箱方法或接近灰箱方法来设计的。若改用白箱方法设计和调试，做到系统内部结构清楚，则各系统的输入输出就是透明的。在白箱设计和调试的方法下，就可以使系统性能得到互补，使识别系统的识别率得以改进。

3. 计算机识字的一般原理

1）输入部分

输入信息，是纸上具有行列汉字的图形 F；输出信息是带灰度电平的数值信号 G。G 的质量（或数值变化范围）取决于纸、字、色和设备。若设备具有 10 个灰度级，则最黑为 0，最白为 9。图 10.6 表示七段式数字点阵，假设图中的（a）和（a'），（b）和（b'），（c）和（c'），（d）和（d'）为模板点阵，（e）和（e'）为待识的未知数字点阵。图中的（a）、（b）、（c）、（d）就表示出纸、字、色和设备的不同，而使数字 3 具有四种不同灰度值的点阵。同样，数字 8 也具有四种不同灰度值的（a'）、（b'）、（c'）、（d'）点阵。若采用欧氏距离函数来判定未知数字（e）的点阵，则发现在（a）和（a'）中会被误认为（a'），即将数字 3 误认为 8；同样会将（e）误认为（b′）、（c′）和（d′）。而未知数字点阵（e′）却能被正确识别为（a′）、（b′）、（c′）或（d′）。若我们先对灰度级数字点阵进行二值化，把所有灰度值比 3 小的都认为是黑，就得到（f）、（g）、（h）、（i）和（j），以及（f′）、（g′）、（h′）、（i′）和（j′）。同样，又发现（d）和（d′）二值化后为（i）和（i′），不再能表示数字 3 和 8 的点阵了。

```
0 0 0 0     1 1 1 1     2 2 2 2     3 3 3 3     0 0 0 0
9 9 9 0     8 8 8 1     7 7 7 2     6 6 6 3     3 3 3 0
9 9 9 0     8 8 8 1     7 7 7 2     6 6 6 3     3 3 3 0
0 0 0 0     1 1 1 1     2 2 2 2     3 3 3 3     0 0 0 0
9 9 9 0     8 8 8 1     7 7 7 2     6 6 6 3     3 3 3 0
9 9 9 0     8 8 8 1     7 7 7 2     6 6 6 3     3 3 3 0
0 0 0 0     1 1 1 1     2 2 2 2     3 3 3 3     0 0 0 0
  (a)         (b)         (c)         (d)         (e)

0 0 0 0     1 1 1 1     2 2 2 2     3 3 3 3     0 0 0 0
0 9 9 0     1 8 8 1     2 7 7 2     3 6 6 3     0 3 3 0
0 9 9 0     1 8 8 1     2 7 7 2     3 6 6 3     0 3 3 0
0 0 0 0     1 1 1 1     2 2 2 2     3 3 3 3     0 0 0 0
0 9 9 0     1 8 8 1     2 7 7 2     3 6 6 3     0 3 3 0
0 9 9 0     1 8 8 1     2 7 7 2     3 6 6 3     0 3 3 0
0 0 0 0     1 1 1 1     2 2 2 2     3 3 3 3     0 0 0 0
  (a′)        (b′)        (c′)        (d′)        (e′)

1 1 1 1     1 1 1 1     1 1 1 1     0 0 0 0     1 1 1 1
0 0 0 1     0 0 0 1     0 0 0 1     0 0 0 0     0 0 0 1
0 0 0 1     0 0 0 1     0 0 0 1     0 0 0 0     0 0 0 1
1 1 1 1     1 1 1 1     1 1 1 1     0 0 0 0     1 1 1 1
0 0 0 1     0 0 0 1     0 0 0 1     0 0 0 0     0 0 0 1
0 0 0 1     0 0 0 1     0 0 0 1     0 0 0 0     0 0 0 1
1 1 1 1     1 1 1 1     1 1 1 1     0 0 0 0     1 1 1 1
  (f)         (g)         (h)         (i)         (j)

1 1 1 1     1 1 1 1     1 1 1 1     0 0 0 0     1 1 1 1
1 0 0 1     1 0 0 1     1 0 0 1     1 0 0 1     1 0 0 1
1 0 0 1     1 0 0 1     1 0 0 1     1 0 0 1     1 0 0 1
1 1 1 1     1 1 1 1     1 1 1 1     0 0 0 0     1 1 1 1
1 0 0 1     1 0 0 1     1 0 0 1     1 0 0 1     1 0 0 1
1 0 0 1     1 0 0 1     1 0 0 1     1 0 0 1     1 0 0 1
1 1 1 1     1 1 1 1     1 1 1 1     0 0 0 0     1 1 1 1
  (f′)        (g′)        (h′)        (i′)        (j′)
```

图 10.6　七段式数字点阵

2）加工部分

输入信息是一页带灰度级数字点阵 G，或经过二值化后的一页二值数字点阵。经过预处理后的输出信息是规范化的二值汉字点阵信息 H，中间经过三道加工：二值化或行列切分、平滑和规范化。

（1）预处理。如图 10.7 所示，二值化的关键在于了解纸、字、色等影响带灰度级的电平数字信号的变化规律，寻找出适合的阈值。一般有三种方法。第一种是整体阈值法，即一页灰度级数字点阵，选择一个阈值进行二值化。此法适用于印刷质量好的汉字。第二种是局部阈值法，即选择点（i，j）和其周围的灰度级变化。此法适用于印刷或书写质量较差的汉字。第三种是动态阈值法，即在局部阈值法的基础上再加上该像素的坐标知识。此法适用于印刷或书写质量差的汉字。这三种方法对质量要求依次降低，而计算复杂性将依次上升。

对字的行、列切分的关键在于列切分的边界。进入这一加工的输入信息是二值化的页式点阵图，输出信息是分离开来的每个字符的二值化点阵图。行切分要易于列切分，因为行切分的粒度大于列切分的粒度。切分一般采用人工智能中带有启发性知识的搜索算法。此步输出信息可以是一次形成，也可以是先切分后组合而成，这要随输入信息的内容和排版方法而定。

　　对字的平滑加工的关键在于平滑矩阵大小的选择。它理应依赖于笔画的粗细，以及使用的笔形和色质。这一加工的输入信息是不平坦的字符二值化点阵图，输出信息是平坦的字符二值化点阵图。其方法就是将对周边为"1"而中心为"0"的给补上，对周边为"0"而中心为"1"的给擦去。同样，对图 10.7（a）中所列的情况擦去，（b）中所列的情况补上。

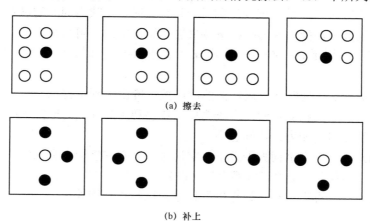

(a) 擦去

(b) 补上

图 10.7　对字的平滑处理

　　最后是对字的规范化加工。即把文字的尺寸变成统一的大小，文字的位置移正和笔画粗细变换。其关键技术就是旋转、放大与缩小。

　　（2）识别部分。一般分两部分组成：模板库生成和待识字的识别部分。这两部分中的关键是汉字特征的确定和提取。设汉字特征集 $S=(s_1, s_2, \cdots, s_M)$，$s_i = (j_{i,1}, j_{i,2}, \cdots, j_{i,i})$，其中 s_i 为基特征集，$j_{i,1}$ 为第 i 层中第 1 个基特征。所谓模板库生成就是根据 s_i（$i=1$，2，$\cdots$，M）将标准字库划分成 $M-1$ 层的决策树，树的非终端节点是 s_i 的特征，终端节点是具有 s_i（$i=1$，2，$\cdots$，$M-1$）划分的汉字集 $C=(c_1, c_2, \cdots, c_d)$，其中 $d \geqslant 1$。所谓识别部分就是利用 s_M 基特征集与汉字集 C 进行匹配，即计算模板集汉字特征 c_i 与 s_i 的距离或相似度。而满足这一要求的汉字数通常 $\geqslant 1$。

　　3）识字后处理

　　计算机识字后处理，是模拟人识字中的概念驱动功能。识字后处理部分的输入信息是模式识别的结果，即满足距离或相似度要求的不只是一个字。而输出信息是在候选集中挑出一个字来。如待识字"哪"的候选集有七个字："脚、舰、哪、概、挪、械、敝"。待识字"胸"的候选集有八个字："胸、碘、喊、榄、颓、溅、锻、殷"。由候选集中可知，待识字与候选字间有些是相似的，有些是不相似的，不过是反映出它们某些局部特征相似而已。后处理中的概念驱动，就是利用某些领域的知识，对候选集再次选择。

　　设字串 a_1，a_2，$\cdots$，a_m 为待识原句。令待识字符 a_i 的前 n 个候选字为 $a_{i,j}$，则存在 $a_1=a_{1,1}$，$a_2=a_{i,2}$，$\cdots$，$a_m=a_{i,m}$。又设 $a_i \in A=\{a_{i,j}\}$，识字后处理问题就转化为在矩阵 A 中从第一列到第

m 列中寻找出一条最佳路径的问题。一般有下列四种方法。

（1）字频选择法。据调查数据说明，认识 1 500 个汉字的人只达到了扫盲的标准。认识 3 700 个汉字的人在阅读文章时，认字率可达 99.9%。根据大量的语料统计可知：前几百个词频最高的词，占总词量的 1%左右，文章覆盖率达 50%左右，而其中单字词占 50%以上。因此，在候选集中，选择高频字作为待识字，命中率自然会高一些。

（2）字结合能力选择法。设 C 为已知汉字，CC_i 为与 C 和 C_i 共现的字组对，显然 C_i（$i=1$，2，$\cdots$，m）在语料中为有限集。因为当 CC_i 是双字词或多字词的子串时，它出现的频率大于等于双字词频率。当 CC_i 是前一词词尾和后一词词首时，反映出词间的联想能力（结合力）。因此，识字时可利用组词能力作为制约条件来选择候选字，或用结合力大小选择候选字。

以上两种方法适用于 $a_i \in A=\{a_{i,j}\}$。当 a_i 不属于 $A=\{a_{i,j}\}$ 时，可用下面两种方法选择候选字。

（3）字相似选择法。通常认为候选集的字序按精度由大到小排列。第一候选字命中率最高。建立一个常用字字形相似集库，当候选集中首字利用组词能力选择失败后，则利用该首字相似集中的字进行组词能力选择候选字。

（4）表决选择法。当多字词大于等于 3 字词时，只有三字词中有二字出现，即三中有二出现，则以此多字词代替。如"忍气吞声"误识为"忍声吞声"，"计算机"误识为"计草机"时，则用多字词"忍气吞声"和"计算机"代替，以纠正其错误。

第 11 章　人工智能方法在目标检测中的应用

计算机视觉通过计算机处理图像或视频来近似模拟生物视觉功能，并实现一定的工程任务。人眼视觉直观上就能检测识别场景中的各种静态或动态目标（汽车、建筑物、椅子、动物以及树木等），目标检测识别是人眼的基本能力。目标类别各自未必有固定的外形，其视觉上的外观更是千差万别，比如行人的穿着各异，行走姿态和视角各异，局部遮挡等。尽管存在上述因素，人类能够准确无误地检测并识别出所在场景中的物体，而计算机技术在智能感知方面远逊于生物系统。

计算机视觉中的一项重要研究目标是实现目标检测，乃至实现图像或视频分析理解。图像目标检测是指将图像中感兴趣的目标检测出来并准确定位。比如检测人脸、车牌等感兴趣类别的目标，或检测图像中具有视觉显著性的目标。目标检测是计算机视觉领域的重要方向，有着广泛的应用范围。比如人脸检测、车牌检测等应用已经普及。目标检测也是视频监控、目标识别、人机交互以及场景分析等涉及图像或视频分析理解方向的基础技术。例如在智能交通中，汽车检测及车牌检测等起到关键作用；人脸识别的前提是要求正确检测出图像中的人脸。

人工智能在目标检测领域应用十分广泛。本章将重点介绍两个系统：智能视频监控系统与人脸识别系统。

11.1　智能视频监控系统

智能视频监控系统（intelligent video surveillance system）是计算机视觉领域中近几年来备受关注的一个应用领域。它是利用计算机视觉和图像处理等技术对视频信号进行处理，并对视频监控系统进行控制。比如监控系统可以自动识别不同的物体，发现监控画面中的异常情况，并能够以最快和最佳的方式发出警报和提供有用信息，从而能够更加有效地协助监控人员获取准确信息和处理突发事件；或者过滤掉监控者不关心的信息，仅仅为监控者提供有用的关键信息，从而提高视频监控系统智能化和自动化水平。

随着当前社会对安全问题的日益关注以及计算机技术的发展，视频监控成为计算机视觉领域的一个研究热点。研究主要针对场景中的行人及车辆。通过对他们运动的记录和分析，可以实现多种应用：重要场所的进出监控、人的检测和身份识别、人（车）流量分析、异常行为检测、智能化的多相机监控等。一般来说，实现这类系统需要多个模块和相应的实现技术，它们包括：场景建模、运动检测、目标分类和识别、跟踪、行为的描述和理解、人的身份识别以及多相机数据融合。

1．视频监控系统框架

图 11.1 是一个智能视频监控系统的通用性功能框架。从作为监控起始的摄像头获取场景信息开始，首先要进行关注目标的提取，可以是静态的目标检测方法，也可以是运动目标的提取；然后要对目标进行特征提取，从而达到目标的描述或者识别的功能；对于场景中的运动目标，还需要进行准确的目标跟踪，这样可以获取运动目标的路径轨迹、持续时间等特征；然后在这些技术基础之上，进行行为或事件的建模分析或者异常检测等。系统中的技术可以分为三个层次，其中运动分割和目标分类等是作为低层的处理步骤，目标跟踪等归为中层处理步骤，而行为的语义描述和识别等属于高级的处理步骤。

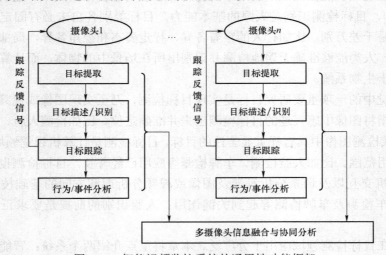

图 11.1　智能视频监控系统的通用性功能框架

2．多视角目标识别及消失/重现目标识别问题

在针对人的监控场景，现实生活中常常需要安装多个相机来完成对较大区域的监控。在多个相机的覆盖领域内跟踪一个目标可以分为两个相对独立的问题，即目标在单个相机视野内的跟踪和依靠目标之间的匹配识别在相应轨迹之间建立关联。匹配识别的目的是将对应同一个人的不同轨迹标记为同一个类别，由此获得整个监控范围内的全局轨迹，使得目标的行为模式可以在全局范围内加以理解。在只包含单个相机的监控系统中，这种同一目标不同跟踪轨迹间的匹配识别同样可以帮助发现可疑的逗留和协助跟踪的恢复（意外丢失目标之后）。

基于重叠区域和相机间的时间空间关系的方法有典型的应用环境，同时也受到很多条件的约束。相比较而言，依靠特征在目标间进行匹配的方法有更广泛的应用场合。常规生物特征例如人脸和步态，可以直接被用来识别训练库中的人的身份，然而若被用在监控系统的低质量图像中，效果往往不佳。另外，除这些生物特征外，跟踪中也常用外观特征。例如，颜色直方图是一种比较常用的特征，使用 Gabor 小波或者边缘滤波器提取目标纹理信息也是常用的描述物体的方法。近来，使用局部特征描述子的出现频率来描述图像的方法在图像分类和目标识别领域得到了广泛的关注。局部特征描述子在外观变化中表现出很强的鲁棒性；提取的局部特征描述子将根据预先学习的"词典"量化成一个统计出现频率的向量来方便检索和分类操作。这种描述方式更适合于目标在不同视角下的变化。

1）Bag-of-Features *方法*

使用特征频率统计，即 Bag-of-Features 方法，需要首先用特征描述子描述图像块的内容，然后按照预先学习好的"词典"对特征进行量化，这个过程会赋予相近的特征块同样的量化值。然后统计这些不同的量化结果（"特征词汇"）的出现次数，就可以得到描述整个图像的特征频率统计向量（如图 11.2 所示）。采用支持向量机（support vector machine，SVM）来训练多类分类器，并拓展成为一种能够自动识别新出现类别的识别方法。系统框图列于图 11.3 中。

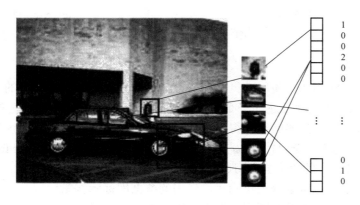

图 11.2　Bag-of-Features 方法过程示意图

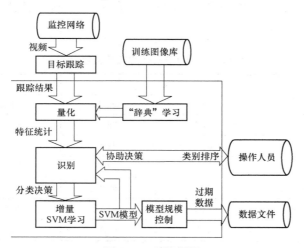

图 11.3　系统框图

下面使用两个数据集来测试特征频率统计方法的效果，并说明该方法中的一些技术性问题。一个是 CAVIER 数据集，另一个来自上海交通大学自动化系实验室数据库（如图 11.4 所示）。较长的跟踪轨迹会被分割提取成多个非连续的短轨迹。而所有这些轨迹被作为个体，分配到训练集和测试集中。以 DC-47 代表随机选择的 47 对跟踪结果。D2 表示第二个数据集中的 1 对跟踪结果。在实验中假设跟踪模块提供目标的分割框。为测试分类效果，将分别进行多次 2 折交叉验证测试图像和轨迹（基于所包含图像的投票决策）的识别率。

（a）CAVIER 数据集 　　　　　　　　　　　　　　（b）实验室拍摄

图 11.4　实验数据图像

（1）图像块采样。

同特征检测的方法相比，使用随机采样的方法可以获得等同或者更好的分类结果。由于提取的特征数目是达到准确描述的一个重要因素，所以图像块采样一般选择随机采样的方法。因为跟踪模块可以较为容易地获得人的分割框，所以可将采样尺度设定为相对于分割框的比例。部分典型结果列于表 11.1 中。其中结果来自 SIFT（scale-invariant feature transform）描述子和 8 000 个叶节点的"词典"，尺度范围表示为相对于分割框的比例，RoI 表示图像分类正确率，RoT 表示跟踪轨迹分类正确率，使用的数据库标示在第一行。后面的实验都将采用在 1/8～1/4 比例范围内的随机采样。提高采样频率往往可以在增大系统负荷的同时提高分类效果。由实验得出，从一个轨迹提取 30 张目标图像，从一张图像提取 200 个图像块可以达到满意的分类效果和可接受的运算效率。

表 11.1　图像块采样方式的实验结果

尺度选取方式	尺度范围	DC-47		D2	
		RoI/%	RoT/%	RoI/%	RoT/%
固定	1/12	67.7	86.1	61.0	65.5
固定	1/8	63.7	71.6	74.0	82.9
4 层金字塔	1/12～1/4	76.9	88.9	67.6	74.9
4 层金字塔	1/8～1/4	82.1	90.9	75.7	79.8
随机	1/12～1/4	82.0	91.1	76.8	81.1
随机	1/8～1/4	82.7	90.3	78.9	83.1

（2）特征描述子。

实验中选用 SIFT 描述子。它在图像配准、分类和检索中有广泛应用。但在视频监控系统中，存在一个问题。因为压缩的图像中，人体范围内有大量缺乏纹理的均匀区域，SIFT 在这些区域内会产生不稳定的输出。强制这一部分描述子为 0 向量是一种可行的办法。同时这也正说明了大量均匀区域内的信息也应当被恰当地描述，而颜色信息正适合做到这一点。提取 YCrCb 颜色空间中 Cr、Cb 通道上的 16 级直方图并将其加到 SIFT 向量的尾部，可以得到扩展的特征向量（以下称之为 SIFTCH）。实验表明它拥有高于 SIFT 的分类效果，特别是针对角度变化比较大的情况。这是因为颜色信息虽然区分能力稍差，但在人的外观中更具有不同视角上的一致性。

（3）"词典"学习。

考虑到需要相对较大的"词汇"量来实现高辨识能力以及实时运行对效率的要求，使用多级 K 均值聚类（HKM）来建立一个"词汇"树。树的结构由每层聚类中心数目 k 和层数 l 决定，并采用词频–逆文本频率指数（term frequency–inverse document frequency，TF–IDF）对统计结果进行加权。测试数据默认都在自身提取的特征之上训练"词典"。这里对使用其他图像集（VIPER）来训练"词典"也做了测试，部分典型结果示于表 11.2 中。结果按照平均轨迹分类正确率排序。右边两列结果（DC–47*）是 DC–47 利用 VIPER 数据集训练出来的"词典"量化的结果。可见"词典"规模增大并不总能提升分类效果。HKM 不像普通 K 均值聚类一样得到全局最优的聚类结果。在叶节点数目不变的前提下，减小 k 或者增大 l 都会使 HKM 的聚类结果更加偏离全局最优，所以某些使用较大 k 值的结构获得了较好的效果。不过增大 k 就减弱了多层 K 均值聚类在效率上的优势。

表 11.2　不同局部特征描述和"词典"树结构的分类效果

特征描述	k	叶节点数	DC–47		D2		DC–47*	
			RoI/%	RoT/%	RoI/%	RoT/%	RoI/%	RoT/%
SIFT	5	125	46.9	78.1	53.7	61.4	36.4	67.3
SIFT	20	400	75.9	89.3	74.1	79.5	69.9	88.0
SIFT	10	10 000	83.3	90.9	77.7	82.3	76.5	87.4
SIFT	20	8 000	82.7	90.3	78.9	83.1	77.6	88.7
SIFT	10	100 000	83.2	90.6	77.5	83.7	78.3	89.1
SIFTCH	5	125	58.9	82.1	68.0	68.8	50.1	79.1
SIFTCH	10	10 000	83.3	91.8	79.2	82.3	73.4	87.4
SIFTCH	20	400	77.2	88.8	81.8	85.5	68.7	88.2
SIFTCH	10	100 000	83.4	92.3	80.2	85.0	72.9	86.3
SIFTCH	20	8 000	84.4	93.0	79.9	85.2	74.9	92.1

支持向量机正适合于特征统计向量这样的高维稀疏向量（维数为"词典"树中节点的数目）的分类学习。基于它高维和稀疏的特性，使用线性核方法已经足够达到分类效果，同时保证了分类和学习的效率。为解决多类问题，通常将原始问题分解成多个两类子问题来解决。有两种常用策略：设有 N 个类，可以建立总共 $N(N-1)/2$ 个一对一的分类器；或者建立 N 个区分每个类和其他所有类的分类器。在使用"软间隔"的线性 SVM 的基础上测试了这两种策略，从表 11.3 显示的结果可以看出第二种一对多的策略更适合此处的应用。这里给出简单的一对多策略的公式化过程：设给定一个包含 N 个类别的训练集

$$S_{\text{train}} = \left\{ (x_1, y_1), (x_2, y_2), \cdots, (x_i, y_i) \right\}, x_i \in \mathbf{R}^n, y \in \{1, 2, \cdots, N\}$$

表 11.3　两种实现多类 SVM 的策略的分类准确率

多类 SVM 策略	DC－47		D2	
	RoI/%	RoT/%	RoI/%	RoT/%
一对一	82.0	92.8	77.2	81.9
一对多	84.4	93.0	79.9	85.2

在学习区分第 n 个类 C_n 和训练集中的其他类的超平面 $w_n \cdot x + b_n = 0$ 时，需要构造如下子问题

$$\text{sub}_n = \{(x_1, y_1'),(x_2, y_2'),\cdots,(x_i, y_i')\}, x_i \in \mathbf{R}^n$$

$$\begin{cases} y_i' = 1, y_i = n(x_i \in C_n) \\ y_i' = -1, y_i \neq n(x_i \in C_{\text{others}}) \end{cases}$$

式中：C_{others} 代表 S_{train} 中的所有其他类别。解相应的优化问题，得到对应 C_n 的子模型的 (w_n, b_n) 后，可以得到分类准则

$$\begin{cases} w_n \cdot x + b_n > 0 \to x \in C_n \\ w_n \cdot x + b_n \leq 0 \to x \in C_{\text{others}} \end{cases}$$

通常 N 个子模型按照上式在分类问题上并不总能得出一致的判断，所以常用"胜者为王"策略进行分类

$$m = \arg\max (w_n \cdot x + b_n) \to x \in C_m$$

特征频率统计方法和其他方法的性能比较结果示于表 11.4 中，表中的特征频率统计使用 SIFTCH 描述子和 $k=20$、$l=3$ 的"词典"树。可以看出，对于 1 维颜色直方图和分区域的 1 维颜色直方图，配合 K 近邻分类（每通道 128 级直方图和巴氏距离达到最佳效果）以及 SVM 方法，特征统计的方法具有明显优势。另外，在基于特征频率统计的方法中，SVM 可以得到比 K 近邻分类和最近邻（相对于类的中心）分类更高的分类准确率。

表 11.4　不同分类方法的分类准确率

特征描述	分类器	DC－47		D2	
		RoI/%	RoT/%	RoI/%	RoT/%
1 维直方图	K 近邻	46.2	57.2	22.6	22.8
1 维分区域直方图	K 近邻	49.3	60.1	30.1	31.1
1 维分区域直方图	SVM	58.2	72.3	37.0	41.4
特征频率（SIFT－20^3）	SVM	83.5	92.3	75.3	84.2
特征频率（SIFTCH－20^3）	最近邻	80.7	86.5	76.3	81.9
特征频率（SIFTCH－20^3）	K 近邻	82.7	90.5	77.2	81.9
特征频率（SIFTCH－20^3）	SVM	84.4	93.0	79.9	85.2

2）从分类到拓展识别

常用的多类 SVM 和最近邻分类都只是将测试样本分类到已知的训练库中包含的类别里。但是在实际的监控场景中，未出现过的新目标将不断出现，所以按照分类器的结果会导致错误的轨迹关联。为了解决这个问题，利用相似度估计来判断新图像属于某一已知类别的可能性。重新出现的目标应该与它对应类的成员向量有很高的相似度（或者和模型有很高的匹配度），所以可以通过设置一个相似度的阈值来区分重新出现的目标和新到来的目标，再结合分类器的结果，便可以实现拓展识别（自动区分出新的未知类别）的功能。

SVM 比直接的向量比较有更高的分类能力。下面将利用 SVM 模型和向量的匹配程度来获得是否为重现目标的判断结果。这里可以把决策式看作是一种以式

$$f(x, C_n) = w_n \cdot x + b_n$$

为相似度度量的最近邻分类。上式代表的是测试样本 x 相对于分界面的位置，也就说明了 x 符合 C_n 模型的程度。通过一个近似，即把所有其他类（C_{others}）的样本都看作 C_n 补集（$\overline{C_n}$）的样本，使上式可以作为一种全局的相似度度量。这样一来，既然新的类别都来自 $\overline{C_n}$，它们就应该以较大的概率落在分界面的负值区域内。拓展的识别策略的公式定义如下

$$\begin{cases} probability(x \in C_n) \propto f(x, C_n) \\ max[f(x, C_n)] < T_s \rightarrow x \leqslant C_{new} \qquad n = 1, 2, \cdots, N \end{cases}$$

式中：T_s 是一个待定的阈值，最佳的 T_s 将通过实验得到。在实际操作中，一个目标进入视野之后，系统可以在获取一定数量的目标图像 x_j（$j = 1, 2, \cdots, l_t$）之后给出初步的决策。决策可以按照上述公式处理每个图像并利用投票机制产生对跟踪目标的判断。也可以使用如下定义

$$f(track, C_n) = \frac{1}{l_t} \sum_{j=1}^{l_t} f(x_j, C_n)$$

然后用 f（track，C_n）代替 x 使用决策式。

图 11.5 列出了 3 组在训练集包含不同数目的类别时，f（track，C_n）在三种情况下（track $\in C_n$，track $\in C_{others}$，track $\in C_{new}$）的分布。实验结果显示，后两种情况的分布很接近，这正支持了将 C_{others} 作为为 $\overline{C_n}$ 的一种近似的想法。一个潜在的问题是根据这样的实验分布选定的阈值是否具有广泛适用性。实验发现，在训练集包含足够多的类别数目时（$N > 20$），分布比较稳定，可以明显地区分开第一种情况和后两种情况的分布；而在实际运行中，系统也不能允许类别数无限制地增长。在经过一个收集不同类别样本的初始化过程之后，一个确定的阈值可以实现区分功能。为了测试其区分重复出现目标和新目标的能力，实验统计了检测新目标的查全率和虚警率（如表 11.5 所示）。结果显示给予 C_n 较大的裕量可以获得更好的平衡效果。相应地，$T_s = -0.3$ 被选为后续实验的参数。另外，两个特征频率统计向量的巴氏距离既能作为最近邻分类的依据，也能反映新的测试样本与已知类（中心）的相似程度，所以也可以利用与类别中心的巴氏距离来实现拓展识别策略。通过实验得到类似的可区分的分布，挑选的阈值为 0.8（查全率=0.70，虚警率=0.29）。

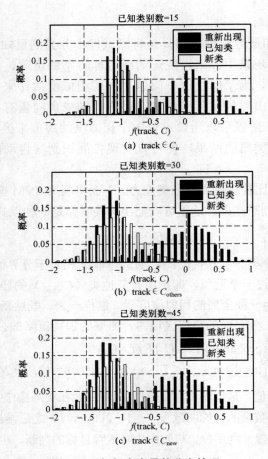

图 11.5 相似度度量的分布情况

表 11.5 利用决策式检测新出现目标的查全率和虚警率

阈值	训练集含 15 类		训练集含 30 类		训练集含 45 类	
	查全率	虚警率	查全率	虚警率	查全率	虚警率
−0.5	0.23	0.04	0.51	0.09	0.54	0.13
−0.4	0.40	0.08	0.65	0.14	0.65	0.21
−0.3	0.63	0.13	0.78	0.22	0.77	0.29
−0.2	0.73	0.21	0.88	0.34	0.89	0.37
−0.1	0.84	0.25	0.92	0.40	0.92	0.47
0	0.91	0.36	0.97	0.48	0.98	0.56

类似于检索应用会提供给用户一个对应测试样本归属概率类的排列，按照决策式在排列中加入一项 C_{new}，同时设 probability（track $\in C_{new}$）$\propto T_s$，就可以得到一个包含新类别标签的排列。图 11.6 显示了在测试 30 个训练类的情况下，对测试集分类的（数据均来自 CAVIER 数据集）累计匹配特性（cumulative matching characteristic，CMC）。在这里和下文的实验中，

使用的都是 SIFTCH 描述子和预先从 VIPER 图片集训练的"词典"树（$k=20$，$l=3$）。注意这里的排列考虑了新类别的拓展识别策略。总之，这种拓展的识别策略可以实现自动的目标识别，并在交互中提供包含新类别标签的排列信息；同时结合了监督学习分类器，可以利用操作员的决策来得到更高的分类性能。

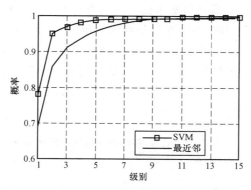

图 11.6　非在线拓展识别的两种实现方式的 CMC 曲线

3）在线系统设计

一个在线系统需要能够应对不断到来的新的数据（包括新的类别），并做出相应的更新。基于综合（ensemble）的增量学习方法可以实现该功能，然而其训练效果相对于基于全部数据的学习要相差很远。注意到每个 SVM 子模型都需要存储一个高维的超平面法向量，而特征频率统计向量本身是同样维数的高度稀疏的向量，所以额外存储一部分原始数据来协助增量学习并不会增加大量的额外消耗。如果把学习获得的超平面和支持向量一起作为模型来考虑的话，支持向量机本身就具备增量学习的能力。为了避免保存大量支持向量占用空间，可以只保存一定数量的对应较大的 α_i 的支持向量。错误驱动策略是 SVM 增量学习方法的一种，按照这一思路更新多类别 SVM 模型时，首先判断新的轨迹样本被哪些子模型误分类。如果当 track 不属于 C_n 时，f（track，C_n）$>\min$（T_s，0）；或者当 track$\in C_n$ 时，f（track，C_n）$>$ max，则认为 C_n 的子模型错误分类了 track。接下来只需利用新的样本和保存的支持向量来重新训练这些做出错误分类的子模型。增量学习方法可以避免对旧知识的遗忘，因为支持向量被作为模型的一部分保留了下来；也解决了 out−voting 的问题，因为有可能造成争议的模型都利用新信息进行了更新。

然而不论采用什么样的增量学习算法，当新的类别不断加入模型，整个模型的规模增大之后，其在更新和分类操作中的运算消耗也会不断增大，直到超出系统负荷。所以为保障在线系统运行，需要给模型的规模设一个限制。每个目标的出现都有其相应的时间戳，可以根据时间信息将超过一定时间没有出现的目标丢弃（即不再认为此目标的下次出现是一次有关联的重复出现）；或者设置一个模型类别数目的最大允许值，超过这种限制的类别模型被从内存中清出，并转存入长期保留的数据文件中。双层存储结构可以允许系统在空闲时间内按需要进行更广泛的搜索，或者使用提取的模型信息和特征作为视频检索等功能的基础。

以下在线系统的实际效果测试将包含模型更新和模型尺度控制的影响。首先通过汇集 2 个数据集中 77 个不同的人所相关的 200 个跟踪序列，随机组成模拟的在线跟踪结果。设置每个类别存储最大 30 个支持向量，最多允许同时保留 40 个 SVM 子模型。为了正确区分相似的目标和相对复杂的情况，监控系统需要依靠操作员的协助。另外，操作员也希望监控系统具有一定的自动功能。这里测试两种极端的操作方式：完全任由系统自动识别；操作员查看并更正所有的误识别。实际工作方式可能是这两种的结合。图 11.7 显示了这两种工作方式下的 CMC 曲线。基于 SVM 模型和操作员协助的方法如预期一样给出了最好的效果：保存 40 个类别的情况下，系统有 70% 的概率自动做出正确的识别分类；考虑最优的 4 个匹配时，可以达到 97% 的正确率，也就相当于和没有识别系统的情况相比减少了操作员将近 90% 的查看时间。一些典型的识别排列结果示于图 11.8 中。另外，SVM 方法因为是依靠监督学习得到的模型，受错误的分类标签影响较大。总的来说，系统可以完全自动地运作，同时可以在有操作员协助的情况下给出更好的识别效果。

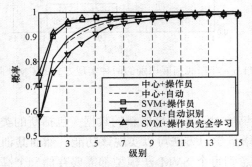

图 11.7　系统测试结果的 CMC 曲线

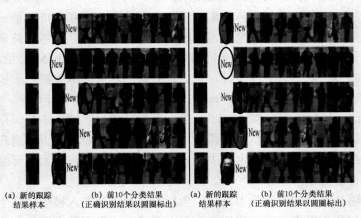

(a) 新的跟踪　　　　(b) 前10个分类结果　　(a) 新的跟踪　　　　(b) 前10个分类结果
　结果样本　　　(正确识别结果以圆圈标出)　　结果样本　　　(正确识别结果以圆圈标出)

图 11.8　使用 SVM 模型＋操作员协助时的典型类别排序结果

3. 异常行为检测与识别

随着城市人口的快速增长及城市环境的日益复杂，群体性事件、骚乱、恐怖袭击等城市突发社会安全事件严重影响着城市的公共安全，故针对公共安全事件的异常行为检测具有重大市场应用前景。

针对如何描述和理解复杂的行为，总结相关研究，可以归纳出行为的多层描述关系，每一层可以由下一层来建模描述。如图 11.9 所示，首先行为可以由很多的底层特征所构建，比如所提取的运动物体类型、位置、速度、长宽比、颜色特征、持续时间等，而这些特征或者参数只能代表行为过程中的一些参数属性，不具有语义上的意义。而从行为动作层开始就具有一定的行为意义了，比如场景中一个人从楼梯下来进入场景；一个人把行李放下，进入候机室离开场景；人的行走轨迹等，都属于这一层的范畴。这些行为动作是一些基本的行为，向下可以由底层物理特征来描述，向上可以组成复杂的行为模式，这样就上升到行为事件层了。比如说偷窃事件，就是属于一个行为事件。它可以描述为一个人把行李放下，另外一个人把行李拿起来，这个人离开场景这样几个行为动作所组成。

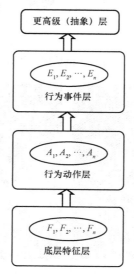

图 11.9　行为描述的层关系

1）异常行为描述方法

异常行为描述主要分析目标运动轨迹，因为轨迹是跟踪得到的主要结果。在基于跟踪的视频监控和行为理解中，轨迹是最主要的分析依据。

（1）基于规则定义的描述方法。这个方法的思路就是直接描述异常行为的特征，也就是通过定义一些规则来确定在什么样的情况下给出特殊的警报。

下面以一个简单例子说明规则定义描述方法的应用。在完成目标跟踪的基础上，尝试对逗留的行人和丢弃的行李进行检测。这主要是要根据目标的静止和分离来定义规则。

首先，定义检查目标静止的规则。为了判断目标是否静止，需要检测最近 M 帧目标位置的方差

$$\overline{p}(t) = \frac{1}{M}\sum_{t'=t-M}^{t} p(t')$$

$$V(t) = \left\| \frac{1}{M}\sum_{t'=t-M}^{t}\left[p(t') - \overline{p}(t) \right]^2 \right\|$$

式中：p 代表目标位置。如果 $V(t)$ 低于一定阈值，则认为目标在最近的 M 帧内已经几乎处于静止状态。基于此，可以定义如下规则：一个运动物体，如果在最近的 30 s 内保持静止

状态，则认为这可能是一个逗留的行人；而如果目标停止发生在目标分裂之后（见图 11.10），则这个目标被认为可能是一个丢弃的行李。图 11.11 给出了两个结果示例。类似还可以定义其他规则，例如两个目标接近并共同运动一段时间可能是偷窃行为。

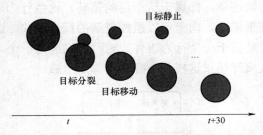

图 11.10　分裂后的静止目标：丢弃的包裹行李

图 11.11　按照规则检查，发现逗留的行人和包裹

　　总的来说，通过定义规则来检测异常行为，比较机械但却有比较好的抗噪性。虽然依据规则只能检测事先描述的行为，但是其简单易行并且可以带来实用的结果，也不容易被一些跟踪错误所干扰。如上面两幅对比图所示的结果来自 PETS2007 数据库的测试序列。这个序列本身是测试多相机跟踪序列中的一个视角，对于单目标跟踪来说极具挑战，但是利用规则定义的描述方法，对于逗留行人和丢包还是给出了很好的检测结果。

　　（2）基于统计的描述方法。

　　轨迹分析一般需要比较相似性和聚类。常规的聚类方法也需要比较轨迹间的相似性，而相似性度量就需要有一个相似度或者距离的定义，来表示两个轨迹是否相似。

　　① 基于隐马尔可夫模型的方法。

　　利用隐马尔可夫模型（hidden Markov model，HMM）来为轨迹建立模型时，首先可以从轨迹训练出一个相应的隐马尔可夫模型，随后利用轨迹和模型之间的符合程度来度量不同轨迹之间的相似性。

　　隐马尔可夫模型是一个概率模型，包含多个状态组成的有向图，每个状态都按照概率产生一定的被观察值。每一个状态都由两个概率分布来描述：状态转移概率分布和观测值概率分布。从一个模型获得的观测序列是依靠当前状态和它的观测值概率分布来获得一个观测值，并依靠它的状态转移概率分布来确定下一步的状态，如此进行下去。因为状态值不是被直接观察的，而只能观察到状态输出的观测值，所以称为隐状态。

在为轨迹建模时，首先确定隐马尔可夫模型的拓扑结构。按照实际情况，可以确定它是一个线形单向的拓扑结构，它可以很好地描述轨迹的连续变化，如图 11.12 所示。为了描述轨迹，将轨迹转化为观测值，而隐状态之间的转移关系就描述了轨迹运行中的变化趋势。能够最大化生成概率的状态序列、状态转移概率分布和观测值概率分布就是这个轨迹的模型。

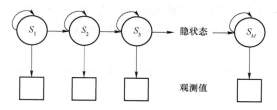

图 11.12　从左到右排布的线形拓扑结构

② 编辑距离方法。

编辑距离方法是一种不通过建模而直接对轨迹进行比较的方法。字符串比较中常用的 Levenshtein 距离取决于一个序列转化为另一个序列所需要的插入、删除、替换操作的个数（可以加权计算），所以也称作编辑距离。这个距离定义对时序轨迹的分析完全具有适用性。插入、删除、替换足够描述所有轨迹之间的差别，而他们的意义也非常直观（图 11.13 显示了该方法的三种操作），这也方便了根据需要做出相应的调整和分析。

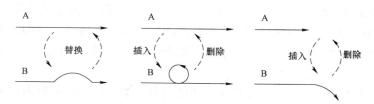

图 11.13　编辑距离方法中的三种操作

③ 可在线聚类的高斯模型。

通过对编辑距离的改进，可以比较快速地完成轨迹之间的比较，但是采用该方法在聚类时使用什么样的模型来表示没有一个现成的方法。在这一点上，编辑距离不像利用 HMM 分析轨迹时那么方便，因为后者可以通过对相似轨迹训练共用的模型来表示一个聚类。为了利用编辑距离方法，主要有两种方法，一是利用一串高斯模型来表示一个轨迹的聚类，二是设计一个在线聚类的规则。

2）基于动态贝叶斯网络的建模与识别方法

动态贝叶斯网络（dynamic Bayesian networks，DBN）是 20 世纪 90 年代在贝叶斯网络基础上发展起来的，它是一种利用时序动态数据产生可靠概率推理的新方法。DBN 在有限时间内，将变量之间的因果关系用联合概率关系的形式表示出来，并继承了图模型（GM）和贝叶斯网络（BN）强大的表示能力。它是继隐马尔可夫模型（HMM）之后，建立更为复杂的动态时序模型的新选择。

（1）贝叶斯网络。

在详细介绍动态贝叶斯网络之前，首先介绍贝叶斯网络的一些基本概念。贝叶斯网络是一种有向无环图（directed acyclic graph，DAG），其中，节点表示问题集的随机变量，有向边表示节点间的关系。每个节点都有个条件概率表，定量地表达了该节点同父节点间的概率关系。

贝叶斯网络的完整描述如下。

① 一个随机变量集组成网络节点。变量可以是离散的或者连续的。

② 一个连接节点对的有向边集合反映了变量间的依赖关系。如果存在从节点 X 指向节点 Y 的有向边，则称 X 是 Y 的一个父节点。

③ 每个节点 X_i 都有一个条件概率分布 P（X_i | parents（X_i）），量化其父节点对节点的影响。

④ 图中不存在有向环。

一旦设计好贝叶斯网络的拓扑结构，则只需为每个节点指定其对应于父节点的条件概率就可以了，拓扑结构和条件概率的结合足以指定（隐含的）所有变量的全联合概率分布。

在给定某个已观察节点（即证据变量）的值后，概率系统的基本任务就是要计算其他未知变量的后验概率。设 X 为待查询变量，E 表示证据变量集，e 表示一个观察到的特定事件，需要计算的是 P（$X_i|e$）。在一般的贝叶斯网络中，进行推理的算法有变量消元算法和连接树算法。

（2）动态贝叶斯网络。

近年来，随着贝叶斯理论研究的不断深入，贝叶斯的应用领域也在不断扩展，贝叶斯网络已经从处理静态不确定性问题逐步用于处理动态的不确定性问题，例如：语音识别、交通工具的实时监控和自动目标识别等。为了能够处理动态的不确定性问题，需要将贝叶斯网络扩展成带有时间参数的动态贝叶斯网络。

DBN 类似于 HMM，是一个生成模型，即使只有一个行为序列的数据也可以对它进行建模，并完成识别过程。它不像 SVM，要把所有人的数据都融在一起才能进行分类。为了达到检测异常行为的目的，可以通过训练来建立正常行为模型，然后识别不符合正常行为模型的异常模式；也可以直接训练异常行为模式，因此基于这种框架同样可以实现监督的和非监督的异常行为检测过程。利用 DBN 模型进行异常行为检测的流程分为模型的训练和识别两部分，如图 11.14 所示。首先需要确立对行为进行表达和建模的模型拓扑结构，然后通过样本对这个模型进行训练。训练好的模型被用来测试待识别样本的似然度，如果似然度超过规定的阈值，则认为它匹配成功。从 DBN 模型进行模式识别的框架可以看出，重点是设计模型的拓扑结构和行为特征的定义。

（3）基于 SML-HMM 的行为建模与异常行为检测。

那么什么样的拓扑才能更好地表达场景中行为的连接关系和产生过程呢？行为序列具有这样的特征，即现有的行为只需要和上一个状态的行为产生因果联系，就可以表达出整个行为过程了。耦合隐马尔可夫模型（CHMM）等一些模型的状态连接过于紧密，从而降低了描述行为事件因果关系的效率，使得网络的拓扑结构显得烦琐而低效。

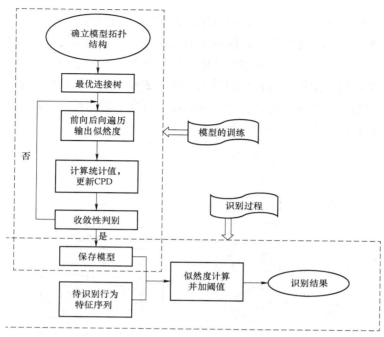

图 11.14　DBN 建模与识别系统框架

这个模型试图用最少的状态联系来对行为进行建模，从而达到模型参数的表达和推理的优化目的，减少了计算的复杂度，也提高了模型在推理过程中对于噪声的容错率。因为可以用不同层的行为特征描述来对模型进行训练，该模型也能很好地体现不同行为层之间的关系。

11.2　人脸识别系统

本章介绍的另一个系统是人脸识别系统。人脸检测和跟踪是计算机视觉和模式识别领域的研究热点，它是人脸信息处理的基础，在人脸识别、人机交互、视频会议、第三代移动通信等很多领域都有着重要的应用价值。本节主要介绍基于视频的多视角人脸检测与跟踪算法及其在人脸识别系统中的应用。虽然基于 AdaBoost 学习算法和肤色模型的检测器能够达到基本实时的多视角人脸检测，而融合了检测算法的多视角人脸跟踪在跟踪模型中的模型选择和跟踪框架的选择是跟踪成败的关键，这也是本节介绍的重点。多视角跟踪一直是目标跟踪中的热点和难点问题，解决了人脸的多视角跟踪问题，对其他目标的多视角跟踪也会起到极大的推动作用。

人脸识别是生物特征识别中极具挑战性的课题之一，它广泛应用于身份认证、视频监控及人机接口等领域。虽然人脸识别的应用前景广阔，然而其实用性并没有得到很大的提升，这由诸多因素导致，如环境因素等。正因为如此，国内外研究人员提出了一系列的方法来克服环境变化给人脸识别鲁棒性带来的影响，相关文献达到数千篇。

经过几十年的研究与发展，在人脸识别领域取得的成果是显著的。在理想的室内环境，如光照变化小、人脸姿态稳定、采集设备的图像分辨率较高的情况下，识别率可以达到95%。一旦环境条件恶劣，识别率迅速下降，所以在监控场景下的人脸识别一直没有得到很好的应用，其难度可想而知。经典的人脸识别系统流程可归纳如下：在取得监控图像后，首先对图像使用图像增强算法进行增强，包括光照补偿、图像去噪、自动对比度增强、图像超分辨率等；然后使用多视角人脸检测和验证，并同时启动多视角人脸跟踪并选取最佳正面人脸图像进行人脸识别。系统流程图如图11.15所示。

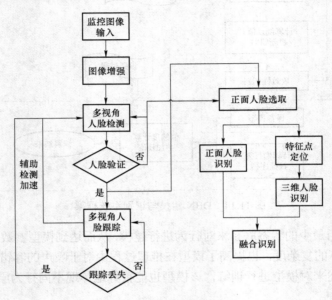

图 11.15　人脸识别系统流程图

1. 多视角人脸检测和验证

1）基本流程与算法

实时视频场景中的人脸可能遇到各种各样的外界环境干扰，例如光照变化、人脸姿态、表情变化、部分遮挡等。这就要求基于视频的人脸检测算法必须要有前期处理和后期验证步骤才能达到一个鲁棒的人脸检测算法。一种合理的视频多视角人脸检测算法的主要流程如图11.16所示。首先需要对被检帧图像进行预处理，包括光照补偿和图像规范化，以抵消光照不均以及图像采集造成的不良影响；再运用多视角人脸检测算法进行人脸检测，如常用

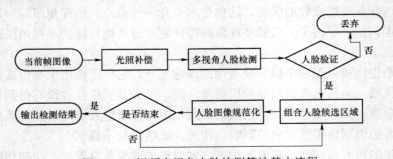

图 11.16　视频多视角人脸检测算法基本流程

的 AdaBoost 人脸检测或肤色人脸模型等；然后对得到的结果使用人脸验证算法进行验证；最后对候选人脸区域进行规范化操作，输出检测结果。

图像预处理算法：人脸反射外界各种光线经过图像采集设备成像后，除了包括人脸的特定信息外，还会包含各种外部其他因素的信息，比如光照变化、视角变化等。所以在进行人脸检测前，要对图像进行预处理操作，这对于人脸的检测是非常重要的一环。常用的预处理算法包括 Gamma 校正、直方图均衡算法、非线性变换等。

多视角人脸检测算法：多视角人脸检测既可以检测出正面人脸，也能够处理非正面人脸。非正面人脸包括：左右偏转人脸（侧面人脸），正面倾斜人脸，上下倾斜人脸。本节着重介绍基于 AdaBoost 训练算法，采用由粗到细的视角划分策略及多级检测器的金字塔结构来处理多视角人脸检测。

人脸图像规范化：在人脸图像进行下一步处理，如用于人脸识别或者其他应用前，为了提高人脸识别率，一般都需要对人脸图像进行规范化处理，以消除检测器的不稳定性以及光照变化带来的影响。人们提出了形状恢复方法，该方法首先估计环境的光照方向与人脸反射率，然后进行重构。但该方法模型过于简单化，只可估计单一光源，计算复杂度较高。ShiGuangShan 等人使用熵图像方法进行人脸识别，该方法需要已知或可估计的图像光照模型，不能非参数化使用。

AdaBoost 人脸检测使用大量训练图片训练检测器，包含了普通人脸的基本特征，但也导致人脸图片的细节不稳定，AdaBoost 的算法使用逐级放大 Haar 特征分类器进行检测，也会导致这种情况出现。例如有些人脸检测图片包括了下巴，有些却没有；而且由于人脸姿态的不稳定性，环境光照变化等，检测得到的人脸图片往往大小不一，姿态变化较大，人脸包含区域不固定，这样的图片在用于人脸识别或者其他具体应用时就会受到一定局限。标准化的方法能够消除这些不好情况的影响。使用人脸验证的方法可去除部分误检，使用人脸特征重定位的方法来规范人脸图像。

2）人脸验证

在实际人脸检测的过程中，使用多次验证的算法能够很好地降低负面样本的误检率，很多误检的负面样本通过简单的验证就能排除。基于 AdaBoost 的人脸检测能够很好地检测人脸，但仍然有一定的误检率。AdaBoost 使用的是人脸图像的 Haar 特征，选取这种特征不仅仅是因为 Haar 特征是数学上的小波基函数，而且还有其实际的物理意义。图 11.17 显示了 AdaBoost 算法中的 Haar 特征。学习过程中得到两个最高分类器特征，第一个特征表示人眼部水平区域的灰度值要低于面颊上区域的灰度值，第二个特征表示脸部的双眼区域的灰度值低于中间鼻梁部分的灰度值。AdaBoost 的训练算法显示了 Haar 特征对人脸检测有比较好的检测率。同时可以通过人脸的其他特征，如肤色特征、人脸其他部位特征等，来降低人脸检测负面样本的误检率。

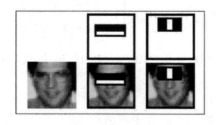

图 11.17　AdaBoost 算法中的 Haar 特征

（1）肤色验证。常用的人脸肤色验证算法可以使用一些较为简单的形状特征和先验知识来排除非人脸图像，常被使用的特征包括：

① 包含人脸的检测矩形框的面积；

② 包含肤色区域的面积与矩形框面积的比值；

③ 肤色区域具有较高方差的像素个数与肤色区域的面积之比（因为人脸的面部特征的存在，比如眼睛、眉毛等特征，导致人脸区域在 YC_bC_r 色彩空间亮度 Y 分量上的方差较其他区域的要大）。

（2）特征验证。Gargesha 等提出了眼图（eye map）和嘴图（mouth map）的特征算法来判断图像是否包含眼睛和嘴部特征。但这种方法在同一个人脸轮廓内经常能检测到多个候选眼睛特征或嘴特征，这意味着必须采取策略来去除多余的人脸特征。

此处采用对所有特征赋权值的方法，挑出权值最大的一组眼睛和嘴特征来构成这个人脸轮廓内的面部特征。算法如下：假设同一个人脸轮廓内有 $i=1$，2，$\cdots$，m 个眼睛特征，$j=1$，2，$\cdots$，n 个嘴部特征，则步骤如下：

① 计算每个特征对应的权值

$$W_s = \exp[-(R-2\sigma)^2/8\sigma^2]$$

式中：R 为图 11.18（b）中点 P_e 与 P_c 之间的欧氏距离，点 P_c 为矩形的中心，点 P_e 为特征点，σ 为点 P_c 与点 P_b 之间欧氏距离，点 P_b 为点 P_c 与点 P_e 之间线段延长线与矩形边框的交点，则权值计算曲线如图 11.18（a）所示；

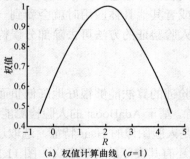

(a) 权值计算曲线（σ=1）　　　　(b) 计算 W_s 示意图

图 11.18　计算权值 W_s

② 初始化 $j=1$；

③ 计算每两个眼睛特征点 P_{i1}，P_{i2} 与第 j 个嘴特征点 P_j 组合时的权值

$$W_t = W_{s,P_{i1}} W_{s,P_{i2}} W_{s,P_j} \left(1 - \frac{\left|D_{e_t,P_{i1}P_j} - D_{e_t,P_{i2}P_j}\right|}{\max\left(D_{e_t,P_{i1}P_j}, D_{e_t,P_{i2}P_j}\right)}\right)$$

式中：$W_{s,P_{i1}}$、$W_{s,P_{i2}}$、$W_{s,P_{i3}}$ 分别为点 P_{i1}、P_{i2}、P_{i3} 的 W_s 权值，$D_{e_t,P_{i1}P_j}$、$D_{e_t,P_{i2}P_j}$ 分别为点 P_{i1}、P_{i2} 与点 P_j 之间的欧氏距离；

④ 如果 $j \leqslant n$，则转到③；

⑤ 找出在所有眼睛和嘴特征点组合中权值最大的一组，保存并退出。

经过此算法处理后，就只保存对应于人脸几何结构权值最大的眼睛和嘴，最终的人脸眼部和嘴巴验证特征点如图 11.19 所示。

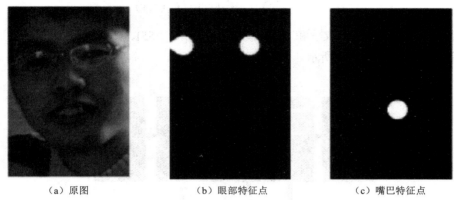

（a）原图　　　　　　　　（b）眼部特征点　　　　　　　（c）嘴巴特征点

图 11.19　人脸眼图和嘴图验证特征点

3）人脸重定位

为了满足人脸识别系统高识别率的要求，可以采用一种基于特征的人脸重定位方法，对检测得到并通过人脸验证的人脸图像进行二次定位，也是对人脸图像进行一次标准化的图像处理操作。

（1）眼睛定位算法。根据彩色人脸图像的亮度和色度信息来快速定位双眼。经过对彩色图像人眼的分析可知，把 RGB 三通道的人脸图像映射到 YC_bC_r 空间后，人眼区域有较高的 C_b 值和较低的 C_r 值。因此，建立色度的映射公式

$$\text{EyeMap}C = \frac{1}{3}\left[(C_b^2) + (\overline{C_r})^2 + (C_b / C_r)\right]$$

C_r，C_b 都归一化为 $[0\sim255]$，C_r 为 $255 - C_r$。

眼部区域同时有灰度较低和灰度较高的区域，因此，建立亮度映射公式

$$\text{EyeMap}L = \frac{Y(x,y) \oplus g_\sigma(x,y)}{Y(x,y) \odot g_\sigma(x,y)+1}$$

式中：$\oplus$ 是膨胀算子；$\odot$ 是腐蚀算子；$g_\sigma(x,y)$ 是结构函数。再用乘法算子（AND）和上述两个映射公式结合起来，得到

$$\text{EyeMap}=（\text{EyeMap}C）\text{ AND }（\text{EyeMap}L）$$

然后对结果进行膨胀和归一化，并取一定的阈值就可以得到眼睛的预选位置。

（2）彩色人脸的嘴巴定位。在面部特征中，嘴唇也是较为显著的特征。除了在面部特征定位中的重要作用外，在唇动、语音方面也有着重要的应用。下面讨论嘴唇特征的抽取。

嘴巴区域比其他区域包含更强的红色和更弱的蓝色，因此，在嘴巴区域 C_r 比 C_B 具有更大的值。进一步发现嘴巴对 C_r / C_b 量的响应相对较小，而对 C_r^2 的响应却非常高。因此，构建嘴巴映射公式

$$\text{MouthMap} = C_r^2(C_r^2 - \eta C_r / C_b)$$

$$\eta = 0.95 \frac{\frac{1}{n}\sum_{(x,y)} C_r(x,y)^2}{\frac{1}{n}\sum_{(x,y)} C_r(x,y)/C_b(x,y)}$$

η 是 C_r^2 和 C_r/C_b 的比率，C_r^2 和 C_r/C_b 被归一化为[0，255]。
该算法的流程如图 11.20 所示。

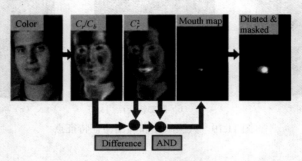

图 11.20　彩色人脸图像的嘴巴定位算法流程

4）人脸重定位算法

由于 AdaBoost 检测出的人脸框包含了除人脸之外的太多其他信息，因此用这些人脸进行训练和识别的话，不仅加大了运算量，而且也使得识别准确度降低。为此，需要对 AdaBoost 检测出的人脸框进行矫正，以使它包含最能区分人脸的信息和最小的噪声。Frakas 和 Munro 的研究发现一个理想的正面人脸的黄金分割比

$$\lambda = \frac{h_f}{w_f} = \frac{1+\sqrt{5}}{2} \approx 1.618$$

式中：h_f 是人脸的长度；w_f 是人脸的宽度。图 11.21 为一般人脸的特征分布。

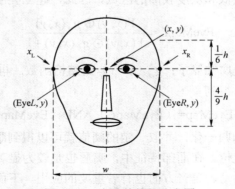

图 11.21　人脸的特征分布图

根据此图，可以计算出人眼中心的 x 坐标和嘴巴中心的 x 坐标。

$$x_{\text{mid}} = \frac{\text{Eye}L + \text{Eye}R}{2}$$

$$d = \frac{4}{9}h = \frac{4}{9}\lambda w$$

通过实验，发现正好把眼睛和嘴巴包括进去的人脸框最符合要求。前面介绍了眼睛和嘴巴的定位，这样就可以获得它们的中心坐标。通过上面两式并根据实际情况就可以得到所需矩形框的左上和右下顶点坐标

$$(x_{\text{lefttop}}, y_{\text{lefttop}}) = (x_{\text{mid}} - 0.65w, y - 0.44\text{d})$$

$$(x_{\text{rightbottom}}, y_{\text{rightbottom}}) = (x_{\text{mid}} + 0.65w, y + 1.2\text{d})$$

检测结果如图 11.22 所示，外框是原始 AdoBoost 检测结果，而内框则是矫正之后的人脸定位框。可见，定位完全满足人脸识别的要求。

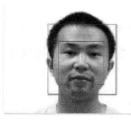

图 11.22　矩形框的矫正示意图

2. 基于视频的多视角人脸跟踪

人脸跟踪算法的目的在于提高人脸跟踪在变尺度、变姿态条件下的准确性和稳定性。这里采用以粒子滤波的算法为基础，结合人脸离线模型并自动进行在线学习的多视角人脸跟踪算法进行人脸跟踪。在跟踪过程中，算法采用了一种新的自适应粒子滤波跟踪框架，人脸模型使用子空间特征模型，并对人脸的五个角度进行特征建模。实验结果表明，该算法能够跟踪多视角变尺度人脸，并实时分辨人脸姿态，对人脸的旋转、尺度变化、环境突变等影响不敏感，具有较强的鲁棒性和精确性。

因为目标容易受到外界环境的干扰，视角变化和目标尺度变化都较大，继而要求视频多视角人脸跟踪算法要有比较高的稳定性和鲁棒性。基于状态空间模型的跟踪算法更能适应人脸跟踪的应用需求。在这种模型中，跟踪就是要通过观测值来推断目标的未知状态值。状态空间模型中，有三种基本的元素：状态、测量模型、推导策略。状态就是指要跟踪目标的状态，可以是位置、大小、形状等。

1）视频多视角人脸跟踪框架

在概率框架下，目标跟踪可以看作时域的滤波过程

$$P(\boldsymbol{x}_t \mid F_{0,\cdots, t}), t = 1, 2, \cdots$$

式中：F_t 表示 t 时刻的输入图像；x_t 表示 t 时刻的目标状态。初始状态 $x_0 = X_0$ 假设是已知的。参数 $\boldsymbol{x}_t = [\beta, x, y, w, h, \theta, q]^\text{T}$，参数 β 表示人脸姿态，参数 (x, y) 表示人脸位置的中心坐标，w, h 表示人脸宽度和高度，θ 表示旋转角度，q 表示倾斜角度。跟踪器必须要给出所有这 7 个参数。给定 F_t，跟踪状态 x_t 决定了切割变换 F_t 后的人脸图像 I_t，用函数 $I_t = \omega(x_t, F_t)$ 表示。跟踪过程可以假设是一阶状态空间模型，如图 11.23 所示。

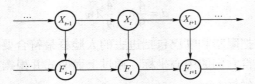

图 11.23　目标跟踪的一阶状态空间模型

跟踪由时域的动态过程给出。可以使用不同的动态模型，但不可预知的变化，一般使用高斯模型来估计。即

$$P(\boldsymbol{x}_t \mid \boldsymbol{x}_{t-1}) = N(\boldsymbol{x}_t : x_{t-1}, \Sigma)$$

定义观测模型，即事件发生概率

$$P(F_t \mid \boldsymbol{x}_t) \propto \exp(-E(I_t : M) / \sigma^2)$$

式中：$E(I_t : M)$ 是目标模型 M 的能量函数，当 I_t 与目标模型 M 较接近时有较小的值。在这个模型下，可以使用标准贝叶斯递归

$$P(\boldsymbol{x}_t \mid F_{0,\cdots,t}) \propto \int P(\boldsymbol{x}_t \mid \boldsymbol{x}_{t-1}) \cdot P(\boldsymbol{x}_{t-1} \mid F_{0,\cdots,t-1}) \mathrm{d}\boldsymbol{x}_{t-1} \cdot P(F_t \mid \boldsymbol{x}_t)$$

目标状态 x_t 分为两个子集，$\boldsymbol{x}_t = \{\alpha_t, \beta_t\}$，$\beta_t$ 表示人脸的姿态，多视角人脸跟踪算法中，人脸的姿态 β 是一个非常重要的变量；α_t 则表示人脸的其他参数。$\beta_t = \{1, 2, 3, 4, 5\}$ 分别表示人脸姿态为左侧面、左侧 45°、正面、右侧 45°、右侧面，而且这里假定人脸姿态和位置大小是独立的。于是，多视角人脸跟踪算法的状态空间模型变为如图 11.24 所示。

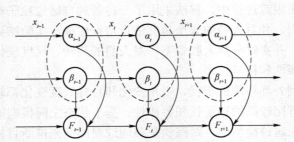

图 11.24　多视角人脸跟踪的状态空间

对于 $P(x_t \mid F_{0,\cdots,t})$ 的估计，因为上式中的积分难以分析处理，$P(F_t \mid x_t)$ 是非高斯形式的，解决方案是采用基于采样的粒子滤波。一组带有权重的粒子 $\{(w_i, x_i)\}_{i=1,2,\cdots,n}$ 用来逼近条件密度 $P(x_{t-1} \mid F_{0,\cdots,t-1})$，经过 $P(x_t \mid x_{t-1})$ 粒子状态转移后再根据模型 $P(F_t \mid x_t)$ 重新估计粒子权重，选取最高权重粒子得到 t 时刻的目标状态。

整个跟踪算法流程如图 11.25 所示，首先用现实场景中的人脸图像建立离线多视角人脸模型，可以使用不同的模型，如颜色直方图模型、梯度模型、增量 PCA 模型等，甚至可以使用不同模型的组合来进行多特征模型跟踪。在跟踪器初始化后，使用自适应粒子滤波框架得到当前时刻的状态，根据不同的人脸姿态，使用模型在线学习算法对离线子空间特性模型中

对应的单视角模型进行在线更新，逐步建立一个真实场景中的多视角人脸模型 $P(F_t|\alpha_t)$，而这个模型又被重新用来进行下一时刻的粒子滤波跟踪。

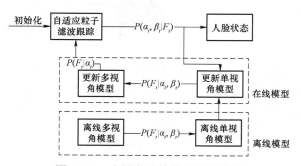

图 11.25　多视角人脸跟踪算法流程

2）人脸跟踪模型

在基于状态空间的跟踪中，人脸模型的选择是一个关键的问题，模型的选择直接决定了跟踪目标的特性，影响跟踪的速度和精确度。

（1）核函数颜色直方图模型。因为 RGB 空间模型简单易用，且通用性强，大量的跟踪应用实例采用了 RGB 颜色空间模型来对目标进行建模。而在 RGB 颜色空间模型中融入目标的空间信息，则可以使目标的描述更加精确。

假设将目标的 RGB 颜色量化为 $B=N×N×N$ 级（N 一般取 8 的倍数），分别表示 R，G，B 每个颜色通道的等级，且定义颜色量化函数 $b(l_m)$：$R2→\{1,\cdots,B\}$，表示把位置 l_m 处的像素颜色值量化并将其分配到颜色直方图相应的颜色级。于是，给定目标状态 X，则其核函数颜色分布 $p_l=\{p_l^{(u)}\}_{u=1,\dots,B}$ 定义为

$$p_l^{(u)} = C\sum_{m=1}^{M} k\left(\left\|\frac{l-l_m}{h}\right\|\right)\delta(b(l_m)-u)$$

式中：M 为目标区域的总像素数；l 为目标的中心坐标 (x,y)，由目标状态决定；$h=\sqrt{h_x^2+h_y^2}$ 表示目标区域的大小；$\delta(\cdot)$ 为 Delta 函数；C 为归一化因子，约束 $\sum_{u=1}^{B}p_l^{(u)}-1$，其中

$$C = \frac{1}{\sum_{m=1}^{M} k\left(\left\|\frac{l-l_m}{h}\right\|\right)}$$

式中：$k(\cdot)$ 为核函数，为目标区域中的像素分配权值，以此来增加已选择的颜色分布区域的可靠性和边缘像素的准确性，离区域中心越远的像素被赋给较低的权值，这样就在颜色直方图中融入了空间信息，被称之为核函数颜色直方图。图 11.26 是核函数颜色直方图的示意图。

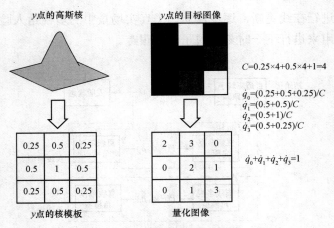

图 11.26　核函数颜色直方图创建示例

常用的核函数有 Epanechnikov 核函数和高斯核函数。这里采用高斯核函数，其定义为

$$k(x) = \begin{cases} 1-x^2, x<1 \\ 0, \quad 其他 \end{cases}$$

式中：x 为像素距离目标中心的距离。

采用不同的颜色模型有各自的优点，能够在一定程度上提高目标跟踪系统的效果。还有一些学者把其他视觉特征如轮廓、纹理引入目标建模中，通过不同视觉特征的融合选择以取得更好的跟踪效果。

（2）梯度模型。由于颜色直方图信息有缺陷，如在复杂背景下容易被颜色直方图相似的目标所吸引，而且在人脸转过去的时候颜色信息几乎完全失效，可以采用人脸的轮廓梯度信息作为对颜色信息的补充。图 11.27 为人脸轮廓梯度观测示意图，黑色椭圆表示假设位置，白色位置点表示椭圆轮廓周围的观测点（梯度值最大点）。

图 11.27　轮廓梯度观测示意图

如果已经获得人脸轮廓，沿着此轮廓计算梯度可以很好地区别脸部和其他目标。对于一个候选椭圆区域 X，椭圆圆周上的梯度和表示为

$$G(X) = \frac{1}{N_S} \sum_{j=1}^{N_S} g(x_j, y_j)$$

式中：$g(x_j, y_j)$ 表示椭圆圆周上像素点 (x_j, y_j) 的灰度梯度；N_s 是椭圆圆周上总像素数。但是椭圆并不能精确地描述脸部轮廓。为了更准确地找到轮廓梯度信息，椭圆轮廓上像素点 (x_j, y_j) 的梯度就用沿着 (x_j, y_j) 法线方向搜索到的最大梯度值来代替，即

$$g(x_j, y_j) = \max_{(x_n, y_n) \in L_n} g(x_n, y_n)$$

式中：(x_n, y_n) 为法线方向上像素点的坐标，必须满足下面的条件

$$\sqrt{(x_n - x_i)^2 + (y_n - y_i)^2} < 搜索范围$$

$$y_n = \frac{(y_i - C_y) H_x^2}{(x_i - C_x) H_y^2}(x_n - x_i) + y_i$$

第一个式子限制沿着在法线一定范围内搜索，这样能够避免被吸引到其他梯度很大的像素点上去。第二个式子为点 (x_j, y_j) 处的法线方程，其中 (C_x, C_y) 代表椭圆的中心，(H_x, H_y) 代表椭圆的短半轴和长半轴。与构建颜色似然相似，人脸轮廓梯度观测似然函数为

$$p(Z_g \mid X) = \frac{1}{\sqrt{2\pi}\sigma_g} \exp\left[-\frac{1/G^2(X)}{2\sigma_g^2}\right]$$

式中：σ_g 为轮廓梯度高斯方差。

（3）增量 PCA 模型。由于直接使用颜色密度值进行建模的数据量比较大，下面通过使用主成分分析（PCA）训练一个线性子空间模型 $M = (m, \mu, B)$ 来描述人脸颜色特征，其中 m 表示子空间均值，μ 表示模型在子空间的特征值，而 B 中的每一列表示一个特征基向量。

离线训练使用了真实环境中的图像，包含大量不同姿态、各种光照条件下的人脸样本。通常，基于不同的人脸姿态把样本分为五类：左侧面、左侧 45°、正面、右侧 45°、右侧面。每一类都训练一个（PCA）子空间特征模型，构成离线多视角模型

$$M_C = \{(m_i, \mu_i, B_i)\}_{i=pose}, pose = 0, 1, \cdots, 4$$

对于图像序列 $\{I_1, \cdots, I_N\}$，可以通过对数据协方差矩阵 $\frac{1}{n-1} \sum_{i=1}^{n} (I_i - \bar{I})(I_i - \bar{I})^T$ 求特征值和特征向量，其中 $\bar{I} = \frac{1}{n} \sum_{i=1}^{n} I_i$，也可以通过对数据中心差矩阵进行奇异值分解（SVD）来求得。图 11.28 表示实验视频中一种离线模型的人脸均值图像，图 11.29 表示其特征基向量。

图 11.28　人脸均值图像

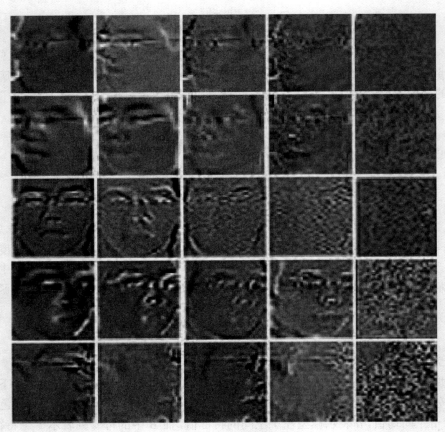

图 11.29　人脸特征基向量图

（4）多视觉特征模型融合方法。多视觉特征模型的融合跟踪能显著提高视觉跟踪性能。在计算机视觉领域已经提出了不少多视觉特征融合算法，例如加权视觉特征融合策略，即将颜色和轮廓梯度信息进行加权，定义式为

$$p(Z \mid X) = \sum_{i=1}^{N} \omega_i p(Z_i \mid X)$$

式中：ω_i 是表示第 i 个特征模型所占的权重，通常是一个经验值，在不同的视频场景中可能需要不同权重的特征模型进行融合，$p(Z_i \mid X)$ 表示第 i 个特征模型。

3）自适应人脸跟踪粒子滤波框架

粒子滤波跟踪算法是一种常用的目标跟踪算法。为了提高算法的实时性和稳定性，使该算法能够更好地适用于人脸跟踪，可采用下面介绍的新的粒子滤波跟踪框架，使用自适应粒子采样并巧妙地把多视角人脸模型融合到粒子滤波跟踪框架中。

（1）多视角模型在粒子滤波框架下的融合。该粒子滤波框架下使用 5 个不同的子空间模型 $M=\{(m_i,\ \mu_i,\ B_i)\}_{i=1,2,3,4,5}$ 进行跟踪，采用多视角模型可以极大地提高旋转人脸的跟踪效果。基于采样粒子滤波的核心部分就是如何计算 t 时刻粒子在状态 x_t^j 下的权重 w_t^j，定义 w_t^j 为事件 F_t 发生的概率，有

$$w_t^j = p(F_t \mid x_t^j) \propto \exp(-E_t^j / \delta^2)$$

其中，j 表示第 j 个粒子，定义第 j 个粒子的能量函数 E_t^j 等于第 j 个粒子图像 $I_t = w(x_t, F_t)$ 与多视角子空间模型 $M_i = \{(m_i, \mu_i, B_i)\}_{i=1,2,3,4,5}$ 的距离 $d(I_t^j)$，并取最小的一个单视角模型距离为最终距离。把粒子能量函数定义为图像与多视角模型的距离，这样多视角模型便巧妙地融合进入了粒子滤波算法框架中。

（2）模型距离度量函数。多视角模型融合必须使用模型的距离度量函数。距离度量函数刻画了目标模板与候选目标之间的相似度，直接影响粒子滤波跟踪的效率和精度。它包括直方图模型和增量 PCA 模型两种。

直示图模型中，目标模板和候选区域间的相似性度量采用 Bhattacharyya 系数度量。候选目标 X 与目标模板 X_0 的核函数颜色直方图的 Bhattacharyya 系数定义为

$$\rho[p^{(u)}, q^{(u)}] = \sum_{u=1}^{B} p^{(u)} q^{(u)}$$

ρ 越大，两个区域的核函数颜色直方图越相似。对于两个一样的归一化直方图，用上式可以得到值 $\rho = 1$，说明这两个区域完全匹配。Bhattacharyya 系数是一种 Divergence 型的量度，它有着明显的几何意义，即它是两个 m 维向量 $(\sqrt{q_1}, \cdots, \sqrt{q_m})$ 和 $(\sqrt{p_1}, \cdots, \sqrt{p_m})$ 夹角的余弦。

上式具有以下几个方面的性质。

① 具有度量性质。

② 具有明显的几何意义。

③ 是一种离散概率密度形式，因此对目标的尺度变化不敏感（依量化程度决定）。

④ 对各种概率分布都有效，因此优于 Fisher 线性准则。后者只有在分布可以用均值区分的时候才会有好的结果。

从这个式子进一步可以得到候选目标 X 与目标模板 X_0 的相似性度量函数，可定义为

$$D(p, q) = \sqrt{1 - \rho^{\left[p^{(u)}, q^{(u)}\right]}}$$

根据前面相似性度量函数的定义，可以将目标的观测概率分布定义为

$$p(Z \mid X) = \frac{1}{\sqrt{2\pi}\delta_c} \exp\left[-D^2(p, q) / 2\delta_c^2\right]$$

式中：δ_c 为颜色信息高斯分布的方差。显然，相似性度量越小，样本越可靠，样本的观测概率越大。

增量 PCA 使用模型重构误差来表示距离。即

$$E_t^j = d(I_t^j, M) = \min_{i=1,\cdots,5} d[I_t^j, (m_i, \mu_i, B_i)] = \left\| (I_t^j - \mu_i) - B_i B_i^T (I_t^j - \mu_i) \right\|^2$$

3. 人脸识别

现实多数条件下，由于监控系统采集设备本身硬件条件的限制，加上外界环境如光照、散焦模糊、运动模糊等的干扰，而且监控视频中人的运动具有异常不确定性，往往难以取得非常清晰的人脸进行识别。所以如何选择一个最佳的正面人脸进行识别是监控人脸识别系统

的关键。通过使用 4 种不同的方法来提取最佳正面人脸的实验表明，基于支持向量机（SVM）分类选取的人脸具有最佳的正面人脸选取效果以及最高的人脸识别率。

1）基于小波域的图像评价算法

图像是否清晰在频域是由其高频分量决定的，而高频分量越丰富，经过频域变换后其值越大。通过一定的预处理，可以使频域变换值与清晰度成正比关系，以此来评价图像的质量。同样在人脸识别系统中也可以使用该方法评价较好的人脸图像，以此来选择最好的方法进行人脸识别图像。二维小波具有可分离性、尺度不变性和平移性。

由于人脸的运动模糊主要来自头的水平转动和垂直转动，对角分量显得不是那么重要。因此，在不降低质量的情况下可以减少对角分量的计算量来提高计算速度。使用图 11.30 中的人脸序列，采用快速傅立叶变换（fast Fourier transform，FFT）和小波变换（wavelet transform，WT）的方法进行计算的结果如表 11.6 所示。通过对比图表可以明显地看出，越清晰的人脸，其高频分量的强度总和越大。第五幅图片最清晰，所以其高频分量的强度总和最大。

图 11.30　人脸图像序列

表 11.6　各种变换的高频分量的强度总和

人脸序号	1	2	3	4	5
FFT 方法	960.3	1 058.3	1 351.6	1 897.9	2 016.4
WT 方法	198.2	226.8	295.7	890.3	1 118.9

2）基于 SVM 的最佳正面人脸分类算法

人脸检测的过程中可能会遇到一些不太标准的人脸图像样本。在做人脸识别前，需要对检测结果进行分类，以选取合适的人脸图像。这就需要一个能够区分出分割较好和较差的人脸分类器，例如，可以用支持向量机来训练一个最佳人脸分类器。支持向量机将向量映射到一个更高维的空间里，在这个空间里建立有一个最大间隔超平面，在分开数据的超平面的两边建有两个互相平行的超平面，分隔超平面使两个平行超平面的距离最大化。假定平行超平面间的距离或差距越大，分类器的总误差越小。

4. 多任务决策融合编程架构

监控系统的高实时要求，使得人脸识别系统必须能够快速准确地实现所有上面所提到的算法，才能实现有意义的监控人脸识别。这里使用了多线程多任务决策的编程架构，并实现了所有算法的模块集成化。这样的编程设计不但能够提高算法效率，而且还增强了算法的可重用性和系统的用户亲和度。图 11.31 显示了具体的系统数据流程图。

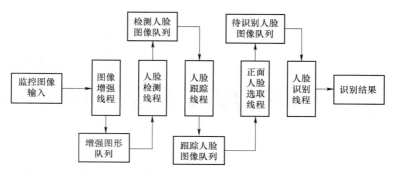

图 11.31　监控人脸识别系统数据流程的多任务决策融合编程架构

第 3 篇　大数据与人工智能的综合应用

在前两篇的基础讨论后，我们对大数据与人工智能有了一定的认识，接下来的章节介绍大数据与人工智能的综合应用。本篇中我们可以了解到云计算、大数据与人工智能这三个在信息时代时常听到的专业术语，以及它们之间的关系。

接下来讨论基于大数据的人工智能的应用，内容涉及大数据的相关实际应用如推测天气以及 Google 的猫脸识别等。然后介绍大数据在智能交通中的应用及科学使用方法。最后初步探讨机器学习的相关算法，如聚类、分类和决策树等。

第 12 章　云计算、大数据与人工智能

如今的信息社会时常听到这三个名词，并且一般谈云计算的时候会提到大数据，谈大数据的时候则会提到人工智能，谈人工智能的时候又会提到云计算……三者之间相辅相成又不可分割。为了更好地理解大数据与人工智能，有必要了解云计算、大数据与人工智能之间的关系。

12.1　云计算的概念

什么是云计算？在云计算领域，客户以实用程序式弹性服务的形式使用云服务商提供的 IT 资源，而无须投资于构建和维护数据中心。这些服务包括存储、计算、网络、数据处理和分析、应用开发、机器学习，甚至是全托管式服务。过去，云计算被视作是初创公司以及富有远见卓识的企业用户所热衷的领域。而如今，它已成为一种主流的企业计算技术，广泛应用于各行业领域各种规模和类型的组织中。

云计算有哪些优势？总体而言，云计算对企业创新和企业经济效益具有深远的影响。它让那些具有前瞻性的组织不仅有机会提高灵活性，降低成本并专心发展核心竞争力，还有机会全面转变运营方式，例如重新设计内部工作流或客户互动方式，打造从数据中心到移动设备全程数字化的体验。

具体来说，云计算的商业优势包括：客户可以按随用随付的模式购买和使用资源，并可根据需要增减资源，以实现最佳利用率。可将资本费用转变为运营费用。云客户可以专注于快速创新，同时可省却硬件采购费用和基础架构管理费用并避免相关复杂工作。由于无须在个人设备上安装、配置和升级软件，并可随时随地访问服务，因此最终用户的工作效率可能会得到提升。利用每层都可定制的"垂直集成"栈，客户有望提升基础架构的功能、性能、可靠性和安全性，而应用现成组件构建的本地部署却无法实现这一点。

云计算是否与现有基础架构兼容？尽管有些公司在进行全面数字化转型期间会将整个基础架构直接原样迁移到云端，但大多数公司都会采取渐进式迁移方式，即先过渡到混合环境。因此，除了利用开放式框架和 API 帮助客户将应用移植到其他平台（无论是本地平台还是云端平台）外，云服务商还支持通过标准连接器和接口与本地系统集成。

适合在最初进行云端迁移的用例有哪些？对于采用渐进式方式迁移到云端的组织，下面的用例可为他们提供良好契机，助其取得初步成效。灾难恢复（DR）：维护数据中心冗余可能费用不菲。如果将冗余数据存储在公有云上，同时使用专业工具管理灾难恢复流程，可能更为经济高效。开发和测试环境：同样，如果使用公有云基础架构（而不是复制本地资源）进行测试/开发，可以节省大笔投资资金。托管式服务：现在，在将整个基础架构完全迁移到

云端之前，客户可以使用协作应用（如 G Suite）、数据分析服务（如 Google BigQuery），乃至机器学习工具（如 Google Cloud ML Engine）等作为本地系统的补充。数据归档：公有云可以提供经济高效的海量数据存储空间。专业的计算密集型工作负载：如果仅在偶尔/临时情况下需要运用大规模的计算能力，那么云技术是一种较为经济的方案。确定用例后，客户还必须确定首选的存储方法，进行成本建模，并决定是以自助方式还是在供应商的帮助下迁移数据。

云计算的下一个趋势是什么？最初，云计算是以能够用更灵活、更经济高效的方式运行 IT 基础架构为目标。但云计算的下一个趋势却是，帮助客户彻底忘掉基础架构的存在（又称"无服务器"计算），让其抛开重重束缚，全面实施数字业务转型。

12.2　云计算、物联网、大数据与人工智能的融合

大数据与人工智能的基本概念在之前的章节已有所叙述，本节重点不在谈论单独的概念，而在它们之间的融合与联系。随着新技术不断推动企业和工作场所的数字化转型，我们需要意识到其发生的方式。一段时间以来，一些定义时代的技术（例如大数据、人工智能、物联网和云计算）在改变企业和品牌方面起了带头作用。无论是对于移动应用程序开发公司还是对于企业软件开发人员，这些技术都不再只是复杂的选择，而是已成为必不可少的选择。这些技术的融合为顶级移动应用程序开发公司带来了广阔的机遇。

大数据、人工智能、物联网和云计算是不同的技术，并且每一项都是以独立的方式出现和发展的。但是近年来，它们之间相互依存，不断发展，并为创新，为提高效率和生产力带来了新的可能性。大数据指的是存储和分析指数级增长的数字数据以提供有用见解的科学，而越来越多的共享大量数据的连接设备和传感器正在为数字数据的增长做出巨大贡献。一方面，云计算可随时随地通过云服务器访问数据来帮助利用大数据进行分析，这意味着采用云计算对于公司从物联网数据中获取见解是必要的。另一方面，人工智能在连接的设备生态系统中继续扮演重要角色，并允许机器根据数据驱动的用户见解执行某些任务。因此，这些技术之间的所谓分界线变得越来越模糊，并开辟了前所未有的可能性。人工智能、大数据、物联网和云计算的融合将以前所未有的方式改变企业的 IT 和业务应用程序。

这些技术的融合在某些行业中发挥着越来越重要的作用。在这些行业中，更快的处理速度和更高的生产率会直接影响收入和业务增长。工业环境中的应用可以最好地解释这些技术对自动化的影响。大数据和云存储正在帮助组织合并处理数据并确保更高的效率和生产力。从物料使用数据到实时库存数据共享，大数据分析和云计算正在为工业数据提供设备相关见解以优化流程。机器人技术、互联机器、设备和数据分析的共同使用为在工业过程中推动自动化进程创造了广阔的空间。这些技术经过调整可在现代工业环境中相互协作，以前所未有的方式帮助提高生产力和业务产出。

探索这些技术之间的联系，对于大多数行业和企业环境至关重要。这些技术可以协同工作或以协调的方式工作，以推动业务流程中的创新和自动化。

物联网是一种有前途的技术，它基于设备到设备的连接，可以简化机器之间以及机器与

人之间的操作。随着物联网设备通过洞察用户产生大量的数字数据，通过云平台的大数据分析引擎正在访问该数据以产生相关且有用的消费者洞察内容。人工智能通过模仿人类的推理能力，使机器能够像人类一样进行行为和交互。装载了基于 AI 算法的互联物联网设备越来越多地发现这种由 AI 驱动的设计对促进设备的自动化和简化功能很有用。

　　快速发展的人工智能对于物联网而言，是解锁其巨大潜力的钥匙。人工智能与物联网结合后，物联网的发展不可限量。物联网负责互联设备间数据的收集及共享，人工智能将数据提取后进行分析和总结，促使互联设备间更好地协同工作。在物联网应用中，人工智能技术在某种程度上可以帮助互联设备应对突发情况。当设备检测到异常情况时，人工智能技术会为它做出如何采取措施的进一步选择，这样大大提高了处理突发事件的准确度，真正发挥互联网时代的智能优势。人工智能通过分析、总结数据信息，解读企业服务生产的发展趋势并对未来事件做出预测。例如，利用人工智能监测工厂设备零件的使用情况，从数据分析中发现可能出现问题的概率，并做出预警提醒，可以从很大程度上减少故障影响，提高运营效率。人工智能与物联网的结合能够很好地改善当前的技术生态环境，物联网的未来就是人工智能，物联网及人工智能的强大结合将带给社会巨大的改变。

　　已有领域显示了这种融合的新趋势。在数据管理方面，基于人工智能和机器学习等预测技术的智能数据系统的利用正在产生新的数据基础架构，呈指数增长的大数据在基于云的分析平台中找到了其天然盟友。因此，Hadoop 已成为大数据的基于云的分析平台。在云基础架构方面，Amazon Web Services（AWS）或 Microsoft Azure 等高度可扩展的云计算平台的出现，催生了诸如 Docker 和 Kubernetes 之类的新容器技术。分析即服务（AaaS）模型也随之出现。对于开发人员、技术向导和业务 IT 专家而言，所有这些技术似乎都具有数据驱动自动化的真正希望。在未来的几年中，这些技术的融合将进一步为技术创新开辟新的领域。

第 13 章　基于大数据的人工智能应用

本章介绍大数据与人工智能在生活中的实际应用，如从全国天气推测局部地区的天气、Google 的猫脸识别的实现等。同时预测一下未来人工智能的发展趋势，以了解人工智能在当今社会的作用及发展状况。

13.1　自动编码器

自动编码器是输入与输出相同的深度学习，是多层结构的神经网络。它是人工智能模型的基础结构，是早期的神经网络。人的大脑在结构上是由很多层次重叠组成的。从神经网络研究初期开始，人们便尝试去制作多层次的神经网络：既然三层结构的神经网络运作起来没有问题，那么做成四层、五层效果应该更好才是。实际上，如果隐层神经元的数量固定，那么重叠层数越多自由度就越高，另外，神经网络所能表示函数的种类也随着层数重叠的增加而增多。因此，无论怎样努力都没能取得进展，实际运行的精确度总是难以提高。如果层级太多，误差反向传播就无法抵达下面的层级。根据上级判断的正确与否来加强或减弱与下级的关系，以此来进行修正和改进，误差反向传播就是将这项工作沿着层级顺序往下进行。但是如果单位的层级过多，那么顶层上级判断的正确与否，等传递到末端的基层时，其影响已经接近于零。然而深度学习实现了这种多层次的神经网络。它与以前的机器学习相比有两个较大的不同点：一是需要一层一层地逐层学习；二是它使用一种被称为"自动编码器"（auto encoder）的算法。

自动编码器所执行的处理稍微有些与众不同。在制作神经网络的时候，必须要有提供正解数据让计算机学习的学习阶段。例如，导入一个手写数字"3"的图像，然后将"3"作为正解数据提供给计算机。然而，自动编码器却需要将"输出"和"输入"做成相同的数据。如图 13.1 所示，输入"手写数字 3"的图像，然后确认输出的正解也必须是同样的"手写数字 3"的图像。与之前"输入'手写数字 3'的图像并告诉它这是 3"的做法不同，这次我们是输入"手写数字 3"的图像，然后教它答案也是同样的"手写数字 3"的图像。从常规思维来看，这好像是在做无用功。在深度学习尚未实现之前，实业家杰夫·霍金斯（Jeff Hawkins）先生在其著作《人工智能的未来》里面就已经预测到了这种方式。他在文中写道，自动编码器"就好比去蔬菜商店买新香蕉时用旧香蕉来进行支付"，或者"去银行用褶皱破旧的 100 美元钞票换回 100 美元的新钞票"。

为了更好地理解这个问题，需要先掌握"信息量"的概念。

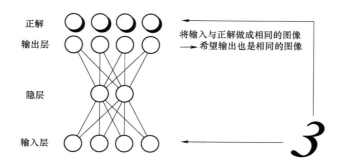

图 13.1　三层神经网络结构图

13.2　如何从全国天气推测局部地区天气

为了更加明白易懂，我们暂时抛开图像的话题，来看一个日本全国天气的例子。"今天的天气是这样的：北海道晴、青森多云……鹿儿岛雨、冲绳雨。"假设这段话里包括了日本全国 47 个都道府县的天气信息。下面我们用它来做个游戏。

游戏规则：以两人一组为单位进行信息传递比赛。在每组里面有一个人被告知某一天日本全国 47 个都道府县的天气（晴、多云或雨）。此人只能通过传递书信的方式将信息告诉同伴，而且只能告诉他全国之中任意 10 个区域的天气。同伴则需要根据这 10 个地方的天气来推测全国所有 47 个都道府县的天气。怎样才能在这个游戏中获胜呢？首先，让我们简单地从最北边开始按顺序选取 10 个地方吧。依照从小到大的逻辑关系顺序，逐渐对特征进行抽取，从而选定与天气预测相关的重要特征。

特征表示一：（北海道，青森，岩手，宫城，秋田，山形，福岛，茨城，栃木，群马）。例如，我们可以将这 10 个地方的天气按照（晴，晴，晴，晴，晴，晴，多云，雨，多云，多云）这个形式来进行传递。因为要表示成数字，所以就按照晴 2 分、多云 1 分、雨 0 分来表示。即：特征表示一：（北海道，青森，岩手，宫城，秋田，山形，福岛，茨城，栃木，群马）=（2，2，2，2，2，2，1，0，1，1）。把它写在书信上传递给同伴。同伴看到书信后，就根据收到的这些地方的天气去预测全国 47 个都道府县的天气。按照这个"特征表示一"来推测，即使日本北部的天气能够很准确地得到再现，但是中部或者西部的天气肯定与正确答案相差甚远。有没有更好的办法呢？其实可以这样去思考。某个县如果是晴天，那么与它相邻的县估计也应该是晴天，某县下雨那么其邻县下雨的概率也较高。东京如果是晴，那么千叶大概也是晴天。如果秋田下雨那么山形估计也会下雨。因此，把两个地方同时进行传递势必造成很大的浪费。也就是说，某个地点与另一个地点之间，肯定应该有一种"天气在多大程度上相似"的倾向或者趋势。所以我们应该巧妙地利用这种特性来选取这 10 个地方。

特征表示二：（北海道，岩手，新潟，东京，大阪，岛根，高知，长崎，宫崎，冲绳）。与"特征表示一"相比，"特征表示二"选取了 10 个地理位置较为典型的都道府县，应该能够以相当高的概率预测出全国 47 个都道府县的天气。换言之，即可以说在表示日本全国天气的时候，较之"特征表示一"，"特征表示二"是更好的表达方式，因为它对天气信息进行了"更为有效的信息压缩和特征提取"。还有没有更好的传递方式呢？不是选取 10 个都道府县，而是自己随机划分区域效果又如何呢？例如，把东京与神奈川、埼玉、茨城等集中在一起，将其天气取平均值，作为关东地区的天气，把它当成一个地方来考虑，这样传递是否更加准确呢？按照这个思路，或许可以做成以下的特征表示方式。

特征表示三：（全国，北海道，东北，关东，关西，四国，九州，日本海沿岸，太平洋沿岸，冲绳）。这种情况可以按照下述方法来进行计算。日本全国的天气为 47 个都道府县天气的平均值。东北的天气为东北地区各县天气的平均值，九州是九州各县的平均值。按照晴天为 2 分、多云 1 分、雨天 0 分去计算各地点的平均分数就可以了。其结果，例如某日的天气就可以表示如下。特征表示三：（全国，北海道，东北，关东，关西，四国，九州，日本海沿岸，太平洋沿岸，冲绳）=（1.8，1.0，2.0，1.5，1.2，0.8，1.1，0.3，1.5，0.0）。另一位同伴需要从这些信息里面找出各县的天气时，就把每个县所属类别的值加总取平均值即可。例如，假设要求香川县的天气值，它属于全国和四国，因此就把全国 1.8 与四国 0.8 相加再取其平均，即为 1.3。四舍五入后为 1，由此预测其天气为多云。实际上，"特征表示三"比"特征表示二"更能够准确地传递日本全部地方的天气。计算机通过分析数据之间的相关性，能够自动地找出"特征表示三"类似的特征。也就是说，即使它不知道"东北""关东"这类划分方法，但从天气相关性较高的特征出发，也能够随机发现其地理上的划分和归类。这样，它就能够自动找出其中最为恰当的特征表示。用更为专业的语言来讲，就是当在各县天气之间存在"信息量"的时候，计算机就会利用它。某县的天气为晴天，当它对其他县的天气有一定的影响时，就称这里面"存在信息量"。计算机通过观察全国 47 个都道府县的天气数据，能够随意地生成"东北地区""日本海沿岸"这类概念。此时的关键是"如何能够用较少的信息把天气情况进行传递并准确地再现出来"。

13.3　手写文字中的"信息量"

把输入与输出做成相同的内容，这样在隐层里面就会自动生成表示该图像特征的信息。就像自动生成"东北地区""日本海沿岸"一样，能够生成恰当的特征表示。为了使输出能够尽可能地接近最初的输入（用专业术语来讲就是要使"还原错误"最小），需要对权值进行修正。用前面天气的例子来讲，就相当于希望从原来 47 个地方的天气信息中，通过仅传递 10 个区域的天气信息，来提高 47 个地方天气的正解率。那么，怎样才能让输出与输入能够尽可能地接近呢？其实只要使用"信息量"就可以做到。例如，某个像素为黑色的时候，假设它旁边的像素也一定是黑色，那么把这两个像素归纳起来处理就可以了。也就是说，不是把这两个像素作为分别的数字来传递给隐层，而是"将这两个数字归纳起来，看其是黑色还是白色"，传递给隐层就行。这与关东地方所有县的天气都很相似所以需要把它们归纳合并处理，是同一个道理。把哪些地方归纳合并处理对结果（输出）不会产生影响，或者反过来，哪些地方归纳合并处理后会出现有较大差异的结果（输出），计算机需要去不断地尝试，进行自学习。也就是说，它需要找到合适的特征表示，以使"还原错误"达到最小。只需要反复不停地重复同一图像的编码（压缩）和解码（还原重构），在这个过程中不断学习如何能够有效地通过较少的信息量来进行还原即可。而且，当确认答案取得了很好的成绩时，隐层里面所产生的内容即为良好的特征表示。自动编码器所做的工作，与在问卷调查结果分析中常用的"主成分分析"是同一原理。主成分分析是将多个变量缩减成较少个数的无相关合成变量的方法，它在营销领域经常用到。实际上，如果运用线性加权函数，把最小二乘误差作为还原错误的函数，则该方法与主成分分析是一致的。在运用自动编码器的时候，如后文所述，可以通过加入各种形式的噪声，以便能够提取出具有鲁棒性的主成分。这个工作可以进行"深层"即多层次操作，其结果便能够提取出主成分分析所无法提取出的高层特征量。

13.4　多层架构深层挖掘

在深度学习里面，这个作业还需要一段一段地往上重叠。把第一段的隐层作为第二段的输入（及正解数据），让计算机去学习。图 13.2 就是这项作业的示意图。

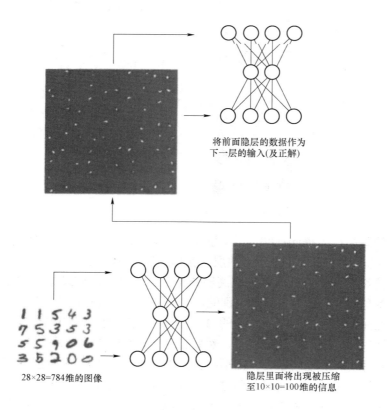

将前面隐层的数据作为
下一层的输入(及正解)

11543
75353
55906
35200
28×28=784维的图像

隐层里面将出现被压缩
至10×10=100维的信息

图 13.2　图像的处理过程

第一段为 784 维的输入和 100 维的隐层，向第二段的输入和之前隐层的数量相同，也是 100 维的数据。把这个 100 维的数据同样进行输入。假设第二段隐层为 20 个（节点），就需要把输入层的 100 维的数据暂时压缩至 20 个，然后再重新还原至 100 维的节点。第二段的隐层里面，将出现从第一段隐层得来后并经过进一步组合的内容，因此能够获取更高层的特征量（如果还原至原来输入图像的维度，则会出现更为抽象化的图像）。然后再将其作为第三段的输入（及正解数据）来运用，得到的隐层再作为第四段的输入。同样的步骤，一次次地重复下去，由此形成多层结构。图 13.3 就是这个多层深度学习机理的示意图。

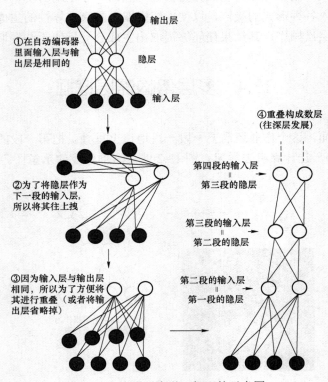

①在自动编码器里面输入层与输出层是相同的

②为了将隐层作为下一段的输入层，所以将其往上拽

③因为输入层与输出层相同，所以为了方便将其进行重叠（或者将输出层省略掉）

④重叠构成数层（往深层发展）

第四段的输入层＝第三段的隐层

第三段的输入层＝第二段的隐层

第二段的输入层＝第一段的隐层

图 13.3　多层深度学习机理的示意图

　　把正中间的隐层往上提起（②），因为输入层和输出层是相同的，所以为了方便索性将二者重叠起来（③），把它们重叠至无数层，就形成像④那样的塔形。在最下层输入的图像，随着上升抽象度逐渐增加，结果就生成高层的特征量。这样，如果是"3"的话就逐渐接近"3"这个数字本身的概念。导入的是个别的、具体的、各式各样的"手写数字 3"，但是经过四五次抽象化之后，出现的则是"典型的 3"。无疑，这就是"3 的概念"。一旦计算机能够抓住"典型的 3""典型的 5"这些概念，然后告诉它这个叫"3"、那个叫"5"，只需要把概念的名称教给它即可。有监督学习只需要很少量的样本就可以实现。通过把具有相关性的东西聚合成组来提取特征量，进而再利用这些特征量提取更高层的特征量，然后再提取出用这些高层特征量表示的概念。人类在平常漫无目的地观赏风景的时候，其实在大脑里面也在进行着如此宏大的处理作业。刚刚出生的婴儿对于通过眼睛或者耳朵等获取的信息洪流，应该也是在以惊人的速度不停地进行"运算"：哪个与哪个是相关的？哪个又是独立的成分？从信息洪流之中，通过预测然后再确认答案，反反复复进行这种操作从而发现各种各样的特征

量；之后不久就会发现"妈妈"这个概念，进而发现周围的各种"事物"，并学习它们之间的关系。就这样，他（她）将一点点地去对这个世界进行学习。

13.5　Google 的猫脸识别

图 13.4 是 Google 的研究人员在 2012 年发表的"猫脸识别"研究的示意图，它也是人工智能领域的一个著名的研究成果。

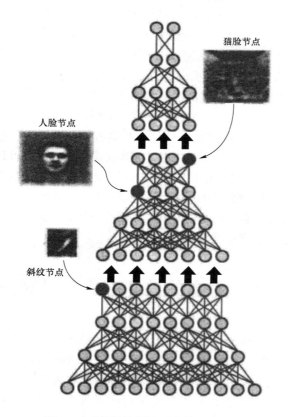

图 13.4　"猫脸识别"研究的示意图

这次不是输入手写文字，而是从 YouTube 的视频中提取了 1 000 万张图像，并将其输入计算机。因为这是处理一般的图像，所以肯定要比手写文字麻烦得多。所使用的神经网络规模也更为巨大。在下面的层级里，计算机还只能识别像点和边线等图像里面常见的"简单图案"，但是慢慢往上走，便能识别出圆形或者三角形等形状。然后，作为这些图形的组合，圆形（脸）的中间有两个点（眼睛），两点中间还有一根竖线条（鼻子），像这样，逐渐能够得到由复杂图形部件组合而成的特征量。其结果是，在上面层级里面，便出现了类似"人脸"的东西或者类似"猫脸"的东西。也就是说，将从 YouTube 提取的大量图像提供给计算机，让其进行深度学习，它就能够提取特征量，自动地获取"人脸"或者"猫脸"等概念。等计算

247

机已经能够靠自身能力生成概念（被表示的事物），在这个阶段我们只需告诉它"这个是人""那个是猫"，配上符号表示（名称），计算机就可以学会和掌握作为"名称和含义结合体"的符号了。到了这一步，只要计算机看见人或者猫的图像，它就可以判断出"这个是人""那个是猫"了。只不过，因为需要处理 1 000 万张图像，这项研究使用的是神经元之间的连接数多达 100 亿个的巨型神经网络，需用 1 000 台电脑（16 000 个处理器）连续运行三天。计算量可谓相当庞大。补充一点，从数据里面找出并生成概念，这本来是不需要"教师数据"的无监督学习。深度学习在进行这个无监督学习的时候，采用的却是有监督学习的方法。自动编码器在本来应由教师提供正解的地方输入原来的数据，以此对输入数据本身进行预测。然后再生成各种各样的特征量。这是通过有监督学习的方式在进行无监督学习。然而，当使用由此获取的特征量进行最后分类的时候，即把"持有这种特征量的是猫""那个是狗"这种正解标记提供给计算机的时候，用的是有监督学习。即通过"采用有监督学习方法的无监督学习"来生成特征量，在最后要分类时又是"有监督学习"。也许有人认为，最后反正也是有监督学习，这样的话进行深度学习也没有太大意义。然而这个差别是非常大的。例如，如果通过深度学习从天气信息里面已经形成了"日本海沿岸"的概念，那么只需要教给它"岛根、鸟取、福井、石川、富山、新潟、山形、秋田等县叫作'日本海沿岸'"，它就立刻能明白："这一片地方可以叫作'日本海沿岸'。"但是，如果没有形成这个概念的话，对于"岛根、兵库"等含义模糊的词，学习起来就相当费劲。而计算机对"山阴包括岛根、鸟取，有时山口县北部、京都北部也包含在内"这样的信息马上就能理解。对计算机来讲，"教师数据"的必要性是非同一般的。如果事先掌握了这个世界上相关事物之间的相关性，那么对现实问题的学习就能掌握得很快。因为如果有相关性，就预示着在其背后一定隐藏着某种相应的现实性结构。

13.6 飞速发展的关键——鲁棒性

在数据的基础上应该选取什么作为特征表示，这是之前最难解决的难点。深度学习为解决这个难题提供了一线曙光，从这个意义来讲，它包含着推动人工智能产生飞跃发展的可能性。但是实际上，深度学习所做的事情，也只不过是将主成分分析进行非线性化变成多层结构而已。也就是说，它只是从数据中发现特征量或者概念，然后使用这个聚合块再去发现更大的聚合块，仅此而已。这只是非常单纯和朴素的想法。

其实，跟深度学习这种思路非常接近的想法早已有之。早在 20 世纪 80 年代，当时在NHK 的研究所工作的福岛邦彦（后为大阪大学教授）就率先开始了神经认知机（neocognitron，也叫新认知机）的研究。20 世纪 90 年代，产业技术综合研究所的野田五十树、DWANGO人工智能研究所所长山川宏也在思考同样的问题，并一直尝试着用各种方法去解决这个问题。前述的杰夫·霍金斯甚至在硅谷设立了"红木理论神经科学中心"（redwood center for theoretical neuroscience，现归于加利福尼亚大学伯克利分校之下）。尽管大家都认为"绞尽脑汁也只有这种方法"，然而却迟迟未能取得进展。终于，2006 年多伦多大学的欣顿对此进行了实证研究（在其前后用同样思路取得成果的研究也有很多，实际上，使用无监督学习的数据来提高有监督学习的精确度这种想法本身早已有之），2012 年又在竞赛中获得压倒性的胜利，这才引起了关注，让人们了解到它的惊人之处。此后，才出现了投资热潮及对之期望值的高涨。至此大家终于明白，当初的想法并没有错，只是做法不对。

实际上，提取这种特征量或者概念需要相当长时间的"打造和提炼"过程。即像打铁一样，需要通过无数次的煅烧和锤炼使其变得坚韧。只有这样，才能使所获取的特征量或者概念具有"鲁棒性"（也称为"健壮性"）。怎样才能做到呢？看起来似乎有些矛盾，其实是需要在输入信号里面加入"噪声"。通过反复加入噪声后获取的概念，就不会因为一点风吹草动就摇摆不定。再回到刚才那个分析日本全国天气的例子，也许可能会出现某县的天气与其他县的天气偶然性地连续几天都很一致的情况。其结果，仅仅因为偶然的一致，就会产生"这两个县的天气很相似"的判断。因此，需要往里面加入噪声，将某地的天气稍微调整一下。例如，把晴天调成多云，把多云调成晴天或者雨天，把雨天调成多云。也可以使用摇骰子的方法，比如摇到偶数就调整，等等。这样做的结果，就能够生成与原来"略有不同"的天气数据。把这个天气数据与原来的天气数据作为同样的数据来进行处理。假设原本有 100 天的天气数据，这样，加入噪声后就又生成了 100 份天气数据。因为噪声的添加是任意性的，所以如果添加两次的话就能生成两次都不相同的天气数据。因此，可以反复添加，比如添加 10 次，或者 100 次。反复添加 100 次的话，原来的 100 份天气数据就可以被置换为 1 万份天气数据。这 1 万份天气数据，其实就是"也许与实际情况略有不同的过去"。某地的天气，也许在另一个世界里不是晴天而是多云。某地下雨致使运动会暂时被取消或者延期，但因为受了点影响，也有可能天气变成多云而勉强得以举办。通过生成大量的这种"也许略有不同的过去"的数据，人为地增加数据的数量。这样做的结果是，"某地与其他地点天气出现偶然性一致"的情况便不会发生了。因为计算时包括了也许略有不同的过去，所以不会出现"偶尔一致"的情况。如果的确一致，那么必定有其原因。通过制作大量的这种"也许略有不同的过去"的数据，并使用它们来进行学习，深度学习就能发现"绝对不会出错"的特征量。而且，正因为这些是"绝对不会出错"的特征量，所以还能够进而发现"利用这些特征量生成的更高层特征量"。

使用这种"略微不同的过去"之所以能解决问题，得益于每一个抽象化作业都非常牢固可靠，第二段、第三段往上重叠时也能发挥很好的效果。这就好像建造房子一样，如果第一层就摇摇晃晃，那么接着往上建第二层、第三层是不现实的。要建二层或者三层的楼房，无论如何，第一层必须要建得稳固结实。另外，要获取这种不会因为有点风吹草动就摇摆不定的鲁棒性，实际上必须有非常强大的计算能力。例如，用于手写文字识别的 28 像素×28 像素的图像，作为图像来讲其尺寸非常小，但仅是每张图像添加数百至数千个噪声，用普通的计算机来计算就得花两天左右。如果希望用分辨率更高的图像来进行训练，那么按照 2015 年机器的性能，需要将好几台服务器的内置 GPU（图像处理单元）连接起来才能使精确度有所提高。Google 的猫脸识别研究使用了 1 000 台服务器，光购置这些设备就需花费 100 万美元。对于 10 年前的计算机来讲，这些任务简直不敢想象。正是因为今天机器性能得到了飞速提高，鲁棒性也终于得到了提升，由此神经网络才能够发展至多层结构，并使得获取高层特征成为可能。

寻找稳健特征量或者概念的方法，不是只有这种加入噪声制作"略微不同的过去"的做法。例如，dropout 方法会让神经网络的一部分神经元停止工作，即让隐层 50%的神经元出现任意性缺损。这就好比是要解决这个问题：在制作的特征表示里面，这次不能使用全国、日本海沿岸、关东、四国、冲绳的数据，在这样的条件下预测 47 个都道府县的天气。这样做的结果会怎样呢？原本在预测东北地区的天气时可以使用"东北"这个项目，但是东北的数据却不能使用。因此，为了能够在一定程度上预测到东北地区的天气，就必须在其他项目上下功夫。如果有太平洋沿岸、日本海沿岸这些项目就会稍微放心一些；或者，为了预防出现日本海沿岸项目不能使用的情况，预先按东北或者北陆等进行分类并掌握其数据也很重要。对特征项目进行最优化处理，以便像这样让某个特征量能够覆盖其他特征量。这样，特征表示就不会出现过度依赖某一个特征量的情况。实际上，过度依赖仅有某一特征量是非常危险的。也就是说，让一部分特征量不能使用，对于发现恰当的特征表示是很有帮助的。除此之外，还有很多专家在研究各种各样的针对神经网络的"严酷环境"。因为如果不使劲"折磨"它，就无法获取存在于数据背后的"本质特征量"。之所以图像识别的精确度不高，就是因为之前没有意识到提高鲁棒性所需的"折磨"作业的重要性（专业说法称为用于正则化的新方法），并且当时的机器性能也无法满足这种操作。科学发现总是如此，一旦被发现了，就觉得其实没什么了不起，其本身常常是非常简单明了的东西。实际上，很多研究人员曾经想到的在自动编码器的基础上对特征量进行多层提取，这个设想本身并没有错。

13.7　有趣的对抗生成网络

2014 年一篇名为"Generative Adversarial Nets"论文的提出，表示了 GAN 网络的正式诞生，并迅速发展成为近两年来最流行最有趣的神经网络。其基本思想是借鉴博弈论中的纳什均衡设计，它最主要的应用是图像的生成，像如今大火的 AI 换脸、图像风格变换等均可以由 GAN 实现。由于可以用来进行图像生成，GAN 也被用在数据增强中扮演数据集的数据提供者的角色。下面通过最易于理解的故事方式解释一下 GAN 的运作原理，故事中不会涉及任何公式，让读者认识这个有趣的网络，并愿意为之付出努力进行研究。

电影《无双》中一条主要的故事线就是在讲述纸币的造假过程，男主画家（电影中的昵称）凭借他对真币的了解，一步一步地生产出逼真的货币，以至于警察最终很难分辨出真币与假币。其实这个故事就是对 GAN 原理的最好表述。其通俗解释如图 13.5 所示。GAN 的结构需要有两部分组成：生成器与判别器。在此将生成器理解为电影中的画家，而判别器理解为电影中的警察。画家刚开始并不知道货币有防伪特征，但是警察因为知道真币的特征所以可以识别真币与假币。画家最初生产了一批假币去进行买卖时，由于假币中没有用到真币中的硫酸纸，警察马上就发现了他们的假币，结果差点被警察抓住。经过这次教训，画家知道了真币要用硫酸纸，于是又生产了一批假币，显然这批假币的质量更高了，但是警察又发现这批假币中没有用变色油墨，所以再次识别出了假币。画家知道后明白了真币必须用变色油墨……经过如此反复的操作，画家制作假币的能力越来越高超，以至于不久后即可以生产出足以骗过警察的假币。

以上就是对《无双》与 GAN 网络的大致叙述。这里总结一下，生成器最初一无所知，所以只能硬着头皮生成图像（刚开始是使用随机噪声），尽管生成器不知道真实图像是什么样子，但是判别器知道真实图像与生成图像的差别，而且会将这个差别反馈给生成器。生成器每次在判别器的带领下一步一步的进步，直至判别器难以识别生成器生成的图片与真实图片的差距，至此达到了整个网络训练的目的，即达到了"纳什均衡"。大多数人愿意称该网络为"对抗生成"，原因就在于生成器与判别器在相互对抗。从数学角度上来讲即是两者在自己的参数空间寻求使得自己损失函数最小的点。从直观上可将对抗生成网络理解为老师与学生的关系，刚开始学生（生成器）一无所知，但在老师（判别器）的带领下，可以一点一点的进步，直至可以达到甚至超过老师的水平。

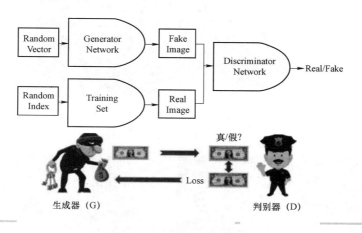

图 13.5　GAN 通俗解释图

单一的模型几乎都是想要在其参数空间中找到使得其损失函数最小的值，而 GAN 则不太一样。它共有两个模型构成，分别是生成器与判别器。两者都想要找到最低点，但事实上一个损失函数的降低就会导致另一个损失函数的上升，这也就是 GAN 存在的最大问题之一：训练不稳定。所以说 GAN 的最终目的并不是让两个模型都达到损失函数最小的状态，而是使两个模型同时收敛即可。这种状态就是纳什均衡，在数学上，判别器对于任意生成器的输出都会给出 0.5 的数值判定（原始判别器中输出 0~1，0 表示假，1 表示真）。如果能达到纳什均衡的理想状态，判别器就难以对生成器生成的图片进行判断了，也就是生成器生成的图片已足够好了。图 13.6、13.7、13.8 为 GAN 网络的实际应用图片。

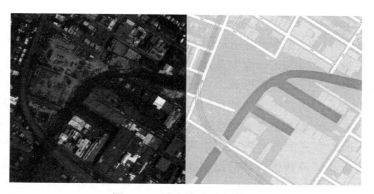

图 13.6　城市道路分割转换

apple→orange

orange→apple

图 13.7　苹果与橘子的转换

图 13.8　猫与狗的转换

13.8　大数据与人工智能的融合带给生活的改变

人工智能与大数据一个主要的区别是，大数据是需要在数据变得有用之前进行清理、结构化和集成的原始输入，而人工智能则是输出，即处理数据产生的智能。这使得两者有着本质上的不同。人工智能是一种计算形式，它允许机器执行认知功能，例如对输入起作用或做出反应，类似于人类的做法。传统的计算应用程序也会对数据做出反应，但反应和响应都必须采用人工编码。如果出现任何类型的差错，就像意外的结果一样，应用程序无法做出反应。而人工智能系统不断改变它们的行为，以适应调查结果的变化并修改它们的反应。支持人工智能的机器旨在分析和解释数据，然后根据这些解释解决问题。通过机器学习，计算机会学习一次如何对某个结果采取行动或做出反应，并在未来知道采取相同的行动。

大数据是一种传统计算。它不会根据结果采取行动，而只是寻找结果。它定义了非常大的数据集，但也可以是极其多样的数据。在大数据集中，可以存在结构化数据，如关系数据库中的事务数据，以及结构化或非结构化数据，例如图像、电子邮件数据、传感器数据等。

它们在使用上也有差异。大数据主要是为了获得洞察力，例如 Netflix 网站可以根据人们观看的内容了解电影或电视节目，并决定向观众推荐哪些内容。因为它考虑了客户的习惯以及他们喜欢的内容，推荐的内容会更符合客户的需要。人工智能是关于如何进行决策和学习以做出更好的决定。无论是自我调整软件、自动驾驶汽车还是检查医学样本，人工智能都会在人类之前完成相同的任务，但速度更快，错误更少。

虽然它们有很大的区别，但人工智能和大数据仍然能够很好地协同工作。这是因为人工智能需要数据来建立其智能，特别是机器学习。例如，机器学习图像识别应用程序可以查看数以万计的飞机图像，以了解飞机的构成，以便将来能够识别出它们。

人工智能实现的飞跃是大规模并行处理器（特别是 GPU）的出现。GPU 是具有数千个内核的大规模并行处理单元，而 CPU 只有几十个并行处理单元。这大大加快了现有的人工智能算法的速度，现在 GPU 已经变得可行。大数据可以采用这些处理器，机器学习算法可以学习如何重现某种行为，包括收集数据以加速机器。人工智能不会像人类那样推断出结论。它通过试验和错误进行学习，这需要大量的数据来教授和训练人工智能。人工智能应用的数据越多，其获得的结果就越准确。在过去，人工智能由于处理器速度慢、数据量小而不能很好地工作。另外，也没有当今先进的传感器，再加上当时互联网还没有广泛使用，所以很难提供实时数据。而现在，人们拥有所需要的一切：快速的处理器、输入设备、网络和大量的数据集。毫无疑问，没有大数据就没有人工智能。

现代流程越来越自动化，从而为人工智能和机器学习打开了大门——两者都依赖大数据来实现增长和成功。因此，大数据不仅在每天改变我们的生活，而且还在影响不久的将来。寻找 AI 解决方案和高级移动产品的企业需要保证他们正在获得市场上的最佳专业知识。毫无疑问，大数据正在以无法想象的方式改变人们的生活。如何处理、分析和使用宝贵的数据库会在不久的将来影响人们生活的几乎每个方面，主要带来下列可能的改变。

为用户量身定制的娱乐体验。可以分析用户喜欢的娱乐类型（如音乐、视频、电影）数据，从中获得的见解可用于为用户量身打造独特的体验。这种现象在短视频媒体服务中得到了最好的体现，该服务可以处理众包数据以及从其库中提取的数据，从而为用户提供最合适的播放列表。提供的播放列表和视频推荐意味着不必浏览数百万首歌曲和电影即可获得用户喜欢的娱乐方式。大数据完善了用户的选择。

大数据有助于人类的安全。当涉及大数据与安全性之间的关系时，其影响要广泛得多。从大数据中获得的见解可用于预测犯罪可能发生的时间和地点。所提供的信息可以帮助警察确定在哪里以及什么时间派驻人员。尽管可能与《少数派报道》等电影中的预测准确性相差甚远，但在正确的地点和正确的时间安排警察将毫无疑问会挽救更多的生命，这是非常有价值的。

大大改善用户的在线购物体验。一般情况下在线找到符合用户规格的产品有些困难。在线零售商利用大数据的洞察力，可以针对商品发送个性化的购买建议，从而省去了麻烦。此外，大数据使在线零售商能够发现欺诈行为并保护用户信息，使得信用卡的使用变得更加安全。大数据技术改善购物体验的另一种方法是改善供应链，确保用户更快地收到产品。

改善卫生服务。随着越来越多的病历数字化，实时监控患者的能力不断提高，医生更容易了解一种药物在整个人群中的有效性。审议从数据得出的结论后快速选择行动方案可以挽救生命。另外，在出现新的疾病而引发健康危机之前，医生可以很容易地对其进行跟踪、隔离和根除。大数据还减少了医疗保健支出。根据 Mckensey 的说法，在美国全国范围内使用大数据可以减少 12%～17% 的医疗保健支出。鉴于每年在医疗保健上花费不菲，这将意味着该国医疗保健支出的大幅下降。这一进展还标志着向所有人提供更便宜的医疗保健又迈出了一步。

提供最新热点信息。大数据不仅决定了什么新闻故事充斥着我们的时间表，而且还为 Twitter 和 Facebook 等社交媒体网站提供了热点内容。当然，提供的内容是在给定时间范围内讨论最多的主题。社交媒体还为记者提供了资源，以帮助他们寻求有关他们感兴趣的重要信息。例如 Twitter 的搜索功能可以帮助记者收集特定时间范围内发布的所有帖子并挖掘它们以获取信息。

促进聊天机器人改善用户的在线体验。聊天机器人凭借其高效性和可靠性已成为人们日常生活的一部分。大数据使聊天机器人能够提供人们寻求的任何信息。从多个来源（如在线购买、对话历史记录等）中提取的数据可帮助聊天机器人为人们提供个性化的体验。并且它们在不断改进，聊天框分析可帮助机器人创建者迭代其聊天框，从而使聊天服务变得更好。大数据技术促进了这些改进。

改善航空旅行。航空公司现已采用大数据，以改善其客户服务。利用所有客户的目的地和购买选项的累积数据来预测客户的可能偏好。利用大数据还可以使航空公司了解更多有关其乘客的详细信息，从而提供更加个性化的体验。特别重要的信息包括乘客可能过敏的特征，以及他们喜欢的咖啡制作的方式。对所有客户的累积数据将有助于改善客户体验和安全性。

游戏只会变得更好。在游戏过程中，每个玩家都会产生大量数据流。这些数据流可能是开发人员了解玩家偏好的来源。视频游戏开发人员会分析从游戏玩家那里获得的所有数据，并利用他们的发现为玩家策划独特而引人入胜的游戏体验。

13.9　发展趋势

人工智能、机器学习、神经网络及其他一系列术语相继涌现，它们被定义为复杂的计算机技术，被广泛用于理解客观世界并改善业务和客户体验。在计算机科学领域强调创建像人一样工作和反应的智能机器。

数字工作者将改变办公室工作形式。数字工作者的使用正在全球范围内发生。企业期望更多数字机器人在办公室中承担最低限度的任务，并将培训数字员工，使其像任何员工一样执行工作任务，而且速度更快且不会出错。未来，企业中的所有员工都将拥有数字化工作者。

AI 不仅服务于消费者用户，还面向企业。作为消费者，我们每天都在无意识的情况下体验 AI。许多企业在数字化转型项目上花费了数百万美元，但这些项目与企业的需求并不相关。企业想知道失败原因，以确保下一次不再犯错，并确保将来的企业数字化成功实现。他们的目标是不要仅仅拥有 AI 或 RPA（robotic process automation），而是要使这些先进技术与业务保持一致。人工智能技术将在工作场所变得更容易应用。商业用户将很快进入机器人的应用市场，并获得各种技术水平的人都可以使用的自动化工具。这些新技术将在改善员工完成工作的流程中发挥作用，从而改善客户体验。

混合型劳动力（人与人工智能的合作）将成为常态。企业内的人工智能和自动化不再被视为杀手。新兴的混合动力系统（人力和机器人）不断发展壮大。企业正在迅速配备可大规模处理大量重复性任务的认知 AI 和 RPA。随着越来越多的用例出现，混合型劳动力也在增长。员工将逐渐了解如何使用 AI 以及对现有人工及其日常工作的持久影响。在不久的将来，人们可能会在日常工作中与 AI 驱动的工具、数字工作者和机器人一起工作。这些数字工作者将与业务保持一致，并帮助解决问题，从而加速人们实现价值的时间。

与 AI 将实现更多的人机交互。工作场所中我们将会看到更多人与 AI 互动。就像我们已经与小爱同学、百度音响和其他数字助理一起生活一样，我们将有望与 AI 一起生活和工作。随着技术能力的提高，法规的许可和社会认可度的提高，将在不受控制的公共场所部署更多的 AI。我们当中更多的人会与 AI 互动，客户体验会根据我们的个人资料和兴趣而得到改善和定制。

总体而言，人工智能具有重塑和重新定义人们的生活和工作方式的能力。人们在工作场所将看到越来越多的 AI 解决方案。这些工具将有助于创造新的用户体验，并确保人们以及时有效的方式实现目标。在考虑混合型劳动力的需求时，领导者需要确定简单的基于任务的自动化工具是否可以解决他们的问题，或者他们是否需要混合使用 AI 和其他变革性技术才能实现真正的智能和认知自动化。

第 14 章　基于大数据的智能交通系统

本章介绍大数据在智能交通中的应用。首先回顾智能交通的概念以及发展，方便读者了解智能交通在各个国家的发展状况。然后介绍大数据与交通系统的结合会为交通系统带来哪些变化，最后讨论大数据技术如何在智能交通中进行科学的使用。

14.1　智能交通系统的概念及发展历程

智能交通系统的亮点在于智能，若想实现智能化，则必须应用相关的高科技手段和技术，实现所谓的智能交通系统的功能。智能化的实现仅仅依靠一种技术手段是难以完成的，所以智能交通系统包含的技术手段有多种，包括自动控制技术、通信技术、计算机技术以及信息技术等。相比过去传统的交通系统，智能交通系统大大降低了人力的投入，而工作效率却得到极大提高。在当今巨大的交通压力下，智能交通系统可以通过对车辆的监控定位实现全方位、标准化的管理，有效保障人们的出行安全，在一定程度上缓解了交通压力。

智能交通系统这一名词在国际上开始正式通用是在 1994 年，在此之前各国以及各个组织对智能交通系统的称呼不尽相同。智能交通系统在世界各个地区的发展历程也不尽相同。本节主要对美国、欧洲以及中国的智能交通系统做一个简要分析，目的是让读者充分了解智能交通系统发展的历程。

相比其他国家或者地区，美国的智能交通系统研究和发展起步较早，在 20 世纪 60 年代便开始着手研究。之后，美国迅速制定战略计划，并在 90 年代通过政府法案，形成了更加官方化的战略计划。美国的经济发展水平一直处于世界前列，其交通压力的到来相比其他国家和地区时间要更早。智能交通系统的发展成为美国解决一系列交通安全问题的重要核心部分，物联网、智能化是其发展的主要方向。

智能交通系统在欧洲的研究发展起步于 80 年代以后，由一些经济实力雄厚和经济发展状况相对较好的国家首先发起，包括英国、德国、法国、瑞典等国。这些国家最初就坚定地认为智能交通系统的研发能够进一步解决道路交通问题，事实证明他们最初的想法是对的。为了进行智能交通系统的研发，其早期计划有 PROME-THEUS 计划以及 DRIVE 计划。进入 21 世纪，智能交通系统在欧洲取得较为不错的发展成果，出现了 CVIS 项目。之后，欧洲的智能交通系统的发展目标更加明确，发展速度呈现一种积极的状态。

相比美国和西方的发达国家，智能交通系统在我国的起步较晚，1999 年我国才出现专门的研究机构和团队。但是，随着研究进度的顺利推进，智能交通系统在中国的发展呈现强劲的势头，目前有智能公路磁诱导、车辆自动保持车距控制、安全辅助驾驶等多项自主研发成果。同时，智能交通系统的研发工作还在继续，将涉及更多的交通领域。

14.2　大数据与交通系统的结合

城市的发展带来了积极影响，同时也带来了消极影响。交通堵塞、交通事故频发、交通工具数量增多、自然环境污染问题，这些都是大城市面临的巨大交通问题。面对这样的背景形势，智能交通系统的运用可谓是重要的，而且是必要的。通过大数据技术在智能交通系统的运用，交通系统可以及时准确地获得相关信息数据，并在后台对这些数据进行分析，从宏观上把握交通情况。并针对出现的问题发现其根源，构造科学的问题解决模型。

大数据在交通系统的引入能对交通系统产生以下三个方面的影响。

首先，它能提高城市的智能化水平，建设完善的感知体系。大数据的前提是大数据的收集，目前我国城市的感知体系仍在不断地建设之中。车辆动态组网、环境智能感知、车辆信息交互技术在建设中需要进一步提高、升级、优化。加大对交通道路网建设的资本投入，有利于实现交通信息的收集，为各部门开展工作提供技术支持。

其次，它有助于及时制定数据描述规范。大数据环境下，各部门之间的数据交换变得更加便利。但是同时必须注意在交互过程中信息的安全性。通过制定相关的安全制度和规范，保护个人隐私不受侵犯，同时加强数据整合，帮助执法部门加强执法力度和执法效率。

最后，它可以加快交通信息服务产业化的进程。智能交通系统的发展是一个长期的过程，必须时刻联系实践，将相应的研究成果进行转化和优化。同时，积极引进国外先进技术，加快交通信息服务产业化的进程。

大数据在智能交通系统的应用具有重要的价值，相关人员应该继续大力研究两者的结合，促进交通系统更加智能化、精准化。如今，智能交通系统建设仍面临着很多的问题，这些问题都需要依靠大数据等技术攻关进行有效解决。

14.3　大数据技术在智能交通中的科学使用

1. 在整个交通诱导中的科学使用

交通诱导，是通过相关高新信息技术（如地理信息系统 GIS、全球定位系统 GPS、导航和现代无线通信技术等）的集成，有效地引导车辆运行，减少车辆占路时间，并最终实现交通量在整个路网中均衡分配的技术手段。交通诱导是提供交通信息数据（对数据进行采集、加工、发布）的一种重要手段，也是改善交通流组织、提升交通公众服务的重要途径，具有科学合理监控路况的重要功能。其借助计算机技术、无线（或有线）传输技术、图像数字处理技术、自动控制技术，并以可变的、多级的信息载体去获取交通的运行资料数据。应该合理地借助大数据相关技术，依靠采集到的数据对当前阶段的交通状态进行分析评估，而后采取短时预测的方式预测交通流量。同时相关的工作单位也要借助广播、信息情报设备等其他途径来传递和发布诱导消息，并且参考交通流实时的改变情况来及时地更新升级诱导方法。除此之外，也要合理地借助大数据技术对多种检测设备得到的历史路况数据进行细致有效的探析，归纳出道路的整体路况发展规律，与交警的平时考勤情况、道路信号改变信息、信号更改优化等进行有效的结合，达到"出行前有提示，出行中有诱导；拥堵前及时警示，拥堵时迅速疏散"，有效地减少交通堵塞情况的出现，大幅提升道路整体的畅通性。

2. 在运输安全中的科学使用

随着城市化建设脚步的逐渐加快，城市中车辆的数量也在迅速地提升，越来越容易发生交通事故。如何有效地提高交通运输的整体可靠性是值得思考的一个问题。在整个交通系统中，行人和车辆通行在安全性方面存在很大的不同，较容易受到天气或者是周围环境的影响，因此交通事故的发生很难被有效地控制而且难以预测。将时空大数据和深度学习等机器学习方法应用到交通事故预测中，能够有效地提升事故预测的准确率，同时借助对以往交通数据的科学合理的分析探究，可以进行合理有效的预测，进而减少交通事故的发生，有效避免人们生命财产的损失。

3. 在服务优化之中的科学使用

服务管理不仅是整个智能交通建设中的一个重要环节，也是整个公共交通的重要部分。城市中有着非常多的交通工具，而且种类也不尽相同。有一些交通工具的运行方式只可以沿着固定的线路或者是轨道进行，例如通勤车、公交车及地铁等。这种类型的交通工具都需要严格遵守时刻表来发车。如果不能够保证公共资源配置的科学合理，就很容易出现交通或者是乘车的堵塞情况，有时候会出现等车时长远远大于坐车时长的情况，导致很多乘客会因为拥挤无法乘坐车辆。合理使用大数据不仅有助于更好地提高公共交通服务的质量，而且也可以实现对资源的合理分配。对乘客流量的监督测评将更加有效，乘客也可以借助相关的移动设备比如手机 App 来对公共设施的运转情况进行及时查看。

智能交通系统的构建和稳定运行可以为交通领域的发展带来更多的便利，有效地提升整体的交通管制质量。科学合理地将大数据技术应用到智能交通之中，有助于将两者的优点进行淋漓尽致的发挥，有效地处理解决信息量缺乏以及信息孤岛等相关问题。大数据和智能交通系统的有效结合，可以进一步降低交通系统的制作成本，使得交通更加智能化，并进一步惠及大众。

第 15 章　大数据背景下机器学习算法实验

最后一章较之前的章节难度有所提升。先介绍四种距离的度量方法，之后着重介绍聚类、回归、分类、决策树的相关算法，从概念入手介绍相关算法的原理及其简单应用。

15.1　距离的度量方法

不同于日常生活中对距离的理解，此处"距离"形容的是一种相似性指标。实际使用中不限于以下四种。

1. 欧氏距离

大家对欧氏距离都不太陌生，日常生活或者学习过程中接触最多的就是欧氏距离。欧氏距离衡量的是空间中两点之间的实际距离。在 n 维空间下，计算公式

$$d = \sqrt{\sum_{k=1}^{n}(x_{1k} - x_{2k})^2}$$

2. 曼哈顿距离

计算公式为：$d = |x_1 - x_2| + |y_1 - y_2|$。曼哈顿距离的计算公式比欧氏距离的计算公式看起来简洁很多，只需要把两个点坐标的 x 坐标相减取绝对值，y 坐标相减取绝对值，再加和。曼哈顿距离又被称为出租车距离。这是因为在像纽约曼哈顿区这样的地区有很多由横平竖直的街道所切成的街区（block），出租车司机计算从一个位置到另一个位置的距离，通常直接用街区的两个坐标分别相减再相加，这个结果就是他即将开车通过的街区数量，而完全没有必要用欧氏距离来求解——算起来非常麻烦还没有意义，毕竟谁也不能从欧氏距离的直线上飞过去。

3. 马氏距离

表示数据协方差距离，是一种无关尺度的度量方式。马氏距离是对欧氏距离的修正，它修正了欧氏距离中由于各维度尺度不一致导致的相关问题。此处简单举个例子帮助理解"无关尺度"的概念。小明的身高是 170 cm，小刚的体重为 170 斤，从欧氏距离来看，两者是一致的，但在马氏距离下观测，两者不一致，最直观的是两者考虑的维度不一致。这就是马氏距离对欧氏距离的修正改进。

4. 余弦距离

该距离度量通过向量的余弦来衡量样本的差异大小。余弦距离在深度学习中有很广阔的应用，例如衡量两个特征向量之间的特征关系，这在推荐系统或者人脸识别系统的设计中起着重要作用。

15.2　机器学习算法之聚类、回归、分类

1. 聚类

聚类是将总体或数据点划分为多个组的任务，以使同一组中的数据点比其他组中的数据点更类似于同组中的其他数据点。简而言之，目的是将具有相似特征的群体隔离开来，并将其分配到集群中。

下面通过一个例子来理解这一点。假设您是一家租赁商店的负责人，并且希望了解客户的喜好以扩大业务。您是否应该查看每个客户的详细信息，并为每个客户设计独特的业务策略？当然不。但是，您可以根据购买者的购买习惯将所有购物者归类为 10 个组，并针对这 10 个组各使用单独的策略。这就是我们所说的集群。

由于集群的任务是主观的，因此可用于实现此目标的手段有很多。每种方法都遵循一套不同的规则来定义数据点之间的"相似性"。聚类即根据数据的相似性将数据分为多个种类，评估样本之间的相似性，主要应用于图像分割或者是群体划分任务。通常使用的方法为计算样本之间的距离，不同的计算方法关系到聚类的质量。不同的距离尺度可参考上一节的叙述。

实际上，已知有 100 多种聚类算法。但常用的算法不多，一般有以下四种。

（1）连接性模型。

顾名思义，这些模型基于以下概念：与空间较远的数据点相比，数据空间中较近的数据点彼此之间的相似性更高。这些模型可以遵循两种方法。在第一种方法中，它们首先将所有数据点分类到单独的集群中，然后随着距离的减小将它们聚合在一起。在第二种方法中，所有数据点都被分类为单个集群，然后随着距离的增加而划分。同样，距离函数的选择是主观的。这些模型很容易解释，但缺乏处理大型数据集的可伸缩性。这些模型的示例是层次聚类算法及其变体。

（2）质心模型。

这些是迭代聚类算法，其中相似性的概念是通过数据点与聚类质心的接近程度得出的。K 均值（K-means）聚类算法是属于此类的一种流行算法。由于必须预先指定所需的聚类数，这使得对数据集有先验知识非常重要。这些模型迭代运行以找到局部最优值。

（3）分布模型。

这些聚类模型基于以下概念：聚类中的所有数据点都属于同一分布（如正态、高斯）。这些模型经常遭受过度拟合的困扰。一个流行示例是使用多元正态分布的期望最大化算法。

（4）密度模型。

这些模型在数据空间中搜索数据点密度不同的区域。它隔离了各种不同的密度区域，并在同一集群中的这些区域内分配了数据点。密度模型的流行示例是 DBSCAN 和 OPTICS。

以上算法中，K 均值是一种迭代聚类算法，旨在每次迭代中找到局部最大值。该算法分以下五个步骤。

（1）指定所需的聚类数 k：在图 15.1 中，为二维空间中的这 5 个数据点选择聚类数为 2。

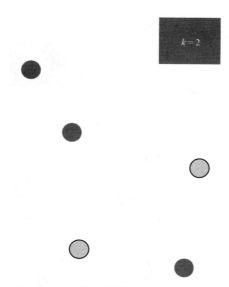

图 15.1　K 均值算法原理示意图

（2）将每个数据点随机分配给一个聚类：在聚类 1 中用深色显示三个点，在聚类 2 中用浅色显示两个点。

（3）计算聚类质心：在图 15.2 中使用深色十字显示深色聚类中数据点的质心，使用浅色十字显示浅色聚类中数据点的质心。

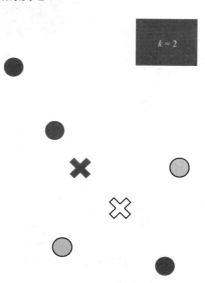

图 15.2　质心计算示意图

（4）将每个点重新分配给最近的聚类质心：请注意，即使底部的数据点属于深色聚类，但由于其更靠近浅色聚类的质心，因此，在图 15.3 将该数据点分配给浅色聚类。

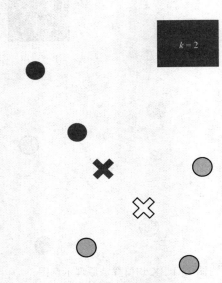

图 15.3　质心重分配示意图

（5）重新计算聚类质心：现在，重新计算图 15.4 中两个聚类的质心。

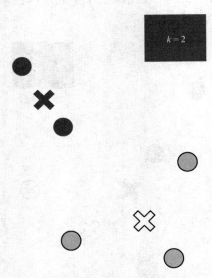

图 15.4　群集质心计算示意图

（6）重复步骤 4 和 5，直到没有改进是可能的：重复 4 和 5 的步骤，直到达到全局最优解。当两个连续重复的聚类之间没有数据点的进一步切换时，如果未明确提及，它将标记算法的终止。

实验 a：使用 K−means 聚类算法进行图像的分割。

实验涉及的主要函数是 sklearn 库中的函数 sklearn.cluster.Kmeans()。该函数的参数众多，对于初学者简单了解以下参数即可。

①n_clusters：聚类中心个数即 k 值。②init：初始聚类中心的初始化方法（可以不设置，系统默认使用 K−means++）。③max_iter：最大迭代次数。K−means 中默认使用的距离计算方式是欧氏距离。

实验源码如下：

```
from sklearn.cluster import KMeans
import numpy as np
from PIL import Image
#加载必备库，其中 PIL 用于图像的显示等操作。
def openfile(filename):
    f = open(filename,"rb")
    img = Image.open(f)
    m，n = img.size
    data = []
    for i in range(m):
        for j in range(n):
            x，y，z，light = img.getpixel((i,j))
            data.append([x/256.0，y/256.0，z/256.0])
    f.close()
    return data，m，n
#文件的加载
if __name__ == '__main__':
    filename = ""#此处添加自己的图片路径
    data，m，n=openfile(filename)
    X = np.mat(data)
    km = KMeans(n_clusters=3)#重要参数
    label = km.fit_predict(X)
    label = label.reshape((m,n))
    new_img = Image.new("L",(m，n))
    for i in range(m):
        for j in range(n):
            new_img.putpixel((i,j),int(256/(label[i][j]+1)))
    new_img.save("")#此处自定义新产生图片的名称
```

实际产生的效果根据选择参数的不同而不同。图 15.6 是由图 15.5 实验原图经过聚类而产生的效果（实验中使用的聚类数为 3）。由效果图看，图片被聚类成 3 类，可见 K−means

在对比度明显的图片上的分割效果还是不错的。

图 15.5　原图

图 15.6　效果图

实验 b：使用 K-means 聚类省市消费水平。

图 15.7 为 31 个省区市的消费水平原始数据（可以自定义相关数据集进行实验）。

```
1  北京,2959.19,730.79,749.41,513.34,467.87,1141.82,478.42,457.64
2  天津,2459.77,495.47,697.33,302.87,284.19,735.97,570.84,305.08
3  河北,1495.63,515.90,362.37,285.32,272.95,540.58,364.91,188.63
4  山西,1406.33,477.77,290.15,208.57,201.50,414.72,281.84,212.10
5  内蒙古,1303.97,524.29,254.83,192.17,249.81,463.09,287.87,192.96
6  辽宁,1730.84,553.90,246.91,279.81,239.18,445.20,330.24,163.86
7  吉林,1561.86,492.42,200.49,218.36,220.69,459.62,360.48,147.76
8  黑龙江,1410.11,510.71,211.88,277.11,224.65,376.82,317.61,152.85
9  上海,3712.31,550.74,893.37,346.93,527.00,1034.98,720.33,462.03
10 江苏,2207.58,449.37,572.40,211.92,302.09,585.23,429.77,252.54
11 浙江,2629.16,557.32,689.73,435.69,514.66,795.87,575.76,323.36
12 安徽,1844.78,430.29,271.28,126.33,250.56,513.18,314.00,151.39
13 福建,2709.46,428.11,334.12,160.77,405.14,461.67,535.13,232.29
14 江西,1563.78,303.65,233.81,107.90,209.70,393.99,509.39,160.12
15 山东,1675.75,613.32,550.71,219.79,272.59,599.43,371.62,211.84
16 河南,1427.65,431.79,288.55,208.14,217.00,337.76,421.31,165.32
17 湖南,1942.23,512.27,401.39,206.06,321.29,697.22,492.60,226.45
18 湖北,1783.43,511.88,282.84,201.01,237.60,617.74,523.52,182.52
19 广东,3055.17,353.23,564.56,356.27,811.88,873.06,1082.82,420.81
20 广西,2033.87,300.82,338.65,157.78,329.06,621.74,587.02,218.27
21 海南,2057.86,186.44,202.72,171.79,329.65,477.17,312.93,279.19
22 重庆,2303.29,589.99,516.21,236.55,403.92,730.05,438.41,225.80
23 四川,1974.28,507.76,344.79,203.21,240.24,575.10,430.36,223.46
24 贵州,1673.82,437.75,461.61,153.32,254.66,445.59,346.11,191.48
25 云南,2194.25,537.01,369.07,249.54,290.84,561.91,407.70,330.95
26 西藏,2646.61,839.70,204.44,209.11,379.30,371.04,269.59,389.33
27 陕西,1472.95,390.89,447.95,259.51,230.61,490.90,469.10,191.34
28 甘肃,1525.57,472.98,328.90,219.86,206.65,449.69,249.66,228.19
29 青海,1654.69,437.77,258.78,303.00,244.93,479.53,288.56,236.51
30 宁夏,1375.46,480.89,273.84,317.32,251.08,424.75,228.73,195.93
31 新疆,1608.82,536.05,432.46,235.82,250.28,541.30,344.85,214.40
```

图 15.7　原始数据

实验代码如下：

```
import numpy as np
import scipy as sp
from sklearn.cluster import KMeans

#读取文件
def loadData(filename):
    file = open(filename,"r+")
    lines = file.readlines()
    data，cityNames=[],[]
    for each in lines：
        content = each.strip().split(",")
        cityNames.append(content[0])
```

```
            data.append([float(content[i])for i in range(1,len(content))])
        file.close()
        return data，cityNames




if __name__ == '__main__':
        filename=r"31 省市居民家庭消费水平－city.txt"#文件名称
        data，cityName = loadData(filename)#读取数据
        km = KMeans(n_clusters=4)#簇为 4，可自定义
        lable = km.fit_predict(data)#训练预测
        expense = np.sum(km.cluster_centers_,axis=1)
        CityCluster = [[],[],[],[]]
        for i in range(len(cityName)):
            CityCluster[lable[i]].append(cityName[i])
        for i in range(len(CityCluster)):#打印输出
        print("expense:%.2f"%expense[i])
        print(CityCluster[i])
```

实验结果如图 15.8 所示。由结果可知，数据被聚类成四类分别进行输出，"北京""上海""广东"被聚成一类，消费水平最高，比较符合实际情况。可见 K－means 在群体划分中有较好的应用。

```
expense:3788.76
['河北', '山西', '内蒙古', '辽宁', '吉林', '黑龙江', '江西', '山东', '河南', '贵州', '陕西', '甘肃', '青海', '宁夏', '新疆']
expense:5678.62
['天津', '浙江', '福建', '重庆', '西藏']
expense:4512.27
['江苏', '安徽', '湖南', '湖北', '广西', '海南', '四川', '云南']
expense:7754.66
['北京', '上海', '广东']
```

图 15.8　实验结果

2. 回归

回归是一种解题方法，或者说"学习"方法，也是机器学习中比较重要的概念。

回归的英文是 regression，单词原型 regress 的意思是"回退，退化，倒退。"其实回归分析的意思就是借用"倒退，倒推"的含义，简单说就是"由果索因"的过程，是一种归纳的思想：当看到大量的事实所呈现的样态，推断出原因或客观蕴含的关系是如何的；当看到大量的观测向量（数字）是某种样态，设计一种假说来描述出它们之间蕴含的关系是怎样的。

在机器学习领域，最常用的回归有两大类：一类是线性回归，另一类是非线性回归。

所谓线性回归，就是在观察和归纳样本的过程中认为向量和最终的函数值呈现线性的关

系。设计这种关系为：$y = f(x) = wx + b$。

这里的 w 和 x 分别是 $1 \times n$ 和 $n \times 1$ 的矩阵。例如，在一个实验中观察到一名病患的几个指标呈现线性关系（注意这个是大前提，如果观察到的不是线性关系而用线性模型来建模的话，会得到欠拟合的结果）。得到的 x 是一个 5 维的向量，分别代表一名患者的年龄、身高、体重、血压、血脂这几个指标值，y 标签是描述他们血糖程度的指标值，x 和 y 都是观测到的值。在得到大量样本（就是大量的 x 和 y）后，猜测向量（年龄，身高，体重，血压，血脂）和与其有关联关系的血糖程度 y 值有这样的关系：$y = w_1 \times$ 年龄 $+ w_2 \times$ 身高 $+ w_3 \times$ 体重 $+ w_4 \times$ 血压 $+ w_5 \times$ 血脂 $+ b$，那么就把每一名患者的具体向量（年龄，身高，体重，血压，血脂）值代入，并把其血糖程度 y 值也代入。这样一来，在所有的患者数据输入后，会出现一系列的六元一次方程，未知数是 $w_1 \sim w_5$ 和 b，也就是 w 矩阵的内容和偏置 b 的内容。而下面要做的事情就是要把 w 矩阵的内容和偏置 b 的内容求出一个最"合适"的解来。这个"合适"的概念就是要得到一个全局范围内由 $f(x)$ 映射得到的 y 和真实观测到的 y 的差距的加和，即

$$\text{Loss} = \sum_{i=1}^{n} | wx_i + b - y_i |$$

怎么理解这个 Loss 的含义呢？右面的 $\sum_{i=1}^{n}$ 表示加和，相当于做一个一个循环，i 是循环变量，从 1 做到 n，覆盖训练集当中的每一个样本向量。加和的内容是 $wx_i + b$ 和 y_i 的差值，即每一个训练向量 x_i 在通过刚刚假设的关系 $f(x) = wx + b$ 映射后与实际观测值 y_i 的差距值。取绝对值的含义就是指这个差距不论是比观测值大或者比观测值小，都是一样的差距。将全局范围内这 n 个差距值都加起来称之为总差距值。

那么显而易见，这个映射关系中如果 w 和 b 给的理想的话，这个总差距值应该是 0，因为每个 x 经过映射都"严丝合缝"地和观测值一致了——这种状况太理想了，在实际应用中是见不到的。不过，Loss 越小就说明这个映射关系描述越精确，这个还是很直观的。那么想办法把 Loss 描述成：Loss $= f(w, b)$，再使用相应的方法找出保证 Loss 尽可能小的 w 和 b 的取值，就算是大功告成了。后面会讨论计算机怎么在不用联立解方程的情况下求这一类问题的解。一旦得到一个误差足够小的 w 和 b 并能够在验证用的数据集上有满足当前需求的精度表现后就可以了。例如，预测病患的血糖平均误差容忍上线为 0.3，训练后在验证集上的表现为误差平均为 0.2，那就算是合格了。

实验 c：线性回归预测房价

本次实验使用的是 sklearn.linear_model.LinearRegression 函数，其中重要的参数有 fit_intercept，默认为计算截距。如果使用中心化的数据，可以考虑设置为 False，即不考虑截距。注意这里设置为考虑，一般还是要考虑截距。其他参数可以暂时不用考虑。借助 fit() 进行训练，使用 predict() 函数进行预测。

原始数据格式如图 15.9 所示，第一列为面积，第二列给出的是价格。共有 44 组数据。

```
1    1000,168
2    792,184
3    1260,197
4    1262,220
5    1240,228
6    1170,248
7    1230,305
8    1255,256
9    1194,240
10   1450,230
```

图 15.9 数据格式

实验源代码如下：

```
from sklearn.linear_model import LinearRegression
import matplotlib.pyplot as plt
import numpy as np
x = []
y = []
f =open("房价.txt","r")
data =f.readlines()
for each in data：
    each = each.strip().split(",")
    x.append(int(each[0]))#转换类型
    y.append(int(each[1]))
lenth = len(x)
x= np.array(x).reshape((lenth,1))
y = np.array(y)
max_x = max(x)
min_x = min(x)
axis = np.arange(min_x,max_x).reshape((-1,1))
liner = LinearRegression()#使用默认参数
liner.fit(x,y)
plt.scatter(x,y,color="r",marker="D")
#注意画线技巧
plt.plot(axis,liner.predict(axis),color="blue")
```

```
plt.rcParams['font.sans-serif'] = ['SimHei']
plt.xlabel("面积")
plt.ylabel("价格")
plt.show()
```

实验结果如图 15.10 所示，由图可见面积与价格之间呈现近似线性的关系。

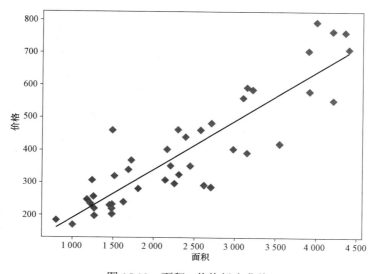

图 15.10　面积 – 价格拟合曲线

3. 分类

分类是机器学习中使用最多的一大类算法，通常也把分类算法叫"分类器"。这个说法也非常形象，它就像一个黑盒子，有一个入口和一个出口。在入口丢进去一个"样本"，在出口即会得到一个分类的"标签"。

假设一个分类器可以进行图片内容的分类任务，即当在"入口"丢进去一张老虎的照片，在"出口"就会得到"老虎"这样一个描述标签；而当在"入口"丢进去一张飞机的照片，在"出口"就会得到"飞机"这样一个描述标签。这就是一个分类器最为基本的分类工作过程。

一个分类器模型在它诞生（初始化）的时候是不具备这种功能的，只有通过给予它大量的图片以及图片所对应的标签分类，使其进行充分总结和归纳，才能具备这样一种能力。

在编写代码教会分类器怎么做学习的时候，其实是在教它如何建立一种输入到输出的映射逻辑，以及让它自己调整这种逻辑关系，使得逻辑更为合理。

而合理与否的判断也非常明确，那就是召回率和精确率两个指标。召回率指的是检索出的相关样本和样本库（待测对象库）中所有的相关样本的比率，衡量的是分类器的查全率。精确率是检索出的相关样本数与检索出的样本总数的比率，衡量的是分类器的查准率。

逻辑回归和普通的线性回归不同，它的拟合是一种非线性的方式。最终输出"标签值"

269

虽然是一种实数变量，而最终分类的结果却期望是一种确定的值"是"（1）或"不是"（0）。其他各种分类器的输出通常也是离散的变量，体现出来也多是非线性的分类特点。

举例来说，譬如有一个1 000个样本的训练集，是1 000张照片，一共分成三类，其中200张是猫，200张是狗，600张是兔子。将每个照片向量化后分别加上标签："猫"——"0"，"狗"——"1"，"兔子"——"2"。

这相当于一个x和y的对应关系，把它们输入到训练集去训练（但是这个地方的标签0、1、2并不是实数定义，而是离散化的标签定义，通常习惯用one-hot独热编码的方式来表示）。经过多轮训练之后，分类器将逻辑关系调整到了一个相对稳定的程度，然后用这个分类器再对这200张猫，200张狗，600张兔子进行分类的时候发现：200张猫的图片中，有180张可以正确识别为猫，而有20张误判为狗。200张狗的图片可以全部判断正确为狗。600张兔子的图片中，有550张可以正确识别为兔子，还有30张被误判为猫，20张误判为狗。

在所有的机器学习或者深度学习训练的工程中，误判几乎是没有办法消灭的，只能用尽可能科学的手段将误判率降低。不要太难为机器，其实人都没办法保证所有的信息100%能被正确判断，尤其是在图片大小、图片清晰程度、光线明暗悬殊的情况下。

下面解释召回率和精确率的问题。就这个例子来说，一共1 000张图片中，200张是猫，但是只能正确识别出180张，所以猫的召回率是$180 \div 200 = 90\%$，600张兔子中正确识别550张，所以兔子的召回率是$550 \div 600 \approx 91.7\%$。

而在1 000中图片中，当检索狗的时候会检索出240张狗的图片，其中有200张确实是狗，有20张是被误判的猫，还有20张是被误判的兔子，所以240张狗的图片中正确的仅有200张而已，那么狗的精确率为$200 \div 240 \approx 83.3\%$。

分类的训练过程和回归的训练过程一样，都是极为套路化的程序。

第一步，输入样本和分类标签。

第二步，建立映射假说的某个$y=f(x)$的模型。

第三步，求解出全局的损失函数Loss和待定系数w的映射关系：$Loss=g(w)$。

第四步，通过迭代优化逐步降低Loss，最终找到一个w能使召回率和精确率满足当前场景需要。尤其指在验证数据集上的表现。

这4个步骤，类似于我们从前面最简单的机器学习的例子中总结出来的步骤。这是一个最有概括性的科学性流程。这种流程也广泛被应用于其他机器学习的场景中。

分类器的工作过程看似非常简单，但人的智能行为其实就是一种非常精妙或者堪称完美的分类器，能够处理极为复杂而抽象的输入内容——不管是文字、声音、图像，甚至是冷、热、刺痛感、瘙痒感这种难以名状的刺激，并且能够在相当短的时间内进行合理的输出——例如对答、附和、评论，抑或是尖叫、大笑等各种喜怒哀乐的反应与表现。

从定义的角度上来说，人其实就是一种极为复杂的且极为智能的分类器。在工业上使用的则通常是只研究一种或几个事物的"专业性"的分类器，这和人类的分类能力相比要片面多了。

实验d：K近邻分类器人体姿态预测

本次实验同样可以使用决策树进行调试，使用决策树的源代码基本一致，在本次试验中的源代码中有相应的注释，学习者可以根据相应的注释进行决策树的相关调试。

K 近邻分类器的基本原理是：通过计算待分类数据点与已有数据点的距离，取距离最小的前 k 个点，依据"少数服从多数"的原则，将该数据点划分到出现次数最多的类别。使用函数 sklearn.neighbors.KneighborsClassifier()，该函数有几个重要参数：n_neighbor 表示 k 的大小（默认是 5），即取距离最小的前 k 个点；Weight 表示选中的 K 点对分类结果的影响权重（默认为"uniform"平均权重，即每个点对最后的结果影响一致，也可选"distance"，即距离越近权重越高）；algorithm 表示计算临近点的方法（默认"auto"）。

K 近邻分类属于有监督的方法，所以数据格式不同于前几个实验，数据集除了基本的特征数据集外还会有标签数据集。数据集格式如图 15.11 所示，A 中文件格式分别如图 15.12 与图 15.13 所示。

图 15.11　文件夹格式

```
1  8.38,104,30,2.37223,8.60074,3.51048,2.43954,8.76165,3.35465,-0.0922174,0.0568115,-0.0158445,14.6806,-69.2128,-5.58905,31.8125,0.23808,9.8000
2  8.39,7,30,2.18837,8.5656,3.66179,2.39494,8.55081,3.64207,-0.0244132,0.0477585,0.00647434,14.8991,-69.2224,-5.82311,31.8125,0.31953,9.61282,-
3  8.4,7,30,2.37357,8.60107,3.54898,2.50514,8.53644,3.7328,-0.0579761,0.0325743,-0.00698815,14.242,-69.5197,-5.12442,31.8125,0.235593,9.72421,-
4  8.41,7,30,2.07473,8.52853,3.66021,2.33528,8.53622,3.73277,-0.0023516,0.0328098,-0.00374727,14.8908,-69.5439,-6.17367,31.8125,0.388697,9.5357
5  8.42,7,30,2.22936,8.83122,3.7,2.23055,8.59741,3.76295,0.0122691,0.018305,-0.0533248,15.5612,-68.8196,-6.28927,31.8125,0.3158,9.49908,-1.6091
6  8.43,7,30,2.29959,8.82929,3.5471,2.26132,8.65762,3.77788,0.00323826,0.0122597,-0.0544735,15.4565,-68.818,-5.94087,31.8125,0.321072,9.76369,-
7  8.44,7,30,2.33738,8.829,3.54767,2.27703,8.77828,3.7323,-0.0237041,-0.0315184,-0.0478827,15.1206,-68.5794,-6.05018,31.8125,0.323161,9.68891,-
8  8.45,7,30,2.37142,9.055,3.39347,2.39786,8.89814,3.64131,0.019069,-0.022004,-0.0336473,14.8919,-69.7808,-6.28119,31.8125,0.244544,9.65097,-1.4
9  8.46,7,30,2.33951,9.13251,3.54668,2.44371,8.98841,3.62596,0.02484,-0.0530542,-0.0111776,14.5769,-68.9936,-5.23831,31.8125,0.309236,9.61049,-
```

图 15.12　A.feature 文件格式

```
2927    0
2928    0
2929    1
2930    1
2931    1
2932    1
2933    1
2934    1
```

图 15.13　A.label 格式

A 中文件夹包括两个文件，分别为 A.feature 与 A.label 文件，其中 A.feature 文件每一列为人体的一种动作参数，每一行则表示一个数据。

实验源代码如下：

```
import numpy as np
import pandas as pd
from sklearn.impute import SimpleImputer
from sklearn.metrics import classification_report
from sklearn.model_selection import train_test_split
```

```
# 导入分类算法包
from sklearn.neighbors import KNeighborsClassifier
from sklearn.naive_bayes import GaussianNB
from sklearn.tree import DecisionTreeClassifier

def file_open(feature_path,label_path)：
    feature = np.ndarray(shape=(0,41))
    label = np.ndarray(shape=(0,1))
    for each in feature_path:
        df =pd.read_table(each,delimiter=",",na_values="？",header=None)
        imp = SimpleImputer(missing_values=np.nan,strategy="mean")
        imp.fit(df)
        df = imp.transform(df)
        feature =np.concatenate((feature,df))
    for each in label_path:
        df =pd.read_table(each,header=None)
        label =np.concatenate((label,df))
    label = np.ravel(label)
    return feature，label


if __name__ == '__main__':
    feature_path = ["A/A.feature"，"B/B.feature"，"C/C.feature"，"D/D.feature"，"E/E.feature"]
    label_path = ["A/A.label"，"B/B.label"，"C/C.label"，"D/D.label"，"E/E.label"]
    # 训练测试集的提取
    train_x，train_y =file_open(feature_path[:1],label_path[:1])#此处使用的一个例子，以为
内存原因，即使一个运行很长时间
    test_x，test_y = file_open(feature_path[4:],label_path[4:])
    #打乱训练集的顺序
    #train_x，train_y = train_test_split(train_x,train_y,test_size=0.0)
    #建立分类器实例并训练
    print("Start KNN！")
    KNN = KNeighborsClassifier().fit(train_x,train_y)
    print("KNN Train Done！")
    KNN_y =KNN.predict(test_x)
    print("End KNN ")
    #使用决策树分类器
    # print("Start Dtree！")
    # Dtree = DecisionTreeClassifier().fit(train_x,train_y)
```

```
# print("Dtree Train Done！")
# Dtree_y = Dtree.predict(test_x)
# print("End Dtree ")
#使用贝叶斯分类器
# print("Start Byeas！")
# Byeas= GaussianNB().fit(train_x,train_y)
# print("Byeas Train Done！")
# Byeas_y = Byeas.predict(test_x)
# print("End Byeas ")
##打印分类报告
print("KNN Report！")
print(classification_report(test_y，KNN_y))
#打印决策树分类器结果
# print("Dtree Report！")
# print(classification_report(test_y,Dtree_y))

# print("Byeas Report！")
# print(classification_report(test_y,Byeas_y))
```

实验结果如图 15.14 所示。

	precision	recall	f1-score	support
0.0	0.35	0.65	0.46	102341
1.0	0.75	0.87	0.81	23699
2.0	0.57	0.50	0.53	26864
3.0	0.38	0.37	0.37	22132
4.0	0.31	0.96	0.47	32033
5.0	0.98	0.26	0.41	24646
6.0	0.13	0.02	0.03	24577
7.0	0.00	0.00	0.00	26271
12.0	0.00	0.00	0.00	14281
13.0	0.00	0.00	0.00	12727
16.0	0.00	0.00	0.00	24445
17.0	0.00	0.00	0.00	33034
24.0	0.00	0.00	0.00	7733

图 15.14　K 近邻分类器实验结果

实验结果中分别计算了相应的精准率、召回率等参数，学习者可以使用其他分类方法对比得出的结果，图 15.15 提供的是使用贝叶斯分类器的分类结果。

	precision	recall	f1-score	support
0.0	0.30	1.00	0.46	102341
1.0	1.00	0.91	0.95	23699
2.0	0.00	0.00	0.00	26864
3.0	0.00	0.00	0.00	22132
4.0	0.47	0.01	0.02	32033
5.0	0.74	0.18	0.30	24646
6.0	1.00	0.00	0.00	24577
7.0	0.19	0.01	0.02	26271
12.0	0.00	0.00	0.00	14281
13.0	0.00	0.00	0.00	12727
16.0	0.00	0.00	0.00	24445
17.0	0.00	0.00	0.00	33034
24.0	0.00	0.00	0.00	7733

图 15.15　贝叶斯分类器分类结果

15.3　机器学习算法之决策树

1. 决策树的应用
决策树可用于回归型和分类型问题。

回归型问题通常是指从一个或多个连续和/或分类预测变量中预测连续变量值。例如，根据各种其他连续预测变量以及分类预测变量来预测单户住宅（连续因变量）的售价。请注意，后一个变量本质上是分类的，即使它包含数字值或代码也是如此。如果使用简单的多元回归或某些通用线性模型（GLM）来预测单户住宅的销售价格，则为这些变量确定一个线性方程式，该线性方程式可用于计算预测的销售价格。

分类型问题通常是指从一个或多个连续和/或分类预测变量中预测分类因变量（类，组成员资格等）值（如图 15.16 所示）。例如，预测某人将能否大学毕业，或者是否会续订订阅。这些将是简单的二进制分类问题的示例，其中分类因变量只能采用两个不同且互斥的值。在其他情况下，预测一个人决定购买多个不同的替代消费产品（如汽车品牌）中的哪一个，或者使用不同类型的发动机发生哪种类型的故障。在这些情况下，分类因变量有多个类别或类。

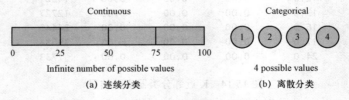

图 15.16　连续分类与离散分类示意图

2. 决策树算法及其术语
决策树是类似于流程图的树结构，其中内部节点表示要素（或属性），分支表示决策规则，每个叶节点表示结果。决策树中最顶层的节点称为根节点。它学习根据属性值进行分区，以称为递归分区的递归方式对树进行分区。它的可视化效果类似于流程图，可轻松模仿人类的思维方式。这种类似于流程图的结构可帮助进行决策。

决策树通过从根到某个叶节点对树进行排序来对示例进行分类，而叶节点为示例提供了分类，这种方法称为自顶向下的方法。树中的每个节点都充当某个属性的测试用例，并且从该节点下降的每个边都对应于该测试用例的可能答案之一。此过程是递归的，并且对植根于新节点的每个子树重复此过程（如图 15.17 所示）。

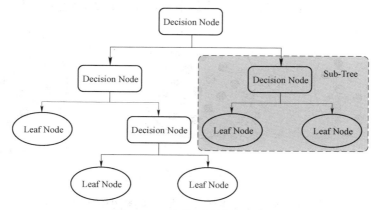

图 15.17　决策树的递归过程

下面熟悉一些术语。

根节点（最高决策节点）：它代表整个总体或样本，并且进一步分为两个或多个同类集合。

拆分：将一个节点分为两个或多个子节点的过程。

决策节点：当一个子节点拆分为更多子节点时，则称为决策节点。

叶子/终端节点：没有子节点（不再拆分）的节点称为叶子或终端节点。

剪枝：通过删除节点来减少决策树的大小，这一过程称为剪枝，剪枝的主要作用是防止过拟合。

分支/子树：决策树的子部分称为分支或子树。

父子节点：分为子节点的节点称为子节点的父节点，而子节点是父节点的子节点。

3. 决策树算法的基本思想

任何决策树算法背后的基本思想如下所述。

（1）使用属性选择度量，选择最佳属性以拆分记录。

（2）使该属性成为决策节点，然后将数据集分成较小的子集。

（3）通过对每个子部分递归重复此过程来开始构建树，直到下列条件之一匹配：所有元组都属于相同的属性值；或没有更多剩余的属性；或没有更多实例。

4. 决策树背后的数学

1）属性选择度量（ASM）

属性选择度量是一种启发式方法，用于选择将数据划分为最佳可能方式的拆分标准。这也称为拆分规则，因为它有助于确定给定节点上元组的断点。ASM 通过解释给定的数据集为每个功能（或属性）提供等级。最高分数将被用于拆分。对于连续值属性，还需要定义分支的分割点。最受欢迎的选择指标是信息增益、增益比和基尼系数，此处以信息增益为例来介绍其原理。

2）信息增益

信息增益是一种统计属性，用于衡量给定属性根据训练样本的目标分类将训练样本分开的程度。在图 15.18 的图像中，相比（a）（b）而言，图像（c）中的节点可以被轻松描述。因为所有值都是相似的，因此所需信息较少。另外，（b）需要更多信息来描述它，而（a）需要最大信息。换句话说，可以说（c）是一个纯节点，（b）的杂质较少，而（a）的杂质较多。

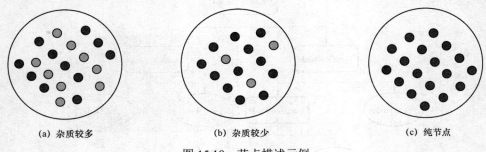

(a) 杂质较多   (b) 杂质较少   (c) 纯节点

图 15.18　节点描述示例

由此可以得出一个结论：不纯的节点较少，则需要较少的信息来描述它。相对地，不纯的节点则需要更多的信息。

在一个考虑信息增益的并行示例中，如图 15.19 所示，可以看到信息增益较低的属性（底部）将数据相对均匀地分割，结果并不能使之更接近决策。而具有较高信息增益的属性（顶部）将数据分为正负数不均匀的组，因此有助于将两者彼此分开。

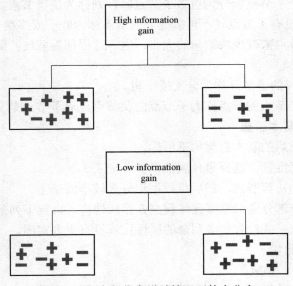

图 15.19　高低信息增益情况下的点分布

为了能够计算信息增益，首先引入数据集的术语熵。

香农发明了熵的概念，它测量输入集的杂质。在物理学和数学中，熵称为系统中的随机性或杂质。在信息论中，它是指一组示例中的杂质。信息增益是熵的降低。

熵的含义如下：假设有一个包含 100 个绿色球的彩票轮。如图 15.20 中（a）所示。可以说彩票轮中的那组球是完全纯净的，因为其中仅包括绿色球（图中显示为浅色）。为了用熵的术语表达这一点，这组球的熵为 0（也可以说零杂质）。现在假设这些球中的 30 个被红色替换，而 20 个被蓝色替换。如图 15.20 中（b）（图中显示为深色）所示。

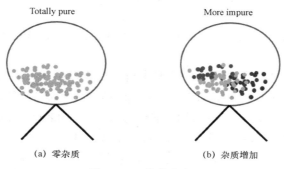

图 15.20　熵的含义

如果现在从抽奖轮中抽出一个球，则抽到绿色球的可能性从 1.0 降低到 0.5。由于杂质增加，纯度降低，相应地熵也增加。因此，可以说，数据集越"不纯"，熵越高；数据集"不纯"越少，熵越低。

注意，如果样本 S 的所有成员都属于同一类，则熵为 0。例如，如果所有成员均为正，则 Entropy（S）=0。当样本包含相等数量的正例和负例时，熵为 1。如果样本包含不等数量的正例和负例，则熵在 0 和 1 之间。图 15.21 显示了相对函数（相对于布尔分类）的形式，因为熵在 0 和 1 之间变化。

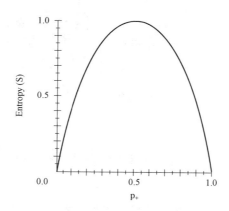

图 15.21　相对函数的形式

可以使用以下公式计算熵

$$Entropy = -p \log_2 p - q \log_2 q$$

这里 p 和 q 分别是该节点成功和失败的概率。熵也与分类目标变量一起使用。它选择与父节点和其他拆分相比具有最低熵的拆分。熵越小越好。信息增益基于给定的属性值计算数据集拆分前的熵和拆分后的平均熵之间的差。信息增益=熵（父节点）−[平均熵（子节点）]。

计算拆分熵可分为两个步骤：首先计算父节点的熵；然后计算拆分的每个单独节点的熵，并计算拆分中可用的所有子节点的加权平均值。

示例：假设有一个样本，其中有 30 个学生，三个变量分别为性别（男孩/女孩），班级（IX/X）和身高（1.5 至 1.8 米）。在闲暇时间里，这 30 个人中有 15 个人在打板球。创建一个模型来预测谁会在闲暇时间打板球。在这个问题上，需要根据这三个变量之间的重要输入变量将闲暇时间打板球的学生区分开。

父节点的熵= −（15/30）$\log_2$（15/30）−（15/30）$\log_2$（15/30）= **1**，这里的 1 表明它是一个不纯节点。

对于性别划分：女性节点的熵= −（2/10）$\log_2$（2/10）−（8/10）$\log_2$（8/10）= 0.72。男性节点的熵=−（13/20）$\log_2$（13/20）−（7/20）$\log_2$（7/20）= 0.93。性别分割的熵=（10/30）×0.72 +（20/30）×0.93 = **0.86**。按性别划分的信息收益= 1−0.86 = 0.14。

对于班级拆分：IX 类节点的熵=−（6/14）$\log_2$（6/14）−（8/14）$\log_2$（8/14）= 0.99。X 类节点的熵=−（9/16）$\log_2$（9/16）−（7/16）$\log_2$（7/16）= 0.99。拆分类的熵=（14/30）×0.99 +（16/30）×0.99 = **0.99**。按班级拆分的信息增益= 1− 0.99 = 0.01。

由结果可知，"按性别划分的信息增益"是所有信息中最高的，因此该树将按"性别划分"。如图 15.22 所示。

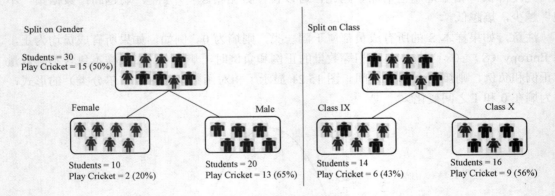

图 15.22　决策树分类示意图

15.4　实践 AI 和机器学习示例

人工智能和机器学习可以影响我们的日常生活，为业务决策提供信息并优化一些世界领先公司的运营。

1. 消费品实例

（1）通过自然语言处理、机器学习和高级分析，芭比娃娃倾听并回应孩子。芭比娃娃项链上的麦克风记录下孩子所说的话，并将其发送到 ToyTalk 的服务器。在那里，将对录音进行分析，以确定从 8 000 行对话中得出的适当响应。服务器会在一秒钟之内将正确的响应发送回芭比娃娃，以便她可以回应孩子。可以存储对诸如他们最喜欢的食物等问题的答案，以便以后在对话中使用。

（2）可口可乐的全球市场和广泛的产品清单（在 200 多个国家/地区销售了 500 多个饮料品牌）使其成为世界上最大的饮料公司。该公司不仅创建了大量数据，还采用了新技术，将这些技术付诸实践以支持新产品开发，利用人工智能机器人甚至在装瓶厂试用增强现实技术。

（3）尽管荷兰喜力啤酒公司在过去 150 年中一直是全球酿造业的领导者，但他们仍希望通过利用所收集的大量数据来巩固自己在美国的成功。从数据驱动的营销到物联网，再到通过数据分析改善运营，喜力致力于通过 AI 增强和数据来改善其运营、营销、广告和客户服务。

2. 创意艺术实例

（1）烹饪艺术需要人情味，对吗？来自 IBM 公司支持 AI 技术应用的 Chef Watson 简要介绍了人工智能如何成为厨房的副厨师长，以帮助开发食谱并建议人类同行在食物组合上创建完全独特的风味。人工智能和人类一起工作可以在厨房中创造出比独自工作更多的菜肴。

（2）人工智能和大数据可以增强创造力的另一种方式是在 艺术和设计领域。在一个示例中，IBM 的机器学习系统沃森收到了艺术家高迪作品的数百幅图像及其他补充材料，以帮助机器学习作品可能产生的影响，包括巴塞罗那的文化、传记、历史文章和歌曲歌词。沃森分析了所有信息，并向负责创作高迪风格雕塑的人类艺术家提供了灵感。

（3）产生音乐的算法正在激发新的歌曲创作。有了足够的输入（数以百万计的对话、报纸头条和演讲），就可以收集洞见，从而有助于创建歌词主题。诸如 Watson BEAT 之类的机器可以提供不同的音乐元素来激发作曲家的灵感。人工智能可以帮助音乐家了解听众的需求，并帮助他们更准确地确定将来会流行的歌曲。

3. 能源实例

（1）BP 是全球能源领导者，他们始终站在最前沿，并意识到大数据和人工智能为能源行业带来的机遇。他们使用该技术来实现新的性能水平，提高资源的利用率以及油气生产和提炼的安全性和可靠性。从传达每个站点状况的传感器到使用 AI 技术改善运营，BP 都将数据置于工程师、科学家和决策者的指尖，以帮助推动该行业的高性能发展。

（2）GE Power 使用大数据、机器学习和物联网（IOT）的互联网技术，建立起一个"能源互联网"。先进的分析和机器学习可实现预测性维护以及电力、运营和业务优化，从而帮助 GE Power 实现其"数字化电厂"的愿景。

4. 金融服务实例

（1）信用咨询机构 Experian 拥有约 3.6 PB 的数据（并且正在增长），涉及世界各地的人们。该机构从营销数据库、交易记录和公共信息记录中获取大量数据，试图将机器学习嵌入其产品中，以实现更快、更有效的决策。随着时间的流逝，这些机器可以学会区分哪些数据点重要和哪些数据点不重要。从机器提取的洞察力将使客户优化其流程。

（2）美国运通公司处理着 1 万亿美元的交易，并管理着 1.1 亿张美国运通卡。他们严重依赖数据分析和机器学习算法来进行近乎实时的欺诈检测，从而避免了数百万美元的损失。

此外，美国运通公司正在利用其数据流来开发可将持卡人与其产品或服务及特殊优惠联系起来的应用程序。他们还为商家提供在线业务趋势分析和行业同行基准测试。

5. 卫生保健实例

（1）Infervision 公司已将 AI 和深度学习用于挽救生命。在中国，没有足够的放射科医生来满足每年检查 14 亿张 CT 扫描图像以寻找肺癌早期征兆的需求。放射科医生每天需要检查数百次扫描图像，这不仅烦琐，而且人为疲劳会导致错误。Infervision 训练有素的算法可以提高放射科医生的工作效率，从而使他们能够更准确、更有效地诊断癌症。

（2）神经科学是 Google DeepMind 的灵感和基础，DeepMind 创造了一种可以模仿人类大脑思维过程的机器。尽管 DeepMind 在游戏中成功打败了人类，但真正令人着迷的是其在医疗保健领域应用的可能性，如减少计划治疗所需的时间以及使用机器来帮助诊断疾病。

6. 制造业实例

（1）汽车之间的联系日益紧密，并生成以多种方式使用的数据。沃尔沃公司使用 AI 进行数据分析来帮助预测零件何时出现故障或何时需要维修，通过在危险情况下监视车辆性能来保持安全性，并改善驾驶员和乘客的便利性。沃尔沃还在进行自动驾驶汽车的研发。

（2）宝马公司在其业务模型的核心部分拥有与大数据相关的技术，可指导整个业务从设计、工程到销售和售后维修的决策。该公司还是无人驾驶技术的领导者，并计划在 2021 年底使其汽车实现 5 级自动驾驶（车辆无须任何人工干预即可自行驾驶）。

（3）人工智能技术革命也打击了农业，约翰迪尔公司正在将数据驱动的分析工具和自动化技术交到农民手中。该公司收购了 Blue River Technology 服务商，利用其解决方案使用的高级机器学习算法，使机器人可以根据有关计划对是否应该用农药处理有害生物的可视数据做出决策。该公司已经提供了利用精确定位的 GPS 系统来进行耕作和播种的自动农用车，其 Farmsight 系统旨在帮助进行农业决策。

7. 媒体实例

（1）在 BBC 的项目中，可以将机器说话技术应用于广播剧，使听众可以加入并通过他们的智能扬声器进行双向对话。听众会成为故事的一部分，因为它会提示听众回答问题并将他们的台词插入故事中。该项目专为智能扬声器 Amazon Echo 和 Google Home 创建，预计将来会扩展到其他语音激活设备。

（2）英国新闻协会（PA Media）希望机器人和人工智能可以保存本地新闻。他们与新闻自动化软件企业 Urbs Media 合作，在名为 RADAR（记者、数据和机器人）的项目中，使机器人每月撰写 30 000 个本地新闻报道。该机器接收了来自政府、公共服务和地方当局的各种数据，使用自然语言生成技术来撰写当地新闻报道。这些机器人填补了人类没有填补的新闻报道空白。

（3）大数据分析正在帮助 Netflix 预测其客户将喜欢观看的节目。Netflix 也更多地成为内容创建者，而不仅仅是发行者，他们使用数据来驱动将要投资的内容。由于该公司对数据发现技术充满信心，因此愿意打破常规并委托新节目的多季播出，而不只是试播。

8. 零售实例

（1）当提到 Burberry 时，人们可能会考虑其奢侈时尚，而不是首先将其视为数字业务。但是，该公司一直在忙于自我改造，并使用大数据和 AI 打击假冒产品并改善销售和客户关系。该公司增加销售量的策略是与客户建立深厚的个人联系。作为其业务的一部分，他们具有奖励和忠诚度计划，该计划创建数据以帮助其为每个客户制定个性化购物体验。实际上，该公司实体商店的购物体验与在线体验一样充满创新性。

（2）作为全球第二大零售商，沃尔玛处于寻找零售方式变革并为其客户提供更好服务的最前沿。他们使用大数据、机器学习、人工智能和物联网来确保在线客户体验和店内体验（拥有 11 000 家实体店）之间的无缝链接，这是竞争对手 Amazon 无法做到的。他们甚至正在尝试使用面部识别技术来确定客户的情绪是高兴还是悲伤以改善服务。

9. 服务实例

（1）Microsoft 公司所做的一切工作的核心都是利用智能机器。Microsoft 有一个虚拟助手 Cortana，它是运行 Skype 并回答客户服务查询或提供天气或旅行更新等信息的聊天机器人。该公司已在其 Office 企业内部推出了智能功能。其他公司可以使用 Microsoft AI 平台来创建自己的智能工具。将来，Microsoft 希望看到具有通用 AI 功能的智能机，使它们能够完成任何任务。

（2）当用户将云计算、地理映射和机器学习结合在一起时，可能会发生一些非常有趣的事情。Google 正在使用 AI 和卫星数据来 防止非法捕鱼。在任何一天，该技术都会创建 2 200 万个数据点，以显示船只在世界航道中的位置。Google 工程师发现，将机器学习应用于数据时，他们可以确定船只为何在海上。他们最终创建了 Global Fishing Watch，该系统可以显示钓鱼发生的地点，据此可以识别非法钓鱼的发生时间。

（3）Disney 始终处在提供非凡服务的最顶端，而借助大数据，Disney 的状况甚至会越来越好。每个访客都有自己的 MagicBand 腕带，可充当 ID、酒店房间钥匙、门票、快速通行证和支付系统。在为客人提供足够便利的同时，Disney 获得了大量数据，并借此帮助他们预测客人的需求并提供令人惊叹的个性化体验。他们可以解决交通拥堵的问题，为可能因封闭的景点而感到不便的客人提供额外的服务。借助大数据还可以使公司更有效地安排人员。

（4）从 2011 年最初涉足 Google Brain 项目以来，Google 便是深度学习的先驱之一。Google 首次将深度学习用于图像识别，现在又将其用于图像增强。Google 还将深度学习应用于语言处理，并在 YouTube 上提供更好的视频推荐，因为它可以研究观众在流式传输内容时的习惯和偏好。Google 的自动驾驶汽车部门也利用了深度学习。该公司还使用机器学习来帮助其确定数据中心中硬件和冷却器的正确配置，以减少保持其正常运行所消耗的能源。人工智能和机器学习帮助 Google 开启了可持续发展的新途径。

10. 社交媒体实例

（1）从推荐推文到打击不当（如种族主义）内容并增强用户体验，Twitter 已开始在幕后使用人工智能来增强其产品。他们通过深度神经网络处理大量数据，并随着时间的推移了解用户的偏好。

（2）深度学习正在帮助 Facebook 从近 20 亿人每分钟更新 293 000 次状态所创建的大部分非结构化数据集中获取价值。Facebook 的大多数深度学习技术都建立在 Torch 平台上，该平台专注于深度学习技术和神经网络。

（3）Instagram 还使用大数据和人工智能来进行广告投放，打击网络欺凌并删除令人反感的评论。随着平台中内容数量的增长，对于向用户显示他们可能喜欢的平台信息，打击垃圾邮件并增强用户体验方面，人工智能显得至关重要。

参 考 文 献

[1] 陆伟良，杨军志，张宜，等. 数据中心建设 BIM 应用导论[M]. 南京：东南大学出版社，2016.

[2] 王欣. 什么是大数据？大数据如何影响课堂教学？[J]. 师资建设，2018，31（6）：68−71.

[3] 胡世忠. 云端时代杀手级应用：大数据分析[M]. 北京：人民邮电出版社，2013.

[4] 陈明. 大数据概论[M]. 北京：科学出版社，2017.

[5] 何金池. 大数据处理之道[M]. 北京：电子工业出版社，2016.

[6] Alan Gates. Pig 编程指南[M]. 曹坤，译. 北京：人民邮电出版社，2013.

[7] 蔡斌，陈湘萍. Hadoop 技术内幕：深入解析 Hadoop Common 和 HDFS 架构设计与实现原理[M]. 北京：机械工业出版社，2013.

[8] 林意群. 深度剖析 Hadoop HDFS[M]. 北京：机械工业出版社，2017.

[9] 周志华. 机器学习[M]. 北京：清华大学出版社，2016.

[10] Spark 大数据处理技术[M]. 王道远. 北京：电子工业出版社，2015.

[11] Jure Leskovec，Anand Rajaraman，Jeffrey David Ullman. 大数据：互联网大规模数据挖掘与分布式处理[M]. 王斌，译. 北京：人民邮电出版社，2015.

[12] 谢成. 大数据下智能交通系统的发展综述[J]. 通讯世界，2019，26（7）：187−188.

[13] 黄周平. 简析大数据在智能交通系统中的应用[J]. 广东通信技术，2019，39（11）：7−8.

[14] 松尾峰，赵函宏，高华彬. 人工智能狂潮，机器人会超越人类吗[M]. 北京：机械工业出版社，2016.

[15] 刘倩倩. 大数据及大数据应用经典案例分析[J]. 科技风，2018（27）：83.

[16] 王开铸. 自然语言理解：计算机能思维吗[M]. 哈尔滨：哈尔滨工业大学出版社，1996.

[17] 杨杰，张翔. 视频目标检测和跟踪及其应用[M]. 上海：上海交通大学出版社，2012.